高 等 学 校 教 材

植物天然产物
提取工艺学

ZHIWU TIANRAN CHANWU
TIQU GONGYIXUE

李辉 李佑稷 蒋剑波 主编

U0216648

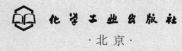化学工业出版社

·北京·

内容简介

《植物天然产物提取工艺学》基于笔者团队多年来在植物成分研究领域的成果积累并参考国内外有关文献资料汇集而成，介绍了植物天然产物的分子结构、理化性质、应用价值、纯度检测、分离提取方法及工艺等相关应用基础知识，较系统地阐述了天然产物提取常用的传统方法，如溶剂提取、萃取、微波辅助提取、超声波辅助提取、过滤、蒸发浓缩、沉淀、结晶、干燥等方法原理及技术。对新型分离技术如超临界流体萃取、树脂吸附、膜分离、分子蒸馏、色谱分离、双水相萃取、反胶束萃取、分子印迹固相萃取、液膜分离等技术的原理、特点及在实际生产中的应用也给予了适当描述。较详细地论述了糖类、蛋白质、氨基酸、脂类、香精香料、生物碱、黄酮类、萜类、色素、皂苷、香豆素类等植物天然生物活性产物的结构、分类、理化性质、提取分离工艺特性及提取实例。

本书可作为高等学校医药、食品、生物、化学、化工及相关专业教材或参考书，亦可供医药、食品、化工、农业等领域天然产物研发人员、生产技术人员、管理人员参考。

图书在版编目（CIP）数据

植物天然产物提取工艺学 / 李辉，李佑稷，蒋剑波主编. —北京：化学工业出版社，2022.7（2025.1 重印）
ISBN 978-7-122-41197-6

Ⅰ.①植… Ⅱ.①李… ②李… ③蒋… Ⅲ.①植物-提取
Ⅳ.①Q946

中国版本图书馆 CIP 数据核字（2022）第 059581 号

责任编辑：马泽林　徐雅妮
责任校对：宋　夏
装帧设计：李子姮

出版发行：化学工业出版社
　　　　　（北京市东城区青年湖南街 13 号　邮政编码 100011）
印　　装：北京天宇星印刷厂
787mm×1092mm　1/16　印张 13¼　字数 344 千字
2025 年 1 月北京第 1 版第 5 次印刷

购书咨询：010-64518888
售后服务：010-64518899
网　　址：http://www.cip.com.cn
凡购买本书，如有缺损质量问题，本社销售中心负责调换。

定　　价：45.00 元　　　　　　　　版权所有　违者必究

前言

　　植物天然产物是植物新陈代谢过程中产生的一类结构比较复杂且具有特殊性质和功能的次级代谢产物，包括黄酮类、萜类、皂苷类、生物碱类、色素类及香豆素类等类型的化合物。这些次级代谢产物对植物的直接存活是非必需的，但对植物的生存和繁殖起着极其重要的作用。植物天然产物常被称为植物生物活性化合物，大部分具有多样化结构及很高的生理活性，广泛应用于医药、食品、香料、化妆品和化工等多个领域，与人们的生产生活息息相关，受到了越来越多的关注。

　　植物天然产物提取工艺学是以各种植物天然产物为研究对象，以有机化学为基础，化学、生物和物理方法为手段，研究植物二次代谢产物的提取、分离、功能和用途的一门科学，是植物资源开发利用的基础。植物天然产物提取工艺学的研究对整个植物化学、林产化工和有机化学的发展起着重要的推动作用，同时也为生物化学、药物化学、植物化学及有机合成提供日益深化的研究内容。

　　随着科学的发展，新技术的研究和应用促进了许多现代分离方法的出现，各种色谱分离方法先后应用于植物天然产物的提取分离研究，从常规的柱色谱发展到应用低压的快速色谱、逆流液-液分配色谱、高效液相色谱、离子色谱、色谱-质谱联用分离等，应用的载体有氧化铝，正相反相色谱用的各种硅胶，分离大分子的各种凝胶，分离水溶性成分的各种离子交换树脂、大孔吸附树脂等，以及各种膜分离技术、超临界流体萃取技术、分子印迹固相萃取技术等，这些分离和提取技术可以分离含量极微的成分，也可提取高含量组分。现代植物天然产物产品很多，发展潜力巨大，是方兴未艾的高技术行业。

　　生物体中生理活性物质的研究和深加工利用具有重要的社会经济价值。植物天然产物提取工艺学就是运用化学工程原理和方法对植物中的化学物质进行提取和分离纯化以达到合理利用的目的。本书在查阅大量文献资料的基础上，结合生产实践系统阐述了植物天然产物提取分离方法的原理、特点及应用，以及各类天然产物的提取分离工艺特性。

全书由李辉、李佑稷和蒋剑波主编,其中李辉编写了第2~6、10章,并参与全书的修改和校核;李佑稷编写了第1、11~15章,并对全书进行校核;蒋剑波编写了第7~9章。另外,本书编写过程中,徐东翔教授和张永康教授对各章节内容的筛选和编排作了大量的指导工作,并参与了第2、3章内容的编写和校核;麻成金教授和陈丽华教授提供了大量应用实例,并参与了部分结构式及图表的绘制;陈功锡教授参与了植物天然产物的界定、分类与理化性质等内容的编写和校核。在此对他们的付出和贡献表示由衷的感谢和敬意。

编写过程中,尽管笔者做出了各种努力,但由于水平有限,疏漏之处在所难免,恳请广大读者和同行专家提出宝贵意见。

编　者

二零二二年四月

目录

第 3 章　植物天然产物的提取方法及原理

第 4 章　植物天然产物的分离与纯化

第 5 章　糖类物质的提取与分离

第6章 含氮化合物的提取与分离

第7章 脂类物质及其提取与分离

第 10 章　黄酮类化合物的性质、提取与分离

第 11 章　萜类化合物的性质、提取与分离

第12章　植物色素的性质、提取与分离

第13章　皂苷的性质、提取与分离

参考文献

第 1 章
绪 论

1.1 植物天然产物的分类

植物天然产物是植物新陈代谢过程中产生的二次代谢产物，主要包括黄酮类、生物碱类、多糖类、挥发油类、醌类、萜类、木脂素类、香豆素类、皂苷类、强心苷类、酚酸类及氨基酸与酶等化合物。

1.2 植物天然产物提取工艺学的定义和特点

植物天然产物提取工艺学是以植物的次级代谢产物为对象，研究这些成分的提取、分离和纯化以及分子结构、理化性质、生物活性、生理功能及用途等。其目的是通过对植物中化学成分的分析寻找具有活性的物质，以开发其用途；对民间已经应用的植物，通过分析其活性成分予以开发其新的用途；对目前已开发的植物成分产品，进行生产工艺流程的技术改进等。归纳起来，植物天然产物提取工艺学是以植物为材料，旨在通过开发高效、绿色和简洁的工艺，提取、分离和纯化得到其单体化合物，再以物理方法和其他化学方法研究该化合物的结构，并研究其化合物的功能与用途的学科。

植物天然产物提取工艺学通过运用化学工程原理和方法进行试验研究，对实验室取得的生物技术成果加以开发，并进行工业化生产，它具有以下特点。

(1) 提取工艺的多学科性 植物天然产物提取工艺学涉及生物化学、分子生物学、植物学、动物学、细胞学、微生物学等生物学科；涉及有机化学、植物化学、天然药物化学、天然产物化学等化学学科；也涉及化学工程、机械工程等工程学科以及其他应用学科。

(2) 提取工艺的多层次和多方位性 包括以发展优质高产原料为主要目标的一级开发；以原料加工为目的的二级开发；以深度开发原料的单体化学成分及其应用为目的的三级开发。植物天然产物的多层次研究开发是相辅相成的。它们之间既互相促进，又互相制约。

(3) 提取工艺的复杂性 生物体中存在的天然产物含量较低，而且生物体是由上千种有机物组成，多以活体原料进行加工，因此必须使用现代高新技术提取分离天然有机化合物，再加以精制使之达到最后产品的质量要求。这些相关方法或手段主要包括以下几种。

① 物理方法：研磨、高压匀浆、超声波、过滤、离心、干燥等；

② 物理化学方法：冻溶（用于细胞破碎）、透析、超滤、反渗析、絮凝、萃取、吸附、色谱、蒸馏、电泳、等电点沉淀、盐析、结晶等；

③ 化学方法：离子交换、化学沉淀等；

④ 生物方法：亲和色谱、免疫色谱等。

利用植物细胞培养可以生产某些珍贵植物次生代谢产物，如生物碱、甾体化合物等，这也属于天然产物生产工艺技术范围内的产品。现代天然产物产品很多，发展潜力很大，是方兴未艾的高技术产业。

1.3　植物天然产物开发利用现状

我国地域辽阔，天然产物资源丰富，仅植物就有 30000 多种，居世界第三位，植物天然产物的研究具有得天独厚的基础。今天从事天然产物化学研究的不仅有中国科学院、中国医学科学院、中国中医科学院与国家食品药品监督管理总局有关的机构，各省区市都先后成立了自己的中药或药物研究所，许多高等院校也有相应的研究室或教研室，各植物所也都设有植物化学研究室，天然产物化学研究是他们的主要研究方向之一，形成了一支以我国特有资源为研究对象的具有中国特色的研究队伍。

早在 20 世纪 50 年代末，我国科学家即巧妙地运用各种氧化降解方法完成了莲子芯碱与南瓜子氨基酸的化学结构的研究，并得到全合成证明。后来完成了一叶萩碱、青风藤碱、山莨菪碱、樟柳碱、秦艽甲乙素、补骨脂甲乙素与使君子氨酸等一批新化合物的结构研究。20 世纪 70 年代以来随着质谱与核磁共振仪的普及运用以及 X 射线单晶衍射仪的运用，各种色谱方法的普及，发现的新结构愈来愈多。到目前为止，我国科学家独立完成的新结构研究至少在 600 个以上，近几年更以每年 100 余个新化合物的速度增长，发现了一批有生物活性的新型结构，其中许多有应用价值。现在我国天然产物化学研究已逐步转向微量的、有生物活性的与有应用前景的化合物的研究，许多研究工作的水平已达到或接近世界先进水平。

我国首先研制成新药并作为临床的抗癌药羟喜树碱、抗白血病药高三尖杉酯碱亦已生产。近年来国际上研究甚多的抗癌新药——紫杉醇，我国也有产品。我国科学家通过对中草药的研究阐明了许多中草药的有效成分，创制了一批我国特有的新药，如黄连素已成为常用的治疗肠胃道炎症的良药，中药延胡索的有效成分延胡索乙素（即四氢帕马丁）已成为止疼镇静药物。古代用作麻醉药的麻沸汤，其主要有效成分为泽金花，由于它含有对大脑有显著镇静作用的东莨菪碱而用作麻醉前用药。含 0.025% 的包公藤甲的苯甲酸盐溶液可用于瞳孔收缩，其治疗指数高于毛果芸香碱，用于治疗青光眼。新发现的山莨菪碱与樟柳碱是新型胆碱神经阻滞剂，并可扩张微血管。近年从中草药中新发现的新型胆碱酯酶抑制剂石杉碱甲不仅可用于治疗重症肌无力，而且可望用于增强记忆功能、治疗老年痴呆症。从栝楼根新鲜汁水中分离到的结晶天花粉蛋白已用于中期孕妇引产，与前列腺素等合用可用于抗早孕。从民间引产药芫花根中分离到的有效成分芫花甲酯，羊膜腔注射即能引产且副作用小，安全指数高。青蒿素及其类似物蒿甲醚已引起国际重视，是近年来国际公认的从中药中发掘出的创新药；其他如治疗慢性粒细胞白血病的中药当归芦荟丸，其有效组成为青黛，有效成分为靛玉红，其疗效不低于常用抗白血病药马利兰，因而靛玉红已成为合成抗白血病新药的模型化合物。治疗冠心病常用中药丹参的有效成分之一为丹参酮 ⅡA，将它转化成磺酸钠即成水溶性较强的药物，已制成针剂用于治疗心绞痛，改善心电图。这些新药都已用于临床并正式生产。其他如具有强祛痰作用的菜素，治疗慢性迁延性肝炎的垂盆草苷、五味子素等等，有的仍在应用，有的因生产成本太高而未能生产，还有一批新的有效成分正在研究之中。此外除虫菊酯及其类似物已应用于我国农业与工业作杀虫剂，甜叶菊苷及某些天然色素已用于食品工业，从我国中草药及天然资源中研究新药，生产食品添加剂等已成为我国医药与食品工业的特色，为人类的生存和健康作出了重大贡献。

当今，国际天然产物化学已转向生物活性物质的研究，运用近代技术结合本国资源情况开展研究已成为许多国家天然产物化学研究的主要方向。在欧美、日本等一些发达国家，许多科学家深入开展了海洋生物的化学研究，探索海洋生物体内的高活性物质；同时更多的化学家从事复杂天然产物的合成研究，开展生物活性物质的组织培养研究，以便替代人工栽培，便于大规模生产，而人参与洋地黄的组织培养成果已接近应用；还有一批科学家转入研究生物合成工作，探索有效成分生物合成途径，为人工合成提供合理的合成路线。结合我国特有天然产物资源，解决资源合理应用，特别是结合我国的中医药传统进行研究，是我国天然产物化学家们的历史任务，在有条件时也应开展重要中草药与植物资源的组织培养工作，以期在这一领域赶上世界先进水平。

1.4　植物天然产物开发利用的意义及建议

我国是一个多山国家，山地占全国土地面积的 60%以上，蕴藏着丰富的植物资源。这些资源从总体而言尚待开发，其中的一小部分中草药虽有几千年应用历史，但基本上停留在出售原料阶段，经济效益低下。更多的植物，特别是大量野生植物，究竟有什么重要用途，目前并未了解透彻。在这些野生植物中，很可能有极具利用价值的物种，因此，需要从植物化学角度查清山区植物资源状况，筛选出有开发利用价值的物种，将植物中的有用成分提取出来，使之纯化并生产出商品。只有掌握了植物天然产物提取工艺学的基础理论、基础知识和基本技能，才能步入植物资源开发利用的殿堂，才具备进一步学习专业知识的基础。当前，植物资源开发利用正形成热点，植物提取物产业的快速发展，产品的研发与更新，新资源的筛选与新用途的发掘，生产技术与工艺的不断改进，都需要植物天然产物提取工艺学的基础理论和技术为指导。因此，植物资源研发与生产人员需要学习这方面的知识，掌握植物天然产物提取的方法和原理，从新的高度指导农林业生产，特别是对于指导农、林产品的深度加工和组织农业产业化方面也是大有助益的。

在对植物天然产物进行提取及开发利用的过程中，一是要注意生物资源的多样性和用途的多功能性，进行综合利用。同科属的生物常具有相同的化学成分，注意在同科、同属生物中寻找欲开发的天然产物，同时要考虑到同一种生物体由上千种化学物质组成，不同物质功能不同，即使同一化合物，也常具有不同的用途。二是要充分利用先进的科学技术，生产天然产物产品。主要包括：①利用生物技术，对生物体进行细胞培养，以有效成分为目标，进行工业化生产。②利用基因工程技术，改造生物体，培育出目标物高含量的新品种。③利用现代提取分离技术，提取分离天然有机产品，如超临界提取技术、色谱分离技术、膜分离技术等。④利用先进的设备提取天然产物。三是要处理好利用与资源保护的矛盾，使其处于良性循环状态。四是面向市场和国际消费取向，生产适销对路的产品，参与到国际大循环中去。

第 **2** 章
植物天然产物的预备试验与鉴定

对一种植物进行开发利用前，要知道植物中含有哪些主要类型的化合物、各种物质大致含量是多少，这就要对该种植物进行预实验，对它的化学成分进行初步分析和鉴定。

2.1 预试目的和对样品的初步感官观察与判断

2.1.1 预试的目的

预试，即预备试验。植物所含化学成分多种多样，组成非常复杂，其中次级代谢产物主要包括十大类型化合物，即生物碱类、黄酮类、甾体类、糖苷类、苯丙素类、醌类、萜类、鞣质类、脂质类和挥发油类。这些物质在植物体内往往共存，即一种植物同时含有其中几类化合物。预试的目的就是通过一些简便、快速、可靠的方法，初步了解该植物体内存在哪一大类或哪几大类成分。初步了解其中所含成分，以便设计方案进一步开展深入研究。

2.1.2 对样品的初步感官观察与判断

在做预试之前，首先对植物样品进行观察和登记，为进一步检测提供依据。其主要内容如下所述。

① 植物的产地、生物学特性和分类学鉴定等。

② 颜色：观察植物组织断切面。如呈橙黄、棕黄色，则可能含有羟基蒽醌类衍生物；若含有白色粉屑，则可能存在淀粉或糖。

③ 嗅觉：若断面有油点并伴有特殊香气，除可能含油脂外，还可能有芳香油、香豆素、内酯和某些挥发性成分存在。

④ 味觉：味苦，可能含有生物碱、糖苷类、苦味物质；收敛性涩味，可能含有鞣质；甜味，可能有糖类、甘草皂苷存在；酸味且有凉爽感觉，可能含有柠檬酸、苹果酸等羟基酸；若酸味带有愉快的感觉，则可能含有谷氨酸、丁氨二酸或甜菜碱等。

2.2 定性鉴别的一般原理

植物样品中含有复杂的化学成分，在提取分离之前必须进行定性鉴别，为深入研究其有效成分提供依据。定性鉴别以化学方法为主，物理方法为辅。

2.2.1 显色反应

显色反应是定性鉴别中常用的化学方法，其原理是植物化学成分与某些化学试剂反应生成有色物质。反应可在溶液中进行，也可在薄板色谱、纸色谱或在点滴板中进行。根据反应类型或生成物类型，显色反应可分为以下几种。

（1）络合反应　植物化学成分与金属盐类形成络合物显色。如酚类物质与三氯化铁试剂反应，可呈现出不同颜色。这是由于 Fe^{3+} 络合物 $[Fe(H_2O)_5Ar]^{2+}$ 所致。

（2）缩合反应　有机化合物的缩合反应，是由于产物的共轭体系增长而产生的。如糖与 α-萘酚-浓硫酸反应产生的缩合物呈紫红色。

（3）氧化还原反应　有些植物成分当与氧化剂或还原剂作用时，可被氧化或还原而变色。如氯化三苯四氮唑在加热的碱溶液中，能被还原性糖还原为不溶性的化合物而生成红色沉淀。

（4）重氮化-偶合反应　芳伯胺类与硝酸作用生成重氮盐，再与酚类、芳胺等偶合生成有色物质。

按照反应产物的结构，可将显色反应分为醌类、重氮化合物、介安离子型和复合物四种类型。

① 生成醌类的反应：如奎宁与奎尼丁是 6-位含氧喹啉衍生物，可呈绿色。

② 重氮化合物：如香豆素经重氮反应，可呈红色。

③ 介安离子型：在浓硫酸中显色反应往往形成碳正离子，在碱性环境中则形成碳负离子。通过吸电子基（如—NH_2）形成介安型离子。阿托品、莨菪碱和东莨菪碱结构中的莨菪酸部分，经硝酸的硝化反应，再与氢氧化钾作用可显紫色。

④ 复合物：铜盐与含氨基的化合物可形成复合物，如麻黄在碱性条件下，能与铜离子形成络合物，其水溶液呈蓝紫色。

2.2.2　荧光鉴别

某些物质的分子在光照射下其外层电子处于受激发状态，当它回复到原来状态时将发光，当光照停止，物质发光立即停止。这种发光称为荧光。荧光的波长比照射光的波长稍长。荧光通常是发生在具有刚性结构和平面结构的电子共轭体系分子中，随着 π 电子共轭度和分子平面度的增大，荧光率（即物质发出量子数与吸收激发量子数之比）也将增大，其荧光光谱则向长波方向位移。具有芳香环并带有推电子基的化合物及具有共轭不饱和体系的化合物才会发生荧光。极性的和不饱和的基团，如—OH、—OCH_3、—ArOH、—C＝O 等，对物质的荧光有显著影响。例如，芳烃上导入—OH 或—OCH_3，将使荧光的强度增大，使荧光的波长红移。不同的取代基，对化合物荧光性质的影响是不同的。未离解的分子和它们的离子，呈现不同的荧光特性。例如苯酚在 pH=1 的溶液中荧光强度最强，而在 pH=3 的溶液中则不发出荧光。再如苯胺：

$$\text{（苯胺）}-NH_3^+ \xrightarrow[H^+]{OH^-} \text{（苯胺）}-NH_2 \xrightarrow[H^+]{OH^-} \text{（苯胺）}-NH^-$$

pH<2，无荧光　　　　pH=7~12，蓝色荧光　　　pH>13，无荧光

有的化合物本身不发荧光，但在与某些金属形成络合物后，就呈现荧光。最常见的是芳环上具有两种可能与金属离子形成螯合物的功能团，如＞C＝O、—OH、—NH—、—SH、—NH_2等。例如黄酮类化合物加 Al_2O_3 在紫外光下显强荧光。

甾族化合物不发生荧光，但经浓硫酸处理后可呈现荧光。这是由于将不发生荧光的环状醇类结构改变成了会发生荧光的酚类结构的缘故。

根据上述一系列荧光实验资料，有助于判断植物样品所含成分种类，有的甚至还可以推断其结构中的某些基团。

除显色反应与荧光鉴别外，色谱、紫外光谱、红外光谱等方法均可用于植物样品的预试，就不一一介绍了。

2.3　预试前对样品的前处理

植物化学成分的预试验，有两种方法。一是重点检测某类成分。如检测某一植物中是否含有生物碱，可以按浸提生物碱的方法获得粗提物，然后用显色反应进行检测，以初步确定是否含有生物碱类物质。二是采用系统预试法，又称为系统分析，即对某一植物中的各类成分进行全面而系统的检测。常用递增极性的溶剂法，即根据植物成分亲脂性强弱的程度，选用多种极性不同的溶剂，依次提取，使之分为若干部分，以便分别检测。如依次用石油醚、乙醚、乙醇、水等溶剂提取，就可以将植物内含物分为以下四大部分。

① 石油醚提取组分：主要为亲脂性强的化合物，如油脂、挥发油、甾醇等。

② 乙醚提取组分：主要有内酯、黄酮、醌类和弱性生物碱等亲脂性成分。

③ 乙醇提取组分：包括糖苷类、生物碱、氨基酸、酚酸、鞣质等亲脂性较弱的成分。

④ 水提取组分：其中含有蛋白质、氨基酸等化合物。

此外，也可先用甲醇、丙酮等弱亲脂性溶剂提取出绝大多数成分，再经过一系列处理分成不同组分。例如，按图 2-1 所示工艺流程进行样品的预试。

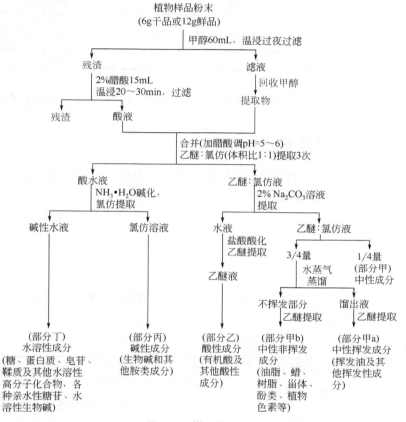

图 2-1　样品的预试

将上述分开的各个部分，依照其可能含有的成分类型，选择各类成分特有的化学反应，如显色反应或沉淀反应等作一般性预试实验。预试中常用定性反应见表 2-1。

表 2-1　预试中常用定性反应

试剂	实验部分	揭示可能含有的成分
碘化汞钾	丙、丁	生物碱
碘化铋钾	丙、丁	生物碱
10%氢氧化钠	甲	酚类、羟基醌类、黄酮类、查耳酮
10%氢氧化钠（加热）	甲	内酯（溶解）、油脂（溶解发泡）
斐林试剂	甲、丁	单糖、醛、其他还原物质
10%盐酸加热，中和，斐林试剂	甲、丁	苷
20% α-萘酚	甲、丁	糖类、苷类化合物
Liebermann Burchard 反应	甲、丁	萜类、甾类、皂苷
醇性苦味酸	甲、丙	生物碱、挥发油（含—CH═CH—CH₃）

试剂	实验部分	揭示可能含有的成分
浓硫酸	甲、丙、丁	皂苷、生物碱、其他
Frohde 试剂	丙	生物碱
镁粉+盐酸	甲	黄酮
10%溴-冰醋酸	甲、乙、丁	不饱和化合物
5%醋酸银醇溶液	乙	有机酸
1%三氯化铁	甲	酚、酚酸、黄酮、鞣质
茚三酮	丁	蛋白质、多肽

根据上述定性反应结果，可以初步鉴定供试植物样品中可能含有哪几大类的化合物。

2.4 各类成分的定性鉴定

经过上述试验知道了供试植物可能含有哪几大类化合物以后，尚不能作最后结论，还必须就这几大类化合物进一步进行定性鉴别。

2.4.1 生物碱

2.4.1.1 沉淀反应

生物碱的酸性水溶液与其沉淀试剂反应，生成有色的难溶于水的化合物。表 2-2 列出了试剂名称、组成及其沉淀颜色。

表 2-2 生物碱的酸性水溶液与其沉淀试剂显色反应

试剂名称	化学组成	沉淀颜色	备注
碘化铋钾	$Bi(NO_3)_2+KI$	橘红	
碘化汞钾	$HgCl_2+KI$	白或淡黄	试剂过量沉淀可能消失，所生成的沉淀可溶于 10%盐酸、醋酸或过量乙醇中
碘-碘化钾	I_2+KI	棕一蓝紫	
硅钨酸	$SiO_2 \cdot 12WO_3$	灰白	
苦味酸	$C_6H_3O_7N_3$	黄	
氯化金酸	$HAuCl_4$	黄	
氯化铂酸	H_2PtCl_6	淡黄	
磷钼酸	$Na_3PO_4 \cdot 12MoO_3$	黄或褐黄	
磷钨酸	$Na_3PO_4 \cdot 12WO_3$	白或黄	

2.4.1.2 显色反应

生物碱与有些试剂反应时能显示不同颜色。如 Mandelin 试剂（1%钒酸铵硫酸溶液）、Frohde 试剂（1%钼酸钠或钼酸铵的浓 H_2SO_4 溶液）、Macquis 试剂（浓 H_2SO_4 中含有少量甲醛）、Erdman 试剂（浓 H_2SO_4 中含有少量 HNO_3）、Mecke 试剂（亚磺酸的浓 H_2SO_4 溶液）。此外，浓 H_2SO_4、浓 HNO_3、稀硫酸和还原糖、浓 HCl 和 $FeCl_3$ 等都可作显色剂用。显色机制大多尚不清楚。表

2-3 所列为几种显色剂与某些生物碱的显色情况。

表 2-3　生物碱的显色反应

生物碱	浓 H_2SO_4	浓 HNO_3	Erdman	Frohde	Mandelin	Mecke	Macquis
吗啡	黄一微红	红黄	红一绿褐（热时黄红）	紫一绿一黄褐	红一青一黄紫	青一紫	紫红一黄紫一青
可待因	热时微红	黄	黄褐一绿（热时青）	黄绿一青	绿一青	橙	紫一青紫
蒂巴因	无色一血红	黄	血红	黄红	橙红	橙	黄一血红
那可丁	黄	红	红	绿一红黄	红	绿青一淡红	紫一黄绿
那碎因	黄（热时红）	黄	褐，周围紫红	暗红（热时血红），周围青	紫一橙	绿黄一黄紫	黄
罂粟碱	热时弱紫红	黄	暗红	绿（热时青）	青绿一青	类绿一紫	紫一橙
乌头碱	淡黄	—	黄	黄	褐	类黄	—
阿托品	—	—	—	—	—	红	黄
东莨宕碱	—	—	—	—	—	—	橙黄
士的宁	—	黄	—	—	淡红一红	—	—
布鲁生	—	血红一黄	红一黄	红一黄	红一黄	黄红	—
金鸡宁	—	—	—	—	—	—	—
吐根碱	淡褐	黄	绿黄	淡褐	褐	—	—
咖啡因	—	—	—	—	—	—	—
尼古丁	—	—	—	—	—	类黄	—
半边莲碱	黄一红	—	黄一红	褐一绿	—	—	—
小檗碱	橙黄一黄（热时黄绿）	淡褐	橙绿一黄绿	绿褐	紫	—	—

2.4.2　糖类

2.4.2.1　沉淀反应

① Tollen 反应（氨性硝酸银）：还原糖和托伦试剂反应，沸水浴加热，产生银色或褐色沉淀，可在纸上进行，为棕褐斑点。

② Fehlling 反应（碱性酒石酸铜）：还原糖的水提液与斐林试剂共热，产生红棕色沉淀。

③ Molisch 反应（α-萘酚）：是糖类（包括单糖、寡糖、多糖及其衍生物、糖苷类等）的反应。在浓 H_2SO_4 作用下，糖类先缩合成糠醛或其衍生物，它们能与 α-萘酚生成紫色物质。

2.4.2.2　显色反应

① 间苯二胺试剂：将样品点在纸上，喷洒该试剂，于 105℃加热数分钟，呈黄色荧光，即表明有糖类存在。

② 间苯二酚反应：酮糖和间苯二酚在盐酸中加热反应即显红色。

2.4.3 黄酮

2.4.3.1 显色反应

表 2-4 是一些试剂与黄酮类化合物的显色反应。

表 2-4 各类黄酮的显色反应

试剂	黄酮	黄酮醇	双氢黄酮	查耳酮	异黄酮	橙酮
盐酸+镁粉	黄一红	黄一紫红	红，淡红，紫黄	无反应	无反应	无反应
钠汞齐+盐酸	红	红	红	极淡黄	淡红	极淡黄
硼氢化钠	无反应	无反应	紫一蓝红	无反应	无反应	无反应
硼酸，柠檬酸	绿黄	绿黄	无反应	黄	无反应	—
五氧化锑	黄	黄	黄	黄	黄	—
醋酸镁	黄	黄	黄	黄	黄	—
氧化钠	黄	黄	蓝绿	—	黄	淡黄
氢氧化钠水溶液	黄	深黄	黄一橙（冷） 深红一紫红（热）	橙一红	黄	红一洋红
浓硫酸	黄一橙	黄一橙	橙一紫红	橙、红、紫红	黄	红一洋红

表 2-5 列出某些黄酮类与醋酸镁和三氯化铝试剂的反应所产生的荧光颜色。

表 2-5 某些黄酮类的醋酸镁和三氯化铝反应

类别	化合物名称	取代基位置		荧光颜色	
		OH	OR	醋酸镁	三氯化铝
黄酮醇	山奈素	3, 4′, 5, 7-		黄	黄
	桑色素	2′, 3, 4, 5, 7-		黄	黄绿
	4′-羟黄酮醇	3, 4′-		黄	蓝
	4′-二羟黄酮醇	3, 4′, 7-		黄	蓝
双氢黄酮醇	樱花素	4′, 5-	OCH₃	蓝	绿蓝
	异樱花素	5, 7-	4′-OCH₃	蓝	绿蓝
	柚皮素	4′, 5, 7-		蓝	绿蓝
	北美圣草素	3′, 4′, 5, 7-		蓝	绿蓝
	高北美圣草素	4′, 5, 7-	3′-H-OCH₃	蓝	绿蓝
	甘草苷（代）	7-	4′-O-葡萄糖	淡蓝	绿蓝
	樱花苷	4′-	7-OCH₃, 5-O-葡萄糖	绿蓝	绿蓝
异黄酮	鸢尾素	3′, 5, 7-	4′, 5′, 6-OCH₃	黄	黄棕
	顶生鸢尾素	4′, 5, 7-	6-OCH₃	橙棕	橙棕

由于种种因素可能产生的干扰，在检测时要多做几个反应，最好再结合其他相关资料如紫外光谱等，才能得出正确的结论。

2.4.3.2 荧光鉴别

一般说来，黄酮类衍生物，由于 C_3—OH 的影响，都带有显著的荧光。无 C_3—OH 的黄酮类，在紫外光下仅显棕色。查耳酮和橙酮的衍生物在紫外光下呈深黄棕色或亮黄色并有荧光。氨熏或喷洒碱液，能使荧光增强，如查耳酮和橙酮可由黄色转变为橙红色。形成金属盐的络合物也能使荧光增强，呈现亮黄色至黄色荧光。

2.4.3.3 紫外吸收光谱

紫外吸收光谱对于黄酮类化合物的鉴别具有重要意义，因为黄酮类化合物具有 2-苯基色原酮的基本结构，其中的羰基与二芳环形成较强的共轭体系，对紫外光相应产生两个区域的特征吸收：区带 I 最大吸收波长为 300～500nm，为 B 环肉桂酰的吸收；区带 II 最大吸收波长为 240～280nm，为 A 环苯甲酰结构所引起。最大吸收区随取代基的类型、数目而异，一般随共轭程度和羟基数目的增多而发生红移。所用试剂不同，往往也引起紫外吸收的位移。

2.4.4 鞣质、酚类、有机酸类、醌类化合物

2.4.4.1 鞣质的定性反应

① 明胶溶液的沉淀反应：在水提取液中加入新配制的 10% NaCl 的 0.5%明胶水溶液，若含鞣质则产生白色沉淀。

② 生物碱类、胺类沉淀反应：多数鞣质水提取液能与 $(NH_4)_2CO_3$、吡啶、奎宁、咖啡因等的稀溶液生成白色沉淀。

③ 金属盐类的沉淀反应：多数金属离子可与鞣质生成沉淀。如醋酸铅、醋酸铜、重铬酸钾、三氯化铁、氯化亚锡等。

2.4.4.2 酚类的显色反应

① $FeCl_3$ 反应：酚类成分的水或乙醇提取液与 $FeCl_3$ 试液反应能显示黄、绿、紫或红色，这是常用的检测酚类的反应。

② 李伯曼（Liebermann）反应：酚类的衍生物与亚硝酸（或含 N 的氧化物）在浓硫酸条件下缩合成吲哚酚类衍生物，呈蓝色或绿色，用水稀释后变成红色，碱化后又变成蓝色。

③ 三氯化铁-氯化钾反应：将样品点在纸上，喷洒新配制的试剂，可立即呈现蓝色斑点，则可能有酚类及还原性化合物存在。

2.4.4.3 有机酸

① pH 试纸：有机酸的水溶液使 pH 试纸显酸性。

② 溴酚蓝试验：将有机酸的水溶液滴于纸上，喷洒 0.1%溴酚蓝试剂，立即在蓝色背景上显出黄色斑点。溴酚蓝的变色域 pH=3.0～4.6，由黄至紫（蓝）。

2.4.4.4 醌类化合物

（1）苯醌类衍生物的显色反应

① 吲哚或吡咯的 0.5%乙醇溶液 1mL，加试剂（乙醇溶液）2mL 后振摇，再加入浓 HCl 5滴，通常呈紫色。

② 样品的石油醚提取液 3mL，加 1,2-乙二胺 3 滴，振摇后可呈紫红色。

（2）萘醌类衍生物的显色反应

① 羟基萘醌类加醋酸镍溶液，可呈黄橙色。

② 5，8 位含有羟基的 1,4-萘醌类加入甲醇-醋酸铅溶液，可显紫色。

（3）蒽醌类衍生物的显色反应

① 醋酸镁反应：羟基蒽醌类的乙醇提取液，加醋酸镁试剂而显色。因羟基的数目与位置不

同，其颜色亦有不同。反应可在滤纸上进行。

② 硼氢化钠-二甲基甲酰胺试剂反应：一些蒽醌和蒽酮类的衍生物，在纸上能与 20%硼氢化钠-二甲基甲酰胺溶液反应，在紫外光下可显强的黄色、绿色或蓝色荧光。

2.4.5 香豆素、内酯类化合物

2.4.5.1 显色反应

① $FeCl_3$ 反应：香豆素大多具有酚羟基，可与 $FeCl_3$ 试剂反应呈紫色。

② Cibbs 反应：香豆素类在 pH=9.4 的缓冲液中，加入 2,6-二溴醌氯亚胺的乙醇液而显蓝色。

2.4.5.2 荧光鉴别

香豆素类化合物在紫外光照射下大多具有荧光，在碱性条件下荧光增强。荧光的有无和强弱与其结构中取代基的种类和位置有关。香豆素母核本身无荧光，其 7 位接上羟基后荧光最强，伞形花内酯的水溶液阳光下即可发出显著的荧光。再导入第二个羟基，荧光减弱，一般于 8 位上引入羟基后荧光很弱甚至消失。

2.4.6 强心苷和甾体

2.4.6.1 强心苷的显色反应

① Raymond 反应：强心苷类与间二硝基苯的碱性试剂反应，多呈紫色，继而转为蓝色。

② Baljet 反应：强心苷与苦味酸的碱性试剂反应，显示橙红色。

2.4.6.2 甾体类化合物的显色反应

① 间二硝基苯试剂：将 2%间二硝基苯乙醇溶液和 14% NaOH（或 KOH）乙醇溶液等量混合；将样品点在滤纸上，喷洒上述试剂，置空气中干燥约 10min，可呈黄褐色或紫色。强心苷亦有此反应。

② 醋酐浓硫酸试验：取乙醇提取液，将溶剂蒸干，残渣中加入 1.0mL 冰醋酸使其溶解，再加入 1mL 醋酐，最后滴入 1 滴浓 H_2SO_4，试管颜色逐渐由黄—红—紫—蓝—墨绿等变化，则表示有甾体类化合物或三萜类化合物存在。甾体类化合物颜色变化较快，而三萜类则较慢。

2.4.7 皂苷

2.4.7.1 Liebermann-Burchard 反应

取乙醇或水提取液蒸干，将残渣溶于醋酐 0.5mL 中，沿管壁滴加浓 H_2SO_4。两液界面初呈红色，逐渐转变为紫—青—绿色者为甾体皂苷；呈红紫色者为三萜皂苷。

2.4.7.2 浓 H_2SO_4 反应

皂苷遇浓 H_2SO_4，最初呈黄色，继之变红色，最后呈红、紫、蓝紫色。若产生荧光，可进一步鉴别为甾体皂苷。此外，挥发油和油脂、氨基酸和蛋白质两类化合物的定性鉴别方法在有机化学中多有介绍，此处略去。

第3章

植物天然产物的提取方法及原理

在对植物体内各类成分进行预试及定性鉴别之后，就要对有待研究的化学成分实施提取，为进一步分离、提纯及精制这些成分做好准备。从天然植物样品中将某种化学成分提取出来，通常就是利用某些溶剂将这些成分尽可能地溶解出来，然后进行分离。提取方法有溶剂提取法、水蒸气蒸馏法、升华法、超临界 CO_2 萃取法等方法。不管采取哪种方法提取，其提取液一般都是混合液，里面同时存在几种或多种理化性质相近的化合物。所以，对植物化学成分的提取，包括合理选择各种提取方法以及去除杂质这两个基本内容。

3.1 溶剂提取法

3.1.1 基本原理

溶剂提取法，就是根据植物样品含有的各种化学成分在提取溶剂中的溶解度差异，选择对所要提取的成分（即目的物质）的溶解度大，而对其他无关成分（通称杂质）溶解度小的溶剂，将目的物质从植物组织中溶解出来的一种分离方法。

根据"相似相溶"原理，当某一溶剂的化学结构与水分子相似时，它就具有亲水性；若其与油相似时，它就具有亲脂性。常用的有机溶剂都具有一定程度的亲水性或亲脂性。例如，乙醇和丙酮是最常用的亲水性较强的溶剂，而石油醚、苯等则是常用的亲脂性较强的溶剂，乙醚和乙酸乙酯则是极性不明显的溶剂。

常用溶剂按极性强弱可表示如下：

亲水性渐强 ⟶

石油醚—苯—氯仿—乙醚—乙酸乙酯—丙酮—乙醇—甲醇—水

⟵ 亲脂性渐强

有机化合物极性的强弱，与该化合物的分子结构有直接关系。若其分子结构中亲水基团多，则极性强而呈亲水性；若其分子结构中亲脂基团多，则其极性弱而呈亲脂性。根据"相似相溶"原理，亲水性的植物化学成分易溶于亲水性溶剂而难溶于亲脂性溶剂；亲脂性的成分则相反。正是植物化学成分的这种对溶剂极性的差异，使得有可能通过选择适当的溶剂，使之与目的物质的极性相似或相近，从而把该成分从植物组织中溶解并提取出来。

在选择溶剂时，应事先对目的物质的结构大体了解，以便所选择的溶剂和该物质之间有较大的互溶性。例如，有机酸及生物碱的盐类、糖类、糖苷、单宁等化学成分都是亲水化合物，易溶于水而难溶于乙醚、氯仿等有机溶剂。油脂、蜡、芳香油、脂溶性植物色素、苷元、生物碱等则易溶于亲脂性较强的溶剂而不溶于水。蛋白质和氨基酸则由于是两性化合物，具有一定的极性，因此可溶于水。

在实施提取时，应事先将植物样品风干或粉碎，以提高提取效率。当把溶剂加入植物样品中时，由于扩散和渗透的双重作用，溶剂分子将逐渐通过细胞膜渗入细胞内部，从而在细胞内外形成一个浓度差，使得细胞内的溶质不断向细胞外扩散，而细胞外的溶剂则不断向内渗入。这种过程一直进行到细胞内外的溶液浓度达到某种动态平衡时为止。此时，滤出这种饱和溶液，再加入新鲜溶剂，使其建立新的溶解平衡。如此重复操作，就可以基本上把目标物质从植物样品中提取干净。

3.1.2　溶剂的选择

溶剂选择是否得当对提取至关重要。选择溶剂应考虑以下4个因素。①溶解度：对目标物质的溶解度应尽量大，而对杂质的溶解度则应尽量小；②稳定性：不与目标物质发生化学反应，包括不成键或成缔合态；③经济性：价格低廉，使用安全；④沸点宜适中，便于溶剂回收反复利用。

（1）水　水是典型的强极性溶剂，可用于提取无机盐、有机酸盐类、生物碱盐类、有机酸、糖类、糖苷类、单宁和蛋白质等亲水性成分。为了提高对某些成分的溶解度，实践中常采用酸性水或碱性水的混合液作为提取溶剂。用酸性水提取时，可使碱性物质和酸作用生成盐而被溶解提取；用碱性水提取时，可使酸性物质或内酯成分被提出来。使用水作溶剂的优点：经济方便，使用安全；缺点：提取物易霉变（需加防腐剂），沸点较高，浓缩费时，另外提取液中含有多糖、胶质等大分子物质而导致过滤及浓缩困难。

（2）亲水性溶剂　主要包括甲醇、乙醇和丙酮等，它们都能溶于水，并具有一定的助溶作用，能较易透过细胞进入胞内，能较好地溶解植物中的各种成分，因此提取的成分比较全面。如果改变乙醇浓度，可提取不同成分。例如：60%～70%乙醇提取糖苷类；80%～85%乙醇提取糖类；95%乙醇提取生物碱、芳香油、叶绿素等。优点：提取液黏度小，容易过滤，沸点低，浓缩与回收方便，不易霉变；缺点：成本较高，易燃。

（3）亲脂性溶剂　主要有石油醚、苯、氯仿、乙醚等，用于提取油脂、蜡、芳香油、脂溶性色素、树脂、植物甾醇、糖苷元及生物碱等亲脂性成分。优点：沸点低，浓缩与溶剂回收方便，选择性强，容易得到纯品；缺点：易燃、有毒、不易渗入细胞内从而导致提取时间长，成本高，耗损大。表3-1为常用有机溶剂的主要物理性质。

表3-1　常用有机溶剂的主要物理性质一览

名称	相对密度	沸点/℃	溶解性	
			在水中	在其他有机溶剂中
甲醇	0.794	64.6	任意混溶	可溶于醇类、乙醚等
乙醇	0.789	78.4	任意混溶	可溶于醇类、乙醚、苯、氯仿、石油醚等
正丙醇	0.804	97.8	任意混溶	溶于乙醇、乙醚等
异丙醇	0.786	82.4	任意混溶	溶于乙醇、乙醚等
正丁醇	0.810	117.7	9g	溶于乙醇、乙醚等
丙酮	0.792	56.5	任意混溶	可溶于醇类、乙醚、氯仿等
乙酸乙酯	0.902	77.1	8.0g	可溶于醇类、乙醚、氯仿等
乙醚	0.713	34.6	7.5g	可溶于乙醇、苯、氯仿、石油醚、油类等
氯仿	1.484	61.2	1g	可溶于醇类、乙醚、苯、石油醚等

名称	相对密度	沸点/℃	溶解性	
			在水中	在其他有机溶剂中
四氯化碳	1.592	76.7	0.08g	可溶于醇类、乙醚、氯仿、苯、石油醚类
苯	0.879	80.1	0.18g	可溶于乙醇、乙醚、四氯化碳、丙酮、乙醚等
石油醚		30~60 60~90 90~120	不溶	可溶于无水乙醇、乙醚、苯、氯仿、油类等

注：在水中的溶解性指的是在室温（20℃）下，每100g水中所能溶解的质量。≥10g为易溶物质；1~10g为可溶物质；≤1g为微溶物质；≤0.01g为难溶物质。

3.1.3 提取方法

溶剂提取法按其是否加热可分为冷浸法和温浸法两类。其中温浸法又可分为回流提取法和连续提取法等。此外还有渗漉法和煎煮法等。

（1）冷浸法 将已切细或粉碎的植物样品浸渍在适当的溶剂中，待其中的目标物质溶出后，收集并浓缩滤液即为提取液。实际上常利用多个容器、多次添加溶剂并搅拌或振荡，然后合并滤液以提高浸出效率。由于此法不需加热，所以适用于植物样品中的目标物质或因加热而被破坏或因含大量淀粉、树胶、果胶、黏液质等不宜加热时的提取。此法最大的优点是设备简单、操作方便，但提取费时、浸出效率差、周期长。

（2）渗漉法 渗漉法是向植物粗粉中不断添加浸出溶剂使其渗透过植物粉，从渗漉筒下端出口流出浸出液的一种浸出方法，当溶剂渗进原料溶出成分密度加大而向下移动时，上层的溶液或稀浸液便置换其位置，造成良好的浓度差，使分散能较好地进行，故浸出效率较高，浸出液较澄清，但溶剂消耗量大、费时长，操作麻烦。

（3）煎煮法 煎煮法是将植物粗粉加水加热煮沸，将其中成分提取出来的提取方法。此法简便，原料中大部分成分可被不同程度地提出，但含挥发性成分及有效成分遇热易破坏的植物样品不宜用此法，对含有多糖类物质的材料，经煎煮后提取液比较黏稠，过滤比较困难。

（4）温浸法

① 回流提取法。将样品放入三角烧瓶或圆底烧瓶中，加入有机溶剂至浸满样品，再装上回流冷凝器，用水浴加热。溶剂受热蒸发上升至冷凝器后，经冷凝又回到烧瓶中，如此循环提取，待冷却后滤出提取液。更新溶剂重复上述操作，如此多次直至提净。合并滤液经浓缩，即可得提取物。优点：提取效果较冷浸法好，可减少溶剂损失；缺点：溶剂耗量较大，且受热易遭破坏的物质不适应此法提取。

② 连续提取法。对于较难溶于提取溶剂的植物样品，用上述方法很难提取干净，则采用连续提取法提取。这种方法通过溶剂的回流、循环而反复提取。优点：提取效率高，溶剂损失少，操作简便，适用对象广；缺点：怕热的提取物不适用该提取法。

3.2 水蒸气蒸馏法

3.2.1 基本原理

对由两种互不相溶的液体构成的混合液体系加热时，体系中的两种液体可显示与各自独立受热时相同的蒸气压,但当二者的分压与外界压力相等时即产生沸腾。根据这一原理,混合物的沸点可比单独组分的沸点低。

用水蒸气将目标物质从与水组成的混合体系中提取出来的过程谓之水蒸气蒸馏。许多不溶于水的液体或固体在与水混合时,也在低于各自沸点温度下沸腾。由于某些高沸点的组分在达到沸点前就分解,而水蒸气蒸馏由于降低了沸点,使其在保持稳定的情况下将之提取出来。例如,松节油的主要成分蒎烯的沸点是158℃,用水蒸气蒸馏时,在95.6℃就可将之提取出来。

3.2.2 蒸馏装置及适用范围

常用的水蒸气蒸馏装置包括蒸气发生器、蒸馏器、冷凝管和接收器四个部分,中间用导管连接。该提取法适用于具有挥发性、不溶于水又不与水发生反应的目标物质的提取。比如,植物样品中芳香油、小分子的生物碱(如麻黄碱、烟碱)及某些小分子的酸性物质(如牡丹酚)等,但不适宜于在蒸馏中易遇热分解或与水发生化学结合的目标物质的提取。

3.3 超临界萃取法

3.3.1 超临界萃取概述

超临界萃取是近20年才发展起来的,即以超临界状态下的流体作为溶剂,利用该状态下流体所具有的高渗透能力和高溶解能力萃取分离混合物的过程。所谓超临界流体是指超过临界温度与临界压力状态的流体,物质在超临界状态下的溶解能力比常温下强十几倍甚至几十倍。常用的超临界流体有二氧化碳、乙烯、丙烯、丙烷和氨等。表3-2列出了一些常用超临界溶剂的临界点性质。

表3-2 常用超临界溶剂的临界点性质

溶剂		临界温度/℃	临界压力/MPa	临界密度/(kg/m³)
乙烷	C_2H_6	32.3	4.88	203
丙烷	C_3H_8	96.9	4.26	220
丁烷	C_4H_{10}	152.0	3.80	228
戊烷	C_5H_{12}	296.7	3.38	232
乙烯	C_2H_4	9.9	5.12	227
氨	NH_3	132.4	11.28	235
二氧化碳	CO_2	31.1	7.38	460
二氧化硫	SO_2	157.6	7.88	525
水	H_2O	374.3	22.11	326
氟利昂-13	$CClF_3$	28.8	33.9	578

其中CO_2在工业上应用广泛,它无毒、无臭、无腐蚀性、不可燃烧、纯度高且价格低,又有优良的传质性能,扩散系数大,黏度低,而且和其他用作超临界流体的溶剂相比,CO_2相对较低的临界压力和临界温度适合于处理某些热敏性生物制品和天然产品。因此,二氧化碳是用得最多的超临界流体溶剂。以下以超临界二氧化碳流体萃取为代表来介绍超临界流体萃取的基本原理和过程。

图3-1所示为40℃时CO_2的密度ρ、黏度μ和扩散系数D与密度ρ的乘积随压强的变化关系。可以清楚地看到,这些物性参数在临界点附近的变化是非常敏捷的。微小的压强变化都会引起

密度很大的变化（温度变化也会产生类似的效果），从而引起溶解能力的极大变化。一般来讲，超临界流体的密度越大，其溶解能力也越强。另外，超临界流体的黏度接近气体，密度接近液体，介电常数介于二者之间。因此，超临界流体具有很高的溶解能力和快速达到传质平衡的能力。这些特性对于分离操作是十分有利的。在实际过程中，通过调节压力、温度等参数来控制超临界流体的密度，从而实现萃取、分离。

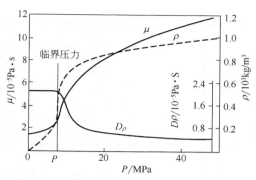

图 3-1　40℃时 CO_2 的 ρ、μ、D 与 P 乘积随压强的变化关系

一般来说，压力对于超临界流体的溶解能力的影响是比较简单的，即升压有利于溶解，降压有利于分离；温度对超临界流体的溶解能力的影响就比较复杂，在临界点附近，一般升温有利于溶解，临界点以外就不那么有规律了，这要视具体情况而定。因此，超临界萃取在萃取剂的溶解能力、传递性能和溶剂回收等方面都具有一般有机溶剂萃取法无法比拟的优点，主要表现在以下几个方面：

① 由于超临界流体的密度接近于普通液体溶剂，因此它具有与液体溶剂相近的溶解能力。同时它又保持了气体所具有的高传递性，渗透比液体溶剂快，容易达到萃取平衡。

② 操作参数主要是压力和温度，两者都比较容易控制。在接近临界点处，温度和压力的微小变化都会使超临界流体的密度发生显著变化，以致溶解能力发生显著变化，因此在萃取完成后很容易分离溶质和溶剂。若精确控制超临界流体的密度变化，还能获得类似于精馏过程一样使溶质逐级分离的效果。

③ 选择适当的超临界流体（如 CO_2），可使过程在常温下进行，对医药、食品、生化行业中一些热敏性物质及易氧化物质的分离极其有利，且不存在任何毒副作用。

④ 将超临界流体作为流动相应用于超临界流体色谱分析，可以分析出许多低挥发性的化合物。超临界流体萃取的缺点是设备和操作都要求在高压下进行，设备费用较高。此外，超临界流体的研究起步较晚，加之超临界流体有很强的非理想性，许多基础数据缺乏，还有待于深入研究。

3.3.2　超临界萃取技术的应用

超临界萃取近年来已在化工、食品、医药等工业中获得了广泛的应用，表 3-3 列出了超临界萃取在这些方面的一些应用情况。其中，从石油残渣中回收油品、从咖啡豆中脱除咖啡因、从木浆废液中回收香草醛、从猕猴桃种子中提取亚麻酸油等都已经成功实现了工业化生产，以下简要介绍几种应用研究实例。

表 3-3　超临界萃取在医药、食品、化妆品、香料等工业的应用

医药工业	酶、维生素等的精制回收； 动植物中药效成分的萃取（生物碱、EPA、DHA、鸦片、精油等）； 医药品原料的浓缩、精炼、脱溶剂； 脂质混合物的分离、精制（甘油酯、脂肪酸、卵磷脂）； 酵母、菌体产物的萃取
食品工业	植物油的萃取（大豆、向日葵、棕榈、可可豆、咖啡豆等）； 动物油脂的萃取（鱼油、肝油等）； 奶脂中脱除胆固醇等；

食品工业	食品脱脂（炸土豆、油炸食品、无脂淀粉）； 咖啡、红茶脱咖啡因，酒花萃取； 香辛料萃取（胡椒、肉豆蔻、肉桂等）； 植物色素的萃取（辣椒、栀子等）； 共沸混合物分离（H_2O-C_2H_5OH），含醇饮料的软化； 脱色、脱臭
化妆品及香料工业	天然香料萃取；合成香料的分离和精制；烟草脱尼古丁；化妆品原料萃取、精制（界面活性剂、脂肪酸酯、甘油单酯等）

将超临界萃取用于天然产物中有效成分的分离提取，比较典型的实例是从猕猴桃种子中提取亚麻酸油。亚麻酸油存在于苏籽、杜仲、月见草、猕猴桃种子等天然产物中，是一种非常好的纯天然保健、医疗用品，具有调节血脂、延缓衰老的功效。图 3-2 是超临界 CO_2 流体提取亚麻酸油的工艺流程。将粉碎过的种仁装入萃取器，用高压液泵不断压入超临界 CO_2 流体，操作压强达到 30MPa 左右，温度为 45℃左右，亚麻酸油被逐渐提取出来，并随 CO_2 一起进入分离器、精馏柱，在分离器通过降温、降压而被分离，CO_2 可回流回气瓶，循环使用。用超临界 CO_2 流体萃取法得到的亚麻酸油与用溶剂法、精榨法得到的亚麻酸油相比具有亚麻酸含量高、品质好、活性成分保存好、无溶剂残留等优点。

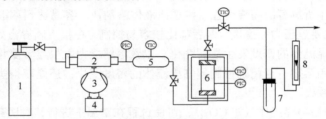

图 3-2　超临界流体提取装置示意

1—CO_2 钢瓶；2—CO_2 加压泵；3—空气压缩机；4—冷却器；5—CO_2 预热器；
6—夹套萃取釜；7—收集器；8—数显流量计；
PIC—压力显示控制器；TIC—温度显示控制器

用超临界 CO_2 流体从咖啡豆中提取咖啡因也比较成功。咖啡因存在于咖啡、茶等天然植物中，医药上可用作利尿剂和强心剂。图 3-3 所示是用超临界 CO_2 流体提取咖啡因的工艺流程。将浸泡过的生咖啡豆置于耐压室中，不断通入超临界 CO_2 流体，操作压强达到 16～20MPa、温度为 70～90℃、密度为 400～650kg/m³ 时，咖啡因被 CO_2 逐渐提取出来，并随 CO_2 一道进入水洗塔用水洗涤，咖啡因转入水相，CO_2 经加压后回到萃取塔循环使用。洗涤水经脱气后用蒸馏方法回收其中的咖啡因。

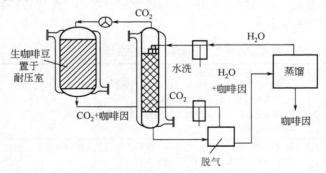

图 3-3　用 CO_2 超临界萃取法从咖啡豆中提取咖啡因示意

随着研究的深入，特别是各种夹带剂的使用，超临界萃取技术已经在分离精细化工产品、处理酿酒原料、生化工程、处理废水等方面得到了广泛的应用。

3.4 其他提取方法

3.4.1 萃取法

此法是实验室常用的提取方法之一，常用于从冷浸法提取所获得提取液的后处理。例如，在提取生物碱类成分时，将它的甲醇提取液用稀盐酸温浸（此时生物碱形成盐酸盐溶出）后，将该酸性水溶液装入分液漏斗，加入乙醚提取，待分层后滴入氨水使之呈碱性，振荡分液漏斗，生物碱将转移到乙醚层中。提取效率主要取决于目标物质在两种溶剂中的分配系数。最常用的溶剂是乙醚、苯、氯仿。提取时用一定量的溶剂分数次少量提取比一次全量提取的效率高。

3.4.2 超声波提取法

超声波提取技术的基本原理是利用超声波的空化作用加速植物有效成分的浸出提取。另外超声波的次级效应，如机械振动、乳化、扩散、击碎等也能加速目标提取成分的扩散释放并充分与溶剂混合，有利于提取，与常规提取法相比，具有提取时间短、产效高、无须加热等特点。超声波提取技术能避免高温高压对有效成分的破坏，但它对容器壁的厚薄及容器放置位置要求较高，否则会影响有效成分的浸出效果。目前实验研究都是处于很小规模，要用于大规模生产还有待进一步解决有关工程设备的放大问题。

3.4.3 微波提取法

微波萃取技术是利用微波能来提高萃取率的一种最新发展起来的新技术。它的原理是在微波场中，吸收微波能力的差异使得基体物质的某些区域或萃取体系中的某些组分被选择性加热，从而使得被萃取物质从基体或体系中分离，进入介电常数较小、微波吸收能力相对差的萃取剂中。微波萃取具有设备简单、适用范围广、萃取效率高、重现性好、节省时间、节省试剂、污染小等特点。目前，除主要用于环境样品预处理外，还用于生化、食品、工业分析和天然产物提取等领域。

3.4.4 半仿生提取法

半仿生提取法（简称 SBE 法）是将整体药物研究法与分子药物研究法相结合，从生物药剂学的角度，模拟口服给药物经胃肠道转运的原理，为适应消化给药中药制剂而设计的一种新的提取工艺。即将材料先用一定 pH 的酸水提取，然后以一定 pH 的碱水提取，提取液分别过滤、浓缩。它具有"有成分论，不唯成分论，重在机体的药效学反应"的特点。这种新提取法可以提取和保留更多的有效成分，能缩短生产周期，降低成本，适于多种中药复方制剂的研究。

半仿生提取法能体现中医临床用药的综合作用特点，符合口服给药经胃肠道转运吸收的原理。但目前该方法仍沿袭高温煎煮法，长时间高温煎煮会影响许多有效活性成分，降低药效。为此有人建议将提取温度改为近人体的温度，并且引进酶催化，使药物转化成人体易吸收的综合活性混合物，这样更符合辨证施治的中医药理论。

3.5　影响提取的因素

不管何种提取方法，除了各自的特殊条件，如溶剂法必须选择适当的溶剂和方法外，都有其共同的影响提取的因素。

3.5.1　样品颗粒大小

从理性认识上讲样品粉末越小，其表面积越大，与提取溶剂接触面也越大，溶剂渗入越快，目的物质溶解越快，因而提取效率越高。但是粉末过细会带来吸附、黏稠、胶脒等现象，起干扰作用而影响提取，而且给后续的过滤带来困难。因此，用水为提取溶剂以粗粉末为宜；用有机溶剂时可略细，以 20 目筛下为宜。

3.5.2　提取时间

提取时间因溶剂与方法不同而有所不同，一般用水提取以沸腾 0.5～1h 为宜，而以乙醇提取以沸腾 1h 为宜。具体植物样品，当选择方法以后，应做实验设计确定适宜的提取时间。

3.5.3　提取温度

常温提取时杂质少，而加热提取则效率较高，一般以 60～80℃为宜，不宜超过 100℃。

3.6　几类杂质的去除

在分离纯化和分析工作中，目标物质和杂质是两个相对的概念，完全根据研究目的而定。由于杂质的存在会给分离、纯化和精制造成困难，妨碍对目标物质的分离或定量测定，故在提取过程中应设法将杂质尽量去除。去除杂质实际上是一个分离过程，在去除杂质时应根据目标物质的理化性质，采取不同的方法，才能有效去除杂质。

3.6.1　鞣质

鞣质是几种多酚类化合物的总称，易溶于水、乙醇、丙醇，不溶于无水乙醚、氯仿等。去除鞣质的方法：①用明胶或蛋白质溶液使之沉淀析出；②用重金属盐如醋酸铜、氯化亚锡或碱土金属的氢氧化物作用，使之沉淀析出；③加入醋酸铅溶液与鞣质生成不溶性的铅化合物而沉淀析出。

3.6.2　叶绿素

叶绿素不溶于水而溶于有机溶剂。去除方法：①高速离心，然后过滤；②加入少量活性炭并趁热（70℃）过滤；③加入中性醋酸铅使叶绿素沉淀析出。

3.6.3　油脂、蜡、树脂

上述成分均不溶于水而易溶于乙醚、氯仿、丙酮、苯及热乙醇中。去除方法：①用乙醚或苯等脂溶性溶剂依次加热提取，反复数次；②用乙醚提取，浓缩提取液，再加氯仿提取。

3.6.4　蛋白质

提取液中去除蛋白质的方法，最常用的是等电点法和盐析法两种。等电点法是通过改变提取液的 pH 值，使其达到蛋白质的等电点，这时蛋白质溶解度最小而沉淀析出。盐析法是用二价金属离子使蛋白质沉淀的方法。常用的盐析剂有醋酸铅、硫酸锌、氢氧化钡等。

3.6.5　糖及淀粉

单糖及双糖易溶于水，而淀粉不溶于冷水及有机溶剂，但能在水溶液中沉淀。去除方法：①对提取液进行水洗，可去除可溶性糖；②将经冷水提取的样品再用热水提取，可使淀粉糊化，然后过滤而去除。

3.6.6　无机盐

无机盐一般以离子或盐的状态存在，可用水洗的方法将其转移到水层，而后去除。

第 4 章

植物天然产物的分离与纯化

前文介绍了植物天然产物的提取方法和针对某种有效成分而使用的杂质去除方法，但所得到的提取物在绝大多数情况下仍是混合物。要获得纯净物质，需要进一步分离纯化与精制。当然，具体的方法随各类植物化学成分性质不同而异，这里只作一般原则的讨论。

4.1 系统溶剂分离法

4.1.1 系统溶剂分离法概述

根据"相似相溶"原理，极性相似的组分能够溶于相应极性的溶剂中。总提取物中不同极性成分在不同极性溶剂中的溶解性不同。各种溶剂结构不同物理常数也不同，用不同极性溶剂处理总提取物，把这些成分依次划分成相应的组（或段），就称为溶剂分离法。一般做法是将上述总提取物，选用 3～4 种极性不同的溶剂，由低极性到高极性分步进行萃取。如图 4-1 所示，通过萃取、过滤、浓缩得到各溶剂的溶出物 Ⅰ～Ⅵ组。

总提取物组分及其极性顺序：

A<B<C<D<E<F<G<H<I<J<K<L<M<N<O<P<Q⋯⋯

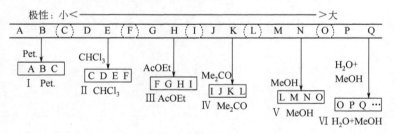

图 4-1 溶剂处理示意

在上述溶剂处理过程中，总是首先选用石油醚或正己烷等非极性溶剂，将总提取物中的脂质或低极性成分除去，这一过程称为脱脂。在提取过程中，使用的提取溶剂不同，总提取物的成分也就不同。用水和酒精为溶剂，总提取物经浓缩成为水浸膏和酒精浸膏，它们呈沥青胶状物。这种状态难以均匀分散在极性溶剂中，因而难以提取完全。针对此问题的解决办法是，加入适量的惰性填充剂，如纤维粉、硅藻土等，然后低温或自然干燥、粉碎，这时再用选取的溶剂依次提取，使总提取物中各组分依其在不同极性溶剂中溶解度的差异而得到分离。图 4-2 是通常采用的溶剂分离流程。利用溶解度进行分离纯化是最常用的方法。例如吴茱萸中有两种中性生物碱吴茱萸碱和吴茱萸卡品碱，前者易溶于丙酮而后者难溶，用丙酮处理总碱即可将之分开。在提取液中加入另一种溶剂使析出其中某种或某些成分，或析出其杂质，也属于溶剂分离的方法。植物的水提取液常含有树胶、黏液质、蛋白质、可溶性淀粉等，在加入一定量的无水乙醇时，上述不溶于乙醇的成分即可从提取液中沉淀析出，达到分离的目的。例如提取多糖及多肽类化合物，多采用水溶解、浓缩，加乙醇或丙酮析出的办法。

在溶剂分离过程中，根据有效成分的性质，为了加大其在某溶剂中的溶解度，要进行酸或碱处理。在提取生物碱、内酯、有机酸、香豆素、酚类化合物等时，常利用其某些成分能在酸或碱中溶解，又在加碱或加酸改变溶液 pH 值后，成为不溶物而析出以达到分离。例如生物碱一般不溶于水，遇酸生成生物碱盐而溶于水；再加碱碱化，又重新生成游离生物碱。

一般对植物化学成分提取物进行酸、碱处理，可分为三部分：能溶于酸水的为碱性成分，如生物碱；能溶于碱水的为酸性成分，如有机酸；对酸碱均不溶的为中性成分，如甾醇。

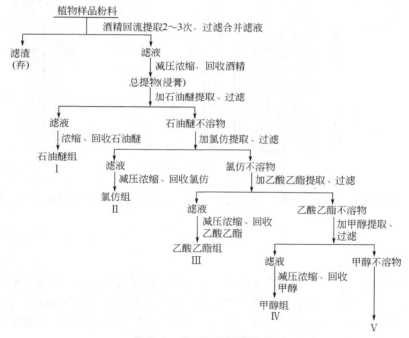

图 4-2　溶剂分离流程示意

4.1.2　两相溶剂萃取法

4.1.2.1　液-液萃取法

两相溶剂萃取法简称萃取法，是利用混合物中各组分在两种互不相溶的溶剂中分配系数的不同，组分由一相转移到另一相而达到分离目的。组分在两相的分配系数相差越大，分离速度越快，分离效率就越高。萃取法由于操作是在室温下进行，特别适宜对热不稳定成分的分离。如果母液（提取液）为水浓缩液，则可在分液漏斗中依次选择几种与水不相混溶的有机溶剂，如石油醚、苯、乙醚、氯仿、乙酸乙酯、正丁醇或戊醇等抽提，把母液中的组分分成若干部分，达到对总提取物进行初分离或去除杂质的目的。

如果母液中的有效成分是脂溶性的，一般多用亲脂性有机溶剂，如苯、氯仿等；如果有效成分是偏于亲水性的物质，在脱脂后改用弱亲脂性溶剂如乙酸乙酯、丁醇等进行萃取。提取黄酮类化合物时，多用乙酸乙酯与水两相萃取。提取亲水性强的皂苷则多选用正丁醇、戊醇与水两相萃取。

4.1.2.2 逆流连续萃取法

逆流连续萃取法，是一种连续的两相溶剂萃取方法。此法利用两溶剂的密度不同自然分层，以及分散相液滴穿过连续相液体时发生传质。使用时，需根据溶剂的密度，选择不同的连续萃取装置。如选择密度小的溶剂，分散相则从下而上穿过连续相；若溶剂密度大时，分散相则从上而下穿过连续相。穿透管中装瓷环等填充物以增大液滴上升或下降的分散度，扩大表面积，以获得高的传质效率。图 4-3 为连续液-液萃取装置示意，其中 A 溶剂密度小，B 溶剂密度大。

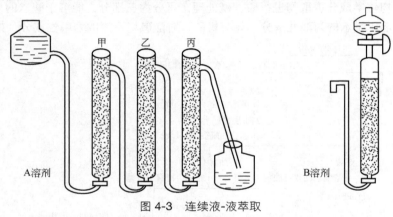

图 4-3 连续液-液萃取

此外，还有逆流分溶法和液滴逆流色谱法，内容大同小异，由于不常应用，在此就不一一述及了。

4.1.2.3 其他萃取法

由溶剂萃取技术衍生出一大批生物工业分离技术，如双水相萃取、超临界流体萃取、反微团萃取等。它们在细胞碎片的去除、细胞内物质、酶及蛋白质、天然生物活性物质的提取分离方面有独特的优势，在生物工业上具有广阔的应用前景。其中超临界流体萃取技术在前面已有讲述，因此，这里仅就双水相萃取和反微团萃取做一些介绍。

（1）双水相萃取 溶液的分相不一定完全依赖于有机溶剂，在一定条件下水也可以形成两相甚至多相。这里所说的形成了两相也就是形成了双水相系统。双水相萃取法是利用物质在互不相溶的两水相间分配系数的差异来进行萃取的方法。于是，就可以将水溶性的酶、蛋白质等生物活性物质从一个水相转移到另一个水相中，从而实现分离，其依据是物质在两相间溶解度的差异。

不同的高分子溶液相互混合可产生两相或多相系统，如葡聚糖（dextran）与聚乙二醇（PEG）按一定比例与水混合，溶液浑浊，静置平衡后，上相富含 PEG，下相富含葡聚糖。

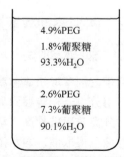

图 4-4 葡聚糖与聚乙二醇按一定比例与水混合形成两相示意

许多高分子混合物的水溶液都可以形成多相系统。例如，明胶与琼脂或明胶与可溶性淀粉的水溶液混合，形成的交替或乳浊液可分成两相，上相含有大部分琼脂或可溶性淀粉，而大量的明胶则集于下相。如图 4-4 所示。

上述现象称为聚合物的不相溶性。这种不相溶性是一种普遍现象，其溶剂不一定是水，也可能是有机溶剂。如果多种不相溶的聚合物混在一起，就可得到多相体系，如硫酸葡聚糖、葡聚糖、羟丙基葡聚糖和聚乙二醇相混时，可形成四相体系。几种典型的双水相系统如表 4-1 所示。

表 4-1 几种典型的双水相系统

类型	名称	组成
A	聚丙二醇	聚乙二醇 聚乙烯醇 葡聚糖（Dex） 羧丙基葡聚糖
	聚乙二醇	聚乙烯醇 葡聚糖 聚乙烯吡咯烷酮
B	硫酸葡萄糖钠盐	聚丙二醇 甲基纤维素
	羧甲基葡聚糖钠盐	
C	羧甲基葡聚糖钠盐	羧甲基纤维素钠盐
D	聚乙二醇	磷酸钾 硫酸铵 硫酸钠 硫酸镁 酒石酸钾钠

注：A 两种非离子型聚合物；B 其中一种为带电荷的聚电解质；C 两种都为聚电解质；D 一种为聚合物，一种为盐类。

上述聚合物的不相溶性主要是由于聚合物分子的空间阻碍作用，相互间无法渗透，当聚合物的浓度达到一定值时，就不可能形成单一的水相，所以具有强烈的相分离倾向。另外，某些聚合物的溶液与某些无机盐的溶液相混合时，只要浓度达到一定值，也会形成两相，即聚合塑-盐双水相体系，成相机制尚不清楚，一种解释为"盐析"作用。

双水相系统形成的两相均是水溶液，它特别适用于生物大分子和细胞粒子。自 20 世纪 50 年代以来，双水相萃取已逐渐应用于不同物质的分离纯化，如动植物细胞、微生物细胞、病毒、叶绿体、线粒体、细胞膜、蛋白质、核酸等。双水相萃取工业化应用大约开始于 20 世纪 70 年代 M.R.Kula 等的工作，现在的研究已涉及酶、核酸、生长激素、病毒等各种物质的分离和纯化。

(2) 反微团萃取　反微团（reverse micelle）又叫反胶团，它是表面活性剂在非极性有机溶剂中形成的一种聚集体（aggregate）。在胶体化学中已经知道，如向水溶液中加入表面活性剂，当表面活性剂的浓度超过一定的数值时，表面活性剂就会在水相中形成胶体或微胶团，它是表面活性剂的聚集体。水相中的表面活性剂聚集体其亲水性的极性端向外指向水溶液，疏水性的非极性"尾"向内相互聚集在一起。同理，当向非极性溶剂中加入表面活性剂时，如表面活性剂的浓度超过一定的数值时，也会在非极性溶剂内形成表面活性剂的聚集体。与在水相中不同的是，非极性溶剂内形成的表面活性剂聚集体其疏水性的非极性尾部向外，指向非极性溶剂，而极性头向内，与在水相中形成的正常微胶团方向相反，因而称之为反胶团或反微团。正常微团与反微团的结构比较见图 4-5。在反微团中，表面活性剂的非极性尾在外与非极性的有机溶剂接触，而极性头则排列在内形成一个极性核。此极性核具有溶解极性物质的能力，极性核溶解了水后，就形成了"水池"。当含有此种反微团的有机溶剂与蛋白质的水溶液接触后，蛋白质就会溶于此"水池"。由于周围水层和极性头的保护，蛋白质不会与有机溶剂接触，从而不会造成失活。蛋白质在反微团中的溶解示意见图 4-6。这种蛋白质在反微团中溶解情况的解释称为"水壳"模型。

图 4-5　正常微团与反微团结构比较示意　　　图 4-6　蛋白质在反微团中的溶解示意

现在已知的可以通过反微团溶于有机溶剂的蛋白质有：细胞色素-C(cytochrome-C)、α-胰凝乳蛋白酶(α-chymotrypsin)、胰蛋白酶(trypsin)、胃蛋白酶(pepsin)、磷脂酶 A2(phospholipaseA2)、乙醇脱氢酶(alohol dehydrogenase)、核糖核酸酶(ribonuclease)、溶菌酶(lysozyme)、过氧化氢酶(peroxidase)、α-淀粉酶(α-amylase)、羟类固醇脱氢酶(hydroxysteroid dehydrogenase)等。

用于产生反微团的表面活性剂通常为阳离子表面活性剂（季铵盐）和阴离子表面活性剂（AOT）。在反微团萃取的早期研究中多用季铵盐，目前研究中用得最多的是 AOT（丁二酸-2-乙基己基酯磺酸钠）。人们普遍使用 AOT 的原因有两个：一是 AOT 所形成的反微团较大，效率高，有利于大分子的蛋白质进入；二是 AOT 形成反微团时不需要添加助表面活性剂（cosurfactant）。当表面活性剂为 AOT 时，最常使用的有机溶剂为异辛烷。蛋白质或其他生物分子进入反微团后，会引起反微团的结构如大小、聚集数等发生变化，这些变化的具体情况还有待于进一步研究。

4.1.3　综合处理

根据拟分离物质的性质，在溶剂处理时采用酸碱处理，加沉淀剂、调整 pH 值等措施，使有效成分或杂质生成沉淀或者盐析。以生物碱的分离流程为例（如图 4-7 所示），来理解如何使用上述方法。

4.1.3.1　沉淀法

沉淀法中最常用的沉淀剂是醋酸铅，既可以用于去除杂质，也可以沉淀有效成分。铅盐法的原理是利用植物的水或乙醇提取液中，中性醋酸铅或碱式醋酸铅能与许多物质反应生成不溶性铅盐或络合物而达到分离的目的。

中性醋酸铅可以与酸性或酚性的物质结合成不溶性铅盐，因此可以沉淀有机酸、蛋白质、氨基酸、黏液质、鞣质、酸性皂苷、树脂、部分黄酮和花青苷等。

碱式醋酸铅沉淀的范围更广，除上述物质外，还可以沉淀某些糖苷类、糖类及一些生物碱等碱性物质。沉淀法的操作方法如下：将所试水或酒精浸提液加过量的饱和醋酸铅溶液至沉淀完全，为了保证沉淀完全，常常加 50%醋酸铅、过滤，沉淀用水洗，洗液与滤液合并加碱式醋酸铅液，沉淀用水洗。这样就分成三个部分（图 4-8）。

沉淀过程（Ⅰ）、（Ⅱ）还可以用乙醇和 10%醋酸进一步划分。比如，用 90%乙醇加热回流数次，不溶物用 10%醋酸处理，这样就可以分成酒精溶解、稀醋酸溶解和稀醋酸不溶物三部分。沉淀剂还有醋酸钾、苦味酸、氢氧化钡、氢氧化铜、氯化钙、石灰等。

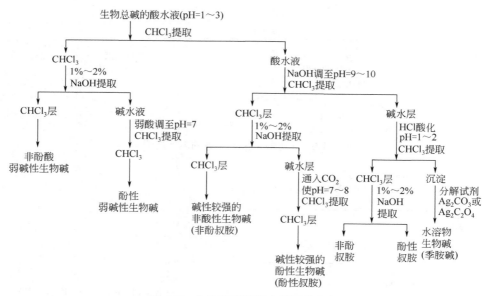

图 4-7　生物碱提取综合处理（Ⅰ）

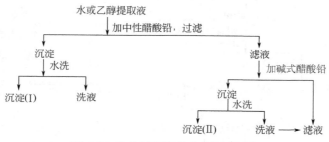

图 4-8　生物碱提取综合处理（Ⅱ）

4.1.3.2　盐析法

在植物水提取液中加入易溶性无机盐常用的化合物，如 NaCl、NH₄Cl、MgSO₄、Na₂SO₄、(NH₄)₂SO₄等至一定浓度或达饱和状态，使某些成分在水中的溶解度降低，沉淀析出或被有机溶剂提取出。糖苷类、生物碱等成分的分离常用此法。例如从云南三七中提取三七皂苷就是如此（图 4-9）。又如从三棵针中提取小檗碱的所谓"三合一"法（图 4-10）。

4.1.4　结晶与重结晶

4.1.4.1　概述

结晶的目的在于进一步分离纯化得到纯品，便于进行化学鉴定及结构测定工作。大多数的植物化学成分是固体化合物，具有结晶的通性，当达到一定纯度，在合适的溶剂条件下，会逐步地从溶液中形成结晶状而析出，这一步叫作结晶。由于初析出的结晶会带有一些杂质，因此需要通过反复结晶才能得到纯粹的单一晶体，该步骤称为重结晶或复结晶。

有时，有一些物质即使达到了很高的纯度仍不能结晶，只呈无定形粉末状。例如植物中有些皂苷、多糖、蛋白质及游离生物碱等经常不结晶或不易结晶。在这种情况下，如果为测定其

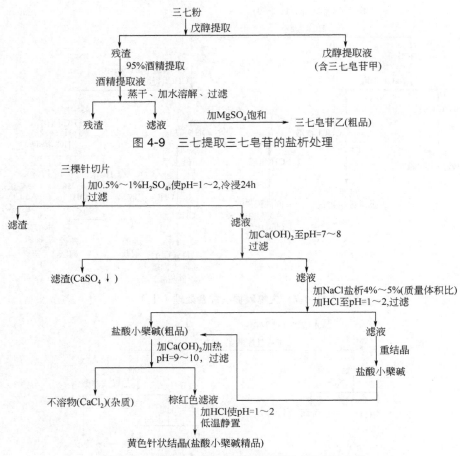

图 4-9　三七提取三七皂苷的盐析处理

图 4-10　三棵针中提取小檗碱的所谓"三合一"法

结构需要其结晶时，就需要先制备成能结晶而又可以复原的衍生物。有时植物中某一成分含量特别高，找到合适的溶剂进行提取，提取液放冷或稍浓缩，便可得到结晶。

4.1.4.2　结晶条件

① 结晶成分的含量：一般是含量越高越易结晶。

② 合适的溶剂：选择合适的溶剂是形成结晶的关键。溶剂选择不当，即使某一成分含量很高，仍然不能结晶；溶剂选择适当，即使含量不高也能够结晶。

③ 溶液浓度：需要结晶的溶液，往往呈过饱和状态，浓度高时容易结晶，但浓度过高会因杂质的浓度或溶液的黏度增大，从而会阻止结晶析出。如果浓度适中，逐渐降温，有可能析出纯度较高的结晶。

④ 合适的温度和时间：低温静置有利于结晶析出，有的需静置3～5天或更长时间。

4.1.4.3　结晶溶剂的选择

溶剂是形成结晶的关键，其选择原则是：

① 对有效成分的溶解度随温度的不同而有着显著差异，同时不产生化学反应，热时溶解度大，冷时则析出，而对杂质则热、冷时都不溶或难溶。

② 毒性小，易挥发，尽可能不用或少用混合溶剂。

③ 所选试剂的沸点应低于化合物的熔点，以免受热分解杂质。溶剂的沸点应低于结晶时的温度，以免混入溶剂的结晶，一般溶剂的沸点以 60℃左右为宜。表 4-2 为常用的结晶溶剂。

表 4-2　常用供结晶用的普通溶剂

溶剂名称	沸点/℃	冰点/℃	水中溶解性	可燃性
水	100	0	+	—
甲醇	65	*	+	+
95%乙醇	70	*	+	+
石油醚	60～90	*	—	+
苯	80	5	—	+
氯仿	61	*	—	—
戊烷	101	11	+	+
丙酮	56	*	+	+
乙醚	35	*	微溶	++
石油醚	30～60	*	—	++
二氯甲烷	41	*	—	—
四氯化碳	77	*	—	—

*为低于 0℃。

4.1.4.4　制备结晶的方法

结晶形成过程包括晶核的形成与结晶的增长两个步骤。

① 通常将化合物溶于适当的溶剂中，过滤，浓缩至适当体积后塞紧瓶塞，静置。放一段时间后如果没有结晶析出，可松动瓶塞，使溶剂自动挥发，可望得到结晶。

② 加入晶种。

③ 没有晶种，可用玻璃棒摩擦玻璃容器内壁，产生微小颗粒代替结晶核，以诱导方式形成结晶。

4.2　色谱分离法

色谱分离法是一种现代的重要的物理化学分离分析手段，是利用不同物质在两相中不同的平衡分配系数来进行分离的一种方法。色谱分离法现已广泛用于化学、化工、医药、生化、环保及农药等领域，是当前分离纯化和定性定量不可缺少的重要方法之一，它具有快速、灵敏、准确、简便的特点。因此，色谱分离技术是植物化学分离纯化工作中的重要手段。

色谱分离包括纸色谱、气相色谱、高压液相色谱、高效薄层色谱和反相色谱等。

4.2.1　色谱分离法概述

4.2.1.1　色谱分离中的两相

在色谱过程中，存在着两相，即固定相和流动相。所谓固定相是指固定不动的活性物质，在其上流过的样品组分由于分配或吸附而被滞留，吸附色谱所用的固定相通常为具有吸附活性的物质，如硅胶、氧化铝、活性炭等。在分配色谱中涂渍在载体表面上的液体物质——固定液，构成分配色谱的固定相。而流动相是在色谱过程中携带组分向前移动的流体物质，可以是液体，也可以是气体。

所谓色谱分离，就是混合物组分在这两相之间相互作用而逐步达到分离的过程。

4.2.1.2 分离过程

分离过程是基于样品组分在互不相溶的两相中，由于分配系数的差异而达到分离。现以吸附色谱为例，说明分离过程，即组分—固定相—流动相三者之间的相互作用（图4-11）。

作为固定相的吸附剂具有吸附物质的活性，而流动相亦有一定的吸附能力，组分被固定相所吸附，而流动相将组分从固定相上脱附下来的过程，对固定相就叫解吸附或解吸。色谱过程的基本原理就在于不同组分的分子，由于其结构不同，对固定相及流动相的吸附和解吸附能力是不同的。随着流动相的不断流动，不同组分前进的速度各不相同，经过无数次的吸附与解吸附的过程，使得各组分彼此得以分离，相同分子就在同一个色带上，这就是色谱过程中组分能得以分离的基本原理，图4-12表示含三组分样品的分离过程。

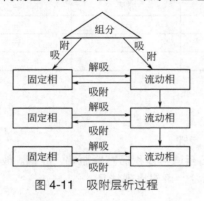

图 4-11 吸附层析过程

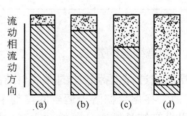

图 4-12 含三组分样品的分离过程

4.2.1.3 色谱的分类

由于色谱所用的固定相和流动相以及采用的方式不同，色谱可以分为以下几种类型（图4-13）。

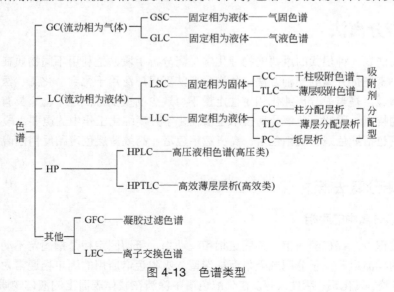

图 4-13 色谱类型

4.2.1.4 正相色谱与反相色谱

由于使用固定相与流动相的极性不同，形成色谱的特征完全不同。所谓正相色谱（简称 PPC）其色谱特点是极性越小的组分的比移值（R_f）值越大，而极性越大的组分的 R_f 值就越小。反相色谱（RPC）其特点是极性越大的组分 R_f 越大，极性越小的组分 R_f 就越小。常用的反相色谱固定相为 8-烷基或 18-烷基化硅胶。

4.2.1.5 梯度洗脱

在色谱使用过程中，由于组分极性悬殊，使用一种固定的流动相很难完成各组分的分离，就要间断地或连续地变更流动相的组成（即逐步改变洗脱剂的极性），从而变更其洗脱能力，使各个组分得以很好地分离。这种方法就叫梯度洗脱。梯度洗脱能为复杂的组分分离提供在单位时间内的最好分离效果。

4.2.2 吸附色谱

吸附色谱属于液-固或气-固色谱，适用于很多中等分子量的组分（即分子量小于 1000 的低挥发性样品），尤其是脂溶性成分的分离。高分子蛋白质、多糖或离子型亲水性大的化合物不适用该法分离。

吸附色谱的分离效果，取决于溶剂、吸附剂、溶质三者的性质，即三者搭配是否合理。

4.2.2.1 吸附剂

常用的吸附剂的种类、特性及适用于分离化合物的类型见表 4-3。

表 4-3　常用吸附剂性能

吸附剂	化学结构	表面性质	适用于分离的样品类型
硅胶	$(SiO_2)_n$	微酸性	小分子脂溶性成分如挥发油、萜类、多种苷元、甾体、生物碱等
氧化铝	Al_2O_3	微碱性	适用于碱性成分如生物碱、胺类
活性炭		非极性	氨基酸、糖、苷类
聚酰胺[①]		碱性	适用于酚类、醌类、黄酮类、萜类
硅藻土		弱极性	适用于极性稍大的成分如强心苷元

① 聚酰胺作为一种特殊性质的吸附剂，在碱性溶液中的吸附性最弱。

（1）硅胶　色谱用硅胶一般以 $SiO_2 \cdot nH_2O$ 表示，系多孔性的硅氧环，—Si—O—Si— 交链结构，由于其骨架表面具有很多硅醇—Si—OH 基团，通过氢键与极性或不饱和分子相互作用，同时能吸附水分。这种水分几乎呈游离态，当加热至 100℃时可以除去。硅胶的活性与水分含量有关（表 4-4），含水量高，吸附力降低，当游离水含量高达 12%以上时，吸附力极低，不能作为吸附剂，可作为分配色谱中的载体。

硅胶活化：当温度为 100～110℃时，硅胶表面吸附的水分即被除去，这一过程称为硅胶活化。这时硅醇基大量暴露在硅胶表面，对组分中的极性基团（能形成氢键）的吸附力增强。当温度达 170℃时，硅胶的结合水丢失导致其变性，故活化温度应控制在 170℃以内。

色谱硅胶是中性无色颗粒，由于制作过程中接触强酸，常带有酸性，只要 pH 值不低于 5就可使用。商品色谱硅胶在进行实验前首先需检测是否为中性。检测方法：取硅胶一份，混悬于 100 份水中放置，应得澄清的中性溶液；若滤液呈酸性，应水洗至中性，再在 110℃活化 24h。其次检测是否有铁离子及脂溶性杂质，其方法是将硅胶混悬于 6mol/L 盐酸中，搅拌，如含铁离子则与盐酸结合成复合物而显黄色，用盐酸洗涤以除去。脂溶性杂质用氯仿等有机溶剂洗涤。

由于硅胶极易吸水，使用前需经 120℃烘烤 24h 活化，可不做活性测定。

表 4-4 硅胶和氧化铝含水量与活性的比较

氧化铝含水量/%	活 性	硅胶含水量/%
0	I	0
3	II	5
6	III	15
10	IV	25
15	V	38

硅胶色谱有时加入一种复合试剂，以改良吸附性能，提高分离效果，此复合试剂即为改良吸附剂。改良吸附剂的制备，可参照表 4-5，以 1%～10%复合试剂的水或丙酮溶液，与硅胶混匀，待稍干后于 110℃干燥即可。

表 4-5 常用改良吸附剂

复合试剂	选择性分离物
0.1～0.5mol/L 酸或碱	pH 敏感物质（生物碱，酸性、酚性、两性物质）
$AgNO_3$	具双键或三键物质
硼酸、硼酸钠、碱或醋酸铝	多羟基化合物
亚硝酸钠	醛类
氯化铁	羟基喹啉类
硫酸铜	胺类
铁氰化锌	磺胺类

使用时，硅胶柱一般采用湿法装柱，即将硅胶混悬于装柱溶剂中，不断搅拌，待其中气泡除去后，连同溶剂一起倾入柱中。装柱直径与长度之比一般为 1 :（20～30）。使用过的硅胶再生一般用乙醇或甲醇洗涤，除去溶剂，烘干活化处理即可使用。必要时，可用 0.5% NaOH 溶液浸泡洗涤，过滤水洗，再用 5%～10%HCl 浸泡洗涤，最后用蒸馏水洗至中性，110℃下活化，过筛即可。

（2）氧化铝　氧化铝（Al_2O_3）是最常用的吸附剂之一，是由氢氧化铝在高温下（600℃）脱水而得，常带碱性，对于生物碱等天然产物中的碱性成分分离颇为理想。但不宜用于醛、酮、酯、内酯等类型化合物的分离，因这些成分可能与之发生次级反应，如异构化、氧化和消除反应等。可用水洗至中性的方法除去 Al_2O_3 中的碱性杂质，此时称中性氧化铝，但它仍属碱性吸附剂范畴，不适于酸性成分的分离。

酸性氧化铝的制备：用稀硝酸或稀盐酸处理，不仅可中和 Al_2O_3 中的碱性杂质，而且可使其颗粒表面带有 NO_3^- 或 Cl^- 的阴离子，从而具有离子交换剂的性质，适合于酸性成分的分离。

氧化铝的活性与含水量有直接关系（表 4-4）。柱色谱 Al_2O_3，其粒度要求为 100～160 目。小于 100 目因颗粒直径太大，分离效果差；大于 160 目因颗粒直径过小导致溶液流速太慢，使谱带扩张。使用时样品与吸附剂用量比一般以 1 :（20～50）为宜，色谱柱的内径与柱长比一般为 1 :（10～20）。洗脱时，洗脱液流速不宜太快，一般控制在每 0.5～1h 内流出液体的体积（mL）

与所用吸附剂的质量（g）相等为宜。

（3）活性炭　活性炭是使用较多的一种非极性吸附剂，广泛用于分离水溶性成分的氨基酸、糖类及某些苷类和脱色。活性炭的吸附作用在水溶液中最强，在有机溶剂中较弱。所以，水的洗脱能力最弱，而有机溶剂则较强。例如以乙醇-水系统进行洗脱时，洗脱力随乙醇浓度的递增而增加，有时亦用稀甲醇、稀丙酮、稀乙酸溶液洗脱。

活性炭对芳香族化合物的吸附力大于脂肪族化合物，对大分子化合物的吸附力大于小分子化合物，对极性基团多的化合物的吸附力大于极性基团少的化合物。利用这些吸附性的差异，可将水溶性芳香族物质与脂肪族物质分开，将单糖与多糖分开，将氨基酸与肽分开。用于层析的活性炭可分为三类（表4-6）。

表 4-6　层析用活性炭类型及性能

种　类	颗粒状态	吸附能力	备　注
粉末状活性炭	极细、呈粉末状	吸附力大 吸附量大	流速慢、需加压或减压操作
颗粒状活性炭	颗粒较大	吸附力次之 吸附量次之	流速易控制，不需加压或减压
锦纶-活性炭	由锦纶和黏合剂而定	弱	流速易控制，易洗脱，可分离酸性或三性物质

活性炭一般需用稀盐酸或乙醇洗涤，再以水洗净，置120℃加热活化4～5h即可供色谱用。色谱用活性炭最好选择颗粒型，若为粉末状，可加入适量硅藻土作为辅助剂并装柱，易于控制流速。使用过的活性炭可用稀酸、稀碱交替处理，然后水洗，加热活化即可重新使用。

（4）金属有机骨架材料　金属有机骨架材料（MOFs）是一类由金属离子或团簇与有机配体（多为含单个或多个羧酸的有机配体或含氮有机配体）组装而成的新型纳米多孔材料，是一种极具应用前景的无机-有机复合材料。独特多孔结构和有机配体赋予了 MOFs 刚性和柔性性能，而通过选择不同链长、不同结构的有机配体可构筑不同规则几何外形的 MOFs。用于构建 MOFs 的常用有机配体和金属团簇如图 4-14 所示。

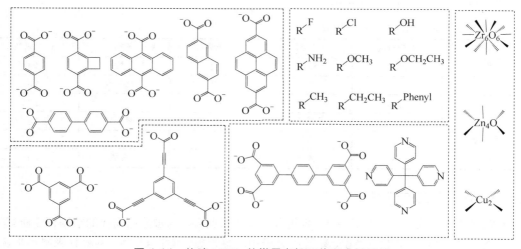

图 4-14　构建 MOFs 的常用有机配体和金属团簇

MOFs 中最典型且被广泛研究和应用的材料主要有 HKUST-1（别称 Cu-BTC）、MOF-5（别称 IRMOF-1）、ZIF-8 和 UiO-66 等。其中，HKUST-1 由均苯三甲酸和铜离子组装而成，之后人们优化了材料的结构和性能，将其应用于吸附与分离领域。MOF-5 材料展现了良好的吸附与分离性能。这两种材料打开了新型多孔晶体材料用于吸附与分离的新局面。ZIF-8 和 UiO-66 则具备了良好的稳定性。另外，以 MOF-5 为母体，通过延长有机配体的长度，合成出具备相同拓扑结构、不同孔径（3.8～28.8Å，1Å=0.1nm）的 IRMOFs 系列材料，并为 MOFs 材料引入了介孔（孔径大于 2nm）结构，实现了微孔 MOFs 材料到介孔 MOFs 材料的过渡。

MOFs 的特性来源于其固有的多孔性能，且具有比表面积大、规则孔道、柔性或刚性结构、孔道多样性、结构和性能的可设计性等优势，金属有机骨架材料在性能上远超于传统无机多孔材料。此外，某种程度而言，金属有机骨架材料在结构和性能上还具有高度可设计性及结构可调性，是传统无机多孔材料不能相媲美的。在合成方法上条件温和，意味着可以很容易地控制合成条件。通过改变有机配体，可以很方便进行修饰和设计。由于需要金属离子和有机配体之间共同协调构成结构单元，通常能够构筑特定的金属骨架。为了得到特定的孔道构型，可通过设计功能基团、次级结构单元、合成条件而不改变金属有机骨架固有的连通性和拓扑学结构，金属有机骨架材料还可在合成后进行金属离子或者有机键的后修饰。

4.2.2.2 溶剂

色谱过程中溶剂系统的选择对分离效果关系极大。在柱层析时所用溶剂习惯上称为洗脱液；用于薄层色谱法（TLC）或纸色谱法（PC）时，常称为展开剂。洗脱剂的选择，须根据被分离组分与选用的吸附剂性质综合考虑。

溶剂的洗脱能力与其极性有关，用溶剂的介电常数（ε）和偶极矩（μ）表示。一般 ε 大或 μ 大，溶剂的极性也大。常用溶剂的介电常数见表 4-7。

当用极性吸附剂时，若被分离物质为弱极性，一般选用弱极性溶剂为洗脱剂；当被分离物质为强极性，则选用极性溶剂为洗脱剂。当用吸附性较弱的吸附剂，被分离物质为极性物质时，则洗脱剂的极性亦应降低。

对于极性吸附剂（如硅胶）来说，溶剂的洗脱能力随溶剂的极性增大而增大；而对非极性吸附剂（如活性炭），则与上述相反。

表 4-7　常用溶剂的介电常数（15～20℃）

溶剂	介电常数	溶剂	介电常数	溶剂	介电常数
水	81	吡啶	12	乙醚	4.4
甲醇	35	氯苯	11	二硫化碳	2.6
乙醇	26	乙酸	9.7	苯	2.3
丙酮	24	乙酸乙酯	6.5	四氯化碳	2.2
正丁醇	19	甲苯	5.8	乙烷	1.9
异戊醇	16	氯仿	5.2	石油醚	1.8

4.2.2.3 被分离物质的性质

在吸附剂与洗脱剂一定的条件下，各组分的分离情况直接与被分离物质的结构和性质有关，如分子的极性大小、官能团（类型、数目）、分子中碳链长短、饱和程度等。对极性吸附剂来说，组分的极性越大，吸附性能就越强。官能团按下列顺序增强其吸附能力：

$$-CH_2-CH_2- < -CH=CH- < -OCH_3 < -COOR < C=O < -CHO < -SH < -NH_2 < -OH < -COOH$$

植物成分的分子结构也是很重要的，如极性基团的数目越多，被吸附的性能会更大些；在同系物中碳原子数目少些，被吸附性将强些。

4.2.3 液-液分配色谱

固定相为液体的液相色谱，称为液-液分配色谱。

4.2.3.1 基本原理

当组分在两相中分配达到平衡时，组分在两相的浓度比是一个常数 K_D，称为分配系数。当两相作相对移动时，原来的平衡被打破，达到新的平衡，如此反复，即分配—溶离—再分配—再溶离，组分在两相的分配系数不同，经过无数次分配（萃取）扩大了这种差异，进而达到分离的目的。

4.2.3.2 固定相

固定相由载体和固定液组成。作为分配色谱的载体（或叫支持剂、担体）应具有以下条件：
① 属中性多孔表面积大的惰性微粒，无吸附作用；
② 能吸附一定量的固定液，最好吸附量达载体重量的 50% 以上；
③ 吸附固定液的固定相，能使流动相自由通过而不发生变化，固定液不能溶于流动相。
根据上述条件，常用的固定液，亲水性的有水或甲酰胺（$HCONH_2$）、二甲基甲酰胺（DMF），亲脂性的有石蜡油（OV 系列硅油）等。

4.2.3.3 流动相

构成分配色谱的流动相种类很多，一般对待分离物的性质加以选择，大多数采用复合溶剂系统，分离效果的好坏取决于流动相和固定相以及组分的性质三者是否适应等条件（表 4-8）。溶剂系统的亲水性强弱，可用其中含水量多少来说明。以水饱和异戊醇为例，在 14℃时含水量仅 2%，同样条件下的正丁醇含水量约 9%，而正丁酮则达 27.5%，它们的亲水性是：正丁酮 > 正丁醇 > 异戊醇。在亲脂系统中，水饱和的氯仿含水量少，故仍属亲脂性溶剂系统；若在氯仿中加入一定量的乙醇或甲醇，再与一定量的水混合并使用其饱和的溶剂体系，则氯仿中含水量随甲醇存在而增多，亲水性随之增大。

表 4-8 被分离成分性质和溶剂系统的关系

被分离成分的性质	溶剂系统	
	固定相	流动相
亲水性成分，如亲水性苷、生物碱	强极性溶剂，如水、醇、缓冲液	极性由小到中等，常用正戊醇、异戊醇等
稍亲水性成分，如强心苷、甾体成分	甲酰胺、二甲基甲酰胺等	极性由小到中等，常用苯、甲醇-氯仿（9:1～1:9）、氯仿、氯仿-乙醇等
亲脂性成分，如高级脂肪酸	10%～20%煤油-石油醚、石蜡油/苯	极性由中到大，常用醇为流动相

应用分配色谱对植物化学成分进行分离时，往往由于组分相互间性质非常相似，彼此间差异很小，但只要选择溶剂系统得当，也可达到完全分离的目的。因此选择适当的溶剂系统，是

应用分配色谱的关键。

4.2.3.4 组分性质与固定相、流动相极性的关系

① 亲水性较强或亲脂性较弱的成分应用亲水性分配色谱（如以水、缓冲液为固定相），效果较好，其原因是亲水性强或极性大的成分在亲水性分配色谱中 R_f 值小，保留时间长，流出慢。组分极性强如皂苷，应考虑采用极性溶剂系统的反相色谱。

② 亲脂性较强的成分在采用亲水性方法不易分离时，可考虑改用非水性的亲水性分配色谱法。如甲酰胺等溶剂代替水为流动相，效果可能好些，如某些甾体成分、亲脂性较强的强心苷的分离。

③ 高级脂肪酸、油脂等亲脂性很强的成分应采用反相色谱。

组分极性、溶剂极性与固定相三者间的选择，表 4-9 可作参考。

表 4-9　TLC 中分离物质极性与固定相、流动相极性的关系

色谱类型	正相色谱	反相色谱
主要分离对象	极性成分	无或低极性成分
固定相的极性	大（多为水或甲酰胺）	小（如石蜡油、异三十烷）
流动相的极性	由小到中等	由中等到大
试样洗脱顺序	极性小的先被洗脱	极性大的先被洗脱
增加流动相极性	洗脱时间加快	洗脱时间变慢

高压液相色谱与 TLC 组分的分离情况见图 4-15。

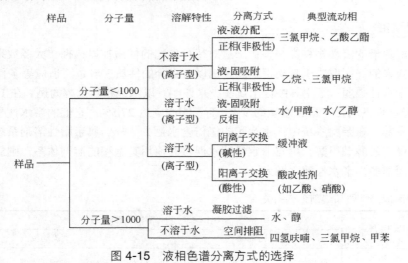

图 4-15　液相色谱分离方式的选择

4.2.4　离子交换色谱

4.2.4.1　离子交换树脂的种类及性质

离子交换树脂是一种合成的不溶性的高分子化合物，具有特殊的网状结构，外观呈球状或无定形状，亦有膜状和液体状的；对酸、碱、有机溶剂有良好的化学稳定性，溶液和离子能够自由出入，在网状结构的骨架上带有能离解的离子交换基团。以这种离子树脂作为固定相，用

水或与水混合的溶剂作为流动相，在流动相中存在的离子性化合物与树脂进行离子交换反应而被分离，代替了因吸附剂表面活性所产生的吸附色谱。

离子交换树脂分为阳离子交换树脂和阴离子交换树脂两大类，此外还有在植物化学成分分离上不常用的两性离子交换树脂、络合树脂等。各类树脂根据解离性能大小，还可分为强、中、弱等类型。

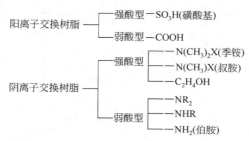

离子交换树脂，是由苯乙烯通过加入"交联剂"（如二乙烯苯）交联聚合而成的高分子大聚合物，二乙烯苯在离子交换树脂中所占的质量分数称为"交联度"。如国产树脂 732（强酸 1×7），其中 1×7 即表示交联度为 7%。交联度越大，吸水时膨胀就越小，即孔隙越小，大分子物质不易吸附，树脂则不易破损。根据交联度大小可将离子交换树脂分为三级（表 4-10），供选用时参考。

表 4-10 离子交换树脂的交联度等级及其性质

交联度等级	阳离子交换树脂	阴离子交换树脂	适宜分离的对象
低	3%～6%	2%～3%	分离大分子物质
中等	7%～12%	4%～5%	分离中等分子物质
高	13%～20%	8%～10%	分离小分子物质

在植物化学成分分离中，由于多是中等以上分子量的化合物，故一般采用较小交联度的树脂（1%～4%），如生物碱、有机酸等成分的分离。

4.2.4.2　溶剂的选择

水是离子交换的良好溶剂，且水具有电离性，大多数使用离子交换树脂进行分离是在水溶液中进行的，也可采用含水的极性溶剂。为了达到最佳分离效果，常需用竞争的溶剂离子，同时保持恒定的溶剂 pH 值，故常采用各种不同离子浓度的含水缓冲液。如在阳离子交换树脂中，常用醋酸、柠檬酸、磷酸缓冲液；在阴离子交换树脂中，则用氨水、吡啶等缓冲液；对复杂的多组分则大多采取梯度洗脱法，即有规律地随时间而改变溶剂的 pH 值、离子强度等。

4.2.4.3　亲水性离子交换剂

这是一类与离子交换树脂不同的亲水性离子交换剂，它是由葡萄糖聚合而成的大分子物质，分子中含有很多羟基。该交换剂具有开放性的支持骨架，大分子能自由地进入和迅速地扩散；对大分子，如蛋白质、酶、糖、寡糖、核苷酸、核酸、肽、噬菌体和离子多糖等的吸附容量较大。常见的有离子交换纤维素和离子交换葡聚糖凝胶等。连接骨架上的交换基团，若为阳离子时，可吸附阴离子，即称为阴离子交换纤维素，反之则为阳离子交换纤维素。如二乙基氨基乙基（DEAE）纤维素为阴离子交换纤维素，主要用于中性和酸性蛋白质、多糖、酸性多糖等的分离；羧甲基（CM）纤维素为阳离子交换纤维素，主要用于中性和碱性蛋白质的分离。纤维素 DE-52，为碱性较强的阴离子交换纤维素，适于分离核苷、核酸和病毒等。国产离子交换树脂的主要性能见表 4-11。

表 4-11　国产离子交换树脂的主要性能

名称及型号	类型	外观	粒度/mm	功能基团
1.强酸 1 号阳离子交换树脂	强酸	淡黄色透明，球状	0.3～1.2	—SO₃H
2.华东强酸阳 42 号	强酸	棕色	0.3～1.2	—SO₃H，—OH
3.上葡强酸阴	强酸	金黄色透明，球状	0.3～1.0	—SO₃H
4.信谊强酸	强酸	黑色颗粒		—SO₃H，—OH
5.多乳强酸 1 号	强酸	乳白不透明，球状		—SO₃H
6.732 号强酸 1×7	强酸	淡黄至深褐色，球状	16～50 目>95%	—SO₃H
7.717 号强碱 2.1×7	强酸	淡黄至深褐色，球状	16～50 目>95%	—N(CH₃)₃⁺

树脂编号	交换量/（mg/g）	膨胀率/%	水分/%	允许温度/℃	树脂母体及其原料
1	4.5		45～55		苯乙烯、二乙烯苯及硫酸
2	2.0～2.2		39～42	40	酚醛树脂
3	4.5～5.0		40～45		交联聚苯乙烯型
4	1.8～2.0		25	100	酚醛树脂
5	4～4.5				交联聚苯乙烯型
6	>4.5	水溶液中 2.5%	46～52		交联聚苯乙烯型
7	>8	水溶液中 22.5%	41～50		交联聚苯乙烯型

4.2.4.4　大孔吸附树脂

大孔吸附树脂是一类不含交换基团的巨大孔结构的高分子吸附剂，也是一种亲脂性物质，主要由二乙烯苯、苯乙烯为原料聚合而成，常用于分离、脱盐、浓缩及去除杂质。大孔吸附树脂具有吸附容量大、选择性好、易于解吸附、机械强度高、再生处理方便、吸附速度快等优点，很适于从水中分离低极性或非极性的化合物，在抗生素、生化制剂的提取及分离中也广泛使用。

（1）脱盐　采用低极性大孔树脂，可除去阳离子、阴离子，并不改变溶液的 pH 值，优于采用离子交换树脂脱盐。例如将碱水溶液的氨基糖苷通过大孔树脂吸附，氨基糖苷能形成集中的吸附带，而盐溶液则快速通过树脂，然后用 10%～20%含水醇或丙酮洗脱吸附物。

（2）分离　组分间极性差别越大，分离效果越好。混合组分在大孔树脂吸附后，可依次用水、含水醇、10%～20%丙酮洗脱，最后用浓醇或丙酮洗脱。

4.2.5　液相凝胶色谱

液相凝胶色谱又称凝胶色谱、空间排阻色谱、分子排阻色谱、分子筛色谱、凝胶过滤色谱、凝胶渗透色谱等，是 20 世纪 60 年代发展起来的一种分离分析技术，主要用于较大分子的分离，其固定相为化学惰性的多孔物质，多为凝胶，其孔径大小必须与拟分离组分分子大小相匹配。如葡聚糖凝胶 Sephadex 是一种亲水性凝胶，当用作固定相时，以水溶液为流动相，此时就称凝胶过滤；若用疏水性凝胶如聚苯乙烯等作固定相，并用有机溶剂作流动相，这时就称为凝胶渗透色谱。

4.2.5.1　固定相类型及性质

凝胶色谱的固定相有交联葡聚糖类、聚丙酰胺类、琼脂糖类等凝胶。常用的葡聚糖凝胶（右旋糖酐）和甘油基或环氧氯丙烷基通过醚桥（—O—CH$_2$—CHOH—CH$_2$—O—）相交联而成的多孔性网状结构，为不溶于水的白色球状颗粒，在酸性条件下能水解，在碱性溶液中稳定。凝胶颗粒表面有许多孔隙，其孔径大小取决于葡聚糖与交联剂的配比及反应条件。其交联度越大，网状结构越紧密，孔隙越小，吸水膨胀就越小；反之则相反。商品型号即按凝胶的交联度大小分类，并以吸水量表示，字母 G 代表葡聚糖凝胶，其阿拉伯数字表示凝胶的吸水量再乘以 10 的值。例如 G-25 的吸水量为 2.5mL/g。凝胶的工作范围极广，分子量由 0～700 到 5000～800000。不同型号葡聚糖凝胶的性能见表 4-12。

表 4-12　交联葡聚糖凝胶的性质

型号	吸水量/(mg/g)	床体积/(mL/g)	分离范围（分子量）		最少溶胀时间/h	
			肽与蛋白质	多糖	室温	沸水浴
交联葡聚糖 G-10	1.0±0.1	2～3	＜700	＜700	3	1
交联葡聚糖 G-15	1.5±0.2	2.5～3.5	＜1500	＜1500	3	1
交联葡聚糖 G-25	2.5±0.2	4～6	1000～5000	100～5000	6	2
交联葡聚糖 G-50	5.0±0.3	9～11	1500～30000	500～10000	6	2
交联葡聚糖 G-75	7.5±0.5	12～15	3000～70000	1000～50000	24	3
交联葡聚糖 G-100	10.0±1.0	15～20	4000～150000	1000～100000	48	5
交联葡聚糖 G-150	15.0±1.5	20～30	5000～400000	1000～150000	72	5
交联葡聚糖 G-200	20.0±2.0	30～40	5000～800000	1000～200000	72	5

4.2.5.2　凝胶色谱的基本原理

葡聚糖凝胶在吸水后形成凝胶粒子，在其交联键的骨架中有许多一定大小的网眼。网眼大，大分子物质能进入网眼内；网眼小，只有小分子物质才能进入网眼，超过一定限度的大分子物质就被排除在凝胶粒子的外部（自由孔隙），不能进入网眼。这样被分离物质的分子就被分离成了能进入网眼的分子和不能进入网眼的分子两种情况，就像过筛一样，故又称为分子筛分离。操作时，先将凝胶在适宜的溶剂中浸泡，使其充分膨胀，然后装入柱中。加样后，再以同一溶剂洗脱，样品中大分子组分不能进入凝胶颗粒内部，只在凝胶颗粒间隙快速移动；而小分子组分则进入网眼内，通过色谱柱时因阻力大而移动慢。然后经过洗脱，混合物中各个组分就被分离。

4.2.5.3　流动相

在凝胶色谱中选择流动相不是为了控制分离，而是为了使样品更好地溶解，或是为了获得低黏度，提高柱效。用强极性溶剂如醇类、丙酮、水等，一般不采用聚苯乙烯作固定相。以硅胶为固定相，流动相为水溶液时，pH 值应维持在 2～8.5 范围内，因为在高 pH 值和高离子强度下，硅胶会加速溶解。

使用交联葡聚糖凝胶作固定相，它只在水中溶胀，在有机溶剂或含较高比例有机溶剂的水溶液中，它会收缩，缩小孔隙，失去分子筛作用。为了改进交联葡聚糖使用于有机溶剂，可将葡聚糖的羟基用疏水基团保护，使凝胶的亲水性降低，增加亲脂性，可适于某些亲脂性、难溶于水的成分的分离。Sephadex LH-20 就是其中的一种，它的羟基已被羟丙基所保护，在有机溶剂中能够溶胀，但在不同溶剂中溶胀体积有不同（表4-13）。

常用流动相有：四氢呋喃、甲苯、*N*，*N*-二甲基二甲酰胺、氯仿、水等。以水溶液作流动相的大小排阻色谱法，称为凝胶过滤色谱；以非水溶剂作流动相，称为凝胶渗透色谱。前者适用于水溶性样品，后者适用于非水溶性样品。

表 4-13　葡聚糖凝胶 LH-20 在各种溶剂中的膨胀体积

溶剂	膨胀后的体积/（mL/g）	溶剂	膨胀后的体积/（mL/g）
二甲基亚砜	4.4～4.6	甲酰胺	3.6～3.9
吡啶	4.2～4.4	丁醇	3.5～3.8
水	4.0～4.4	四氢呋喃	3.3～3.6
二甲基二甲酰胺	4.0～4.4	二氧六环	3.2～3.5
甲醇	3.9～4.3	丙酮	2.4～2.6
二氯甲烷	3.6～3.9	四氯化碳	1.8～2.2
氯仿①	3.8～4.1	苯	1.6～2.0
丙醇	3.7～4.0	乙酸乙酯	1.6～1.8
乙醇②	3.6～3.9	甲苯	1.5～1.6
异丁醇	3.6～3.9		

① 内含 1%乙醇。

② 内含 1%苯。

4.2.6　常用色谱分离方式

常用的色谱分离有柱色谱、薄层色谱和纸色谱。薄板色谱和纸色谱往往是柱色谱条件选择及色谱结果的检验手段。

4.2.6.1　柱色谱

（1）固定相　柱色谱是植物化学成分制备分离的重要方法。常用固定相硅胶、氧化铝（Ⅰ～Ⅲ级）、活性炭、烷化硅胶 Rp-9 或 Rp-18，均属吸附色谱类型；Ⅳ级以上硅胶和Ⅴ级以上 Al_2O_3 含水量大而属分配色谱类型。

（2）洗脱液　溶剂的洗脱力是由其极性及组分性质决定的。极性大小用偶极矩（μ）或介电常数（ε）表示。常用溶剂的溶剂强度见表 4-14。

表 4-14　常用溶剂的溶剂强度

溶剂	聚乙烯（PE）	C_6H_6	Et_2O	$CHCl_3$	ACoEt	Me_2CO	EtOH	MeOH	H_2O
ε		2.29	4.335	4.806	6.02	20.7	24.3	31.2	81
μ		0.00	1.15	1.15	1.81	1.72	1.68	1.69	1.84
洗脱力	小———————————————————————————————→大								

常用复合溶剂调整其极性，以提高分离效果。脂溶性系统常用 PE-Me_2CO、$CHCl_3$-$MeOH$、C_6H_6-$MeOH$、$ACoEt$-$MeOH$、$CHCl_3$-Me_2CO、$CHCl_3$-$EtOH$ 等，水饱和系统常用 $ACoEt/H_2O$、$CHCl_3/H_2O$、Et_2O/H_2O 等。

4.2.6.2　薄层色谱

薄层色谱是一种简单、快速、微量、灵敏的色谱方法，根据固定相中含水量的多少，分属吸附色谱或分配色谱。具体做法是将吸附剂均匀涂布在玻璃板上（一般含有黏合剂、石膏等），在105℃进行活化后即可进行层析。薄层色谱（TLC）原理与柱色谱相同，但在应用操作方面前者有其显著的特点（表4-15）。

表4-15　柱色谱与薄层色谱比较

比较项目	柱色谱	薄层色谱
展开时间	几小时到几天	10～30min
分离能力	较差	强
检出	洗脱液浓缩后再检出	微克量即可检出
吸附剂	粒度100～160目	应小于250目，粒度均匀
流动相	一般采用洗脱法	采用混合溶剂一次展层
应用	主要适用于制备性分离	主要用于分析，但可小量（毫克量）制备
柱色谱与薄层色谱的关系	在柱色谱分离前应先进行TLC预分离，摸索最佳分离条件	柱色谱的洗脱液中各组分的分离情况可用TLC进行检查

TLC的固定相选择原则与柱色谱基本一致。不同的是TLC吸附剂粒度更细，一般都小于250目，且粒度均匀。活度多为Ⅱ～Ⅲ级。吸附剂粒度更细（约为520μm）则属高效薄层色谱（HPTLC），分离效果比一般TLC提高约60%。

当TLC吸附剂活度一定时，对多组分的分离好坏，取决于展开剂的选择。植物化学成分在脂溶性成分中大致可按其极性不同分为无极性、弱极性、中极性和强极性四级（表4-16）。但在实际工作中经常需要用不同极性的溶剂对展开剂予以调整，使分离效果达到要求。

TLC展开常用单向展开上行法，有时采用双向展开以观察重叠的斑点情况（图4-16）。显色常用喷雾法，如H_2SO_4-EtOH溶液（20%～30%）、KI-BiI_3（表4-17）和碘蒸气等。

$$TLC的比移值(R_f)=\frac{组分移动的距离}{溶剂前沿到原点的距离}$$

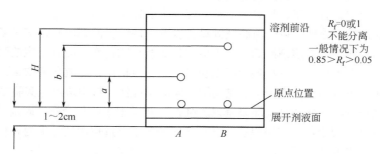

图4-16　TLC中R_f值的量度

表4-16　TLC溶剂选择举例

极性区分	结构特征	成分举例	展开剂举例
无极性	不含电负性大的原子，N、O不能形成氢键	烯烃、单萜、倍半萜	石油醚、烷烃（戊烷、乙烷）、环烷烃
弱极性	含O、N原子，但不构成强极性基团。如环氧、醚、酯、内酯、酮、醛、酮等	含氧萜，如香茅醛、细辛醚、丹参酮、白藜芦醇	石油醚-乙酸乙酯（9：1） 苯 苯-丙酮（95：5）
中极性	含O、N并构成强极性基团，如β-谷甾醇胺、多元酚	大黄素、熊果酸、β-谷甾醇、薯蓣皂苷元、绿原酸等	苯-乙酸乙酯（8：2） 苯-无水乙醇（8：2） 苯-甲醇（95：5）

极性区分	结构特征	成分举例	展开剂举例
强极性	含多个强极性基团或季铵盐	3,4-二羟基苯甲醛、 3,4-二羟基苯甲酸、 苦参碱、小檗碱	氯仿-丙酮（8:2） 氯仿-丙酮-甲醇-醋酸（7:2:1.5:0.5） 氯仿-甲醇（7:3） 氨气饱和

表 4-17　一些化合物薄层色谱常用显色剂

化合物	显色剂	
生物碱	1.碘化铋钾试剂；	2.碘蒸气
黄酮体	1.紫外线-氨熏；	2.三氯化铝乙醇液
蒽醌类	醋酸镁甲醇液 5%KOH	
糖	邻苯二甲酸苯胺	
强心苷	1.氯胺-T-三氯醋酸；	2.Kedde 试剂
甾体	1.茴香醛硫酸液；	2.三氯化锑冰醋酸
酚类	1.三氯化铁水溶液； 3.三氯化铁-铁氰化钾液；	2.香草醛盐酸液； 4.快速蓝盐-B
酸类	1.葡聚糖苯胺；	2.溴甲酚绿乙醇液

4.2.6.3　纸色谱

纸色谱（简称 PC）是以层析滤纸作支持剂的层析。一般滤纸有较强的吸水性，干燥的滤纸本身就有 6%～7%的水，这些水分通过氢键与纤维素上的羟基结合。经水蒸气饱和的滤纸表面吸附与毛细作用可吸收 20%～25%的水分。这些水分即成为 PC 的固定相，所以 PC 多属分配色谱型。在特殊情况下，主要是分离芳香油等非极性物质，采用石蜡油、硅油等为固定相，以水溶液（或有机溶剂）为流动相，则称为反相纸分配色谱。普通（正相）纸色谱主要用于分离糖类、氨基酸、肽、蛋白质、有机酸、胺类、酚类、醇类等成分。

（1）滤纸的选择与处理　色谱用滤纸应具备以下条件：①滤纸应不含有过多的水或有机溶剂能溶解的杂质；②滤纸被溶剂浸润时，不应有机械折痕和损伤，应有一定的强度；③对溶剂的渗透速度应适中并均匀一致，渗透速度太快易引起斑点拖尾，影响分离效果，速度太慢则耗费时间太长；④纸质应均一，否则会影响实验结果的重现性，特别是定量实验中更为重要。

对滤纸的选择应结合分离对象加以考虑。对 R_f 值相差很小的化合物，应采用慢速滤纸；对 R_f 值相差较大的样品混合物，宜用快速滤纸；一般情况下以选用中速滤纸为宜。国产的杭州新华滤纸 1、2、3 号均可供选用。

滤纸中若有多量的重金属离子，可用 0.4mol/L 盐酸将滤纸浸渍 24h，再用水漂洗除去酸液，再用乙醇、乙醚洗涤，平整置于 30℃烘箱内干燥，即可供使用。

（2）溶剂系统的选择　与其他色谱一样，溶剂的选择是决定 PC 分离成败的关键。由于植物样品成分复杂，要找到一个适合所有成分分离的溶剂系统是不可能的。用于纸分配色谱的溶剂系统，多采用能与水部分相溶的有机溶剂，如正丁醇-醋酸-水系统（4:1:2）、酚-水系统（9:3.5）、吡啶-丁醇-水系统（3:4:7）等。

溶剂系统的选择原则是：展开剂的亲水性或亲脂性应和欲分离组分的亲水性或亲脂性相适应。对于极性组分，当用水饱和的正丁醇为展开剂，R_f 值低于 0.1 时，要提高该组分的 R_f 值，可用增加有机相中水的含量来提高极性，如正丁醇-醋酸-水系统（4:1:1）。对于弱酸或弱碱的分离，它们的解离度常受溶剂的 pH 值影响较大。解离度大，极性强，R_f 值就小。因此改变溶剂系统的 pH 值，会明显影响 R_f 值。如氨基酸的 PC，当在溶剂中加入氨水后，酸性氨基酸的 R_f 值降低，而碱性氨基酸的 R_f 值增大。对于亲脂性较强的组分，在以水为固定相的 PC 中，组分可能随流动相到达滤纸的前沿（R_f 值近于 1），或者组分留在原点不动（R_f 值近于 0），都不能达到分离要求。前者说明溶剂系统的亲脂性太强，后者亲脂性又太弱。这就需要调节溶剂系统的组成，或改用非水而又亲水性的有机溶剂（如甲酰胺-丙二醇等）代替水作为固定相，使分离效果得以改善。组分斑点的 R_f 值在 0.3～0.7 范围内为宜。

PC 改换固定相的方法是将甲酰胺或丙二醇溶解在丙酮中，配成 20%～30% 的丙酮溶液，再将滤纸浸入溶液中，立即取出，置两层粗滤纸之间压平，以吸除滤纸表面多余的溶剂。取出风干，甲酰胺或丙二醇即均匀地留在滤纸纤维中。滴加样品后，用甲酰胺或丙二醇饱和的亲脂性溶剂作流动相即可进行层析。纸上固定相含量的多少，可用不同浓度固定相的丙酮溶液来调节。如欲分离的样品亲脂性太强，则需用反相色谱。可用石蜡或凡士林的苯溶液为固定相，经固定相饱和过的亲水性较强的溶剂为流动相。但实际上对这类亲脂性组分，用吸附色谱往往可取得更好的分离效果。

(3) 纸色谱的应用 PC 最适合于亲水性较强的成分，尤其作微量成分的分析。其分离效果往往比 TLC 吸附色谱还好。在植物化学成分分离工作中，起着侦察、检验、分离方法设计等作用。主要应用有以下几个方面：①植物化学成分预试，检查某一植物的主要成分或是否有无某一成分，这对植物资源的寻找用处极大，且方法简便易行、快速准确、灵敏可靠、用料用时节省；②检查某一有效成分部位的主要成分及成分的复杂程度，作为衡量所选用的分离方法是否恰当的考察手段；③检查分离的结果及其纯度判断，并通过与标准样品的对照比较，鉴定是否为某一已知成分；④微量样品的分离制备；⑤指导分离工作。一般在 PC 上的 R_f 值差别较大的成分，在相同的溶剂系统条件下，用纤维粉进行分配层析即能达到分离的目的。

4.3 膜分离技术

近年来发展起来的膜分离技术，已广泛应用于生物工程、食品、医药、化工等工业生产及水处理等各个领域。膜分离是利用膜的选择性，以膜的两侧存在一定的能量差作为推动力，由于溶液中各组分透过膜的迁移速率不同而实现分离。膜分离操作属于速率控制的传质过程，具有设备简单、可在室温或低温下操作、无相变、处理效率高、节能等优点，尤其适用于热敏性生物工程产物的分离纯化。因此，膜分离技术在食品加工、医药、生化技术领域有独特的适用性。限于篇幅，本节仅就膜的基本概念、膜的分离过程、膜的应用做扼要介绍。详细内容可查阅有关资料。

4.3.1 膜的基本概念

4.3.1.1 膜的含义

构成生命活动的许多基本过程，如能量转换、细胞识别等都与膜的功能有关。但在工业应用中的膜分离过程用的是"死"膜——人工合成的无生命的膜。膜是所有分离过程的核心。膜可定义为两相之间的不连续区间。因此膜可分为气相、液相和固相。

定义中"区间"用以区别通常的相界面。一种气体和一种流体之间的相界面，或一种气体和一种固体之间的相界面，均不属于这里所指的"膜"。因此，广义上的"膜"是指分隔两相界面，并以特定的形式限制和传递各种化学物质的"区间"。它可以是均相的或非均相的，对称型的或非对称型的，中性的或带电荷性的，固体的或液体的。膜的厚度可以从几微米到几毫米不等。

4.3.1.2 膜的分类

膜分离过程的实质是物质通过膜的传递速度不同而得到分离。膜的种类和功能繁多，分类方法也有多种，根据它们的物理结构和化学性质，一般可以分为以下几类。

① 对称膜：对称膜是结构与方向无关的膜，根据制造方法不同，这些膜或者具有不规则的孔结构，或者所有的孔具有确定的直径。

② 非对称膜：非对称膜有一个很薄但比较致密的分离层和多孔支撑层，如图4-17所示。分离层为活性膜，孔径的大小和表皮的性质决定了分离特性，而厚度主要决定传递速度，该层必须朝向待浓缩的原溶液。多孔的支撑层只起支撑作用，使膜具有必要的机械强度，而且常常通过附加纤维网使强度得到进一步改善。因此，这种膜具有物质分离最基本的两种性质，即高传质速率和良好的机械强度。另外还有一优点，即被脱除的物质大都在其表面，易于清除。

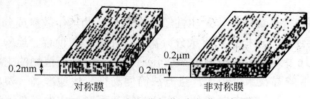

图 4-17 对称膜和非对称膜示意图

③ 复合膜：这种膜的选择性膜层（活性膜层）位于具有微孔的底膜（支撑层）表面上，就像非对称膜的连续性表皮，只是复合膜表层与底层是不同的材料，而非对称膜是同一种材料。复合膜的性能不仅取决于有选择性的表面薄层，而且受微孔支撑结构、孔径、孔分布和多孔率的影响。

④ 荷电膜：即离子交换膜，是一种对称膜，含有溶胀性较高的胶载荷固定的正电荷或负电荷。带有正电荷的膜称为阴离子交换膜，从周围流体中吸引阴离子。带有负电荷的膜称为阳离子交换膜。由于碱性基的稳定性一般不如酸性基，因此阳离子交换膜常比阴离子交换膜稳定。

⑤ 液膜：液膜有两种形式：一种是乳状液膜，用表面活性剂来稳定薄膜；另一种是带支撑层的液膜，即把液膜填充于具有微孔结构的高分子材料中。后者较前者更稳定。

⑥ 微孔膜：孔径为 0.05～20μm 的膜。

⑦ 动态膜：在多孔介质（如陶瓷管）上沉积一层颗粒物（如氧化锆）作为有选择作用的膜，此沉积层与溶液处于动态平衡。这种膜的优点是可以在高温下应用，膜的更新无须拆装膜组件，缺点是膜很不稳定。

4.3.2 膜的分离过程

重要的膜分离过程见表4-18。

表 4-18 重要的膜分离过程示意

过程	示意图	透过物质	推动力	截留物质
渗透	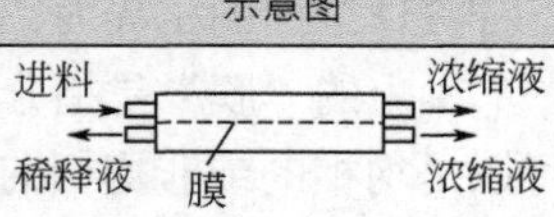 进料 → 浓缩液 稀释液 → 膜 → 浓缩液	水	浓度差	溶质

过程	示意图	透过物质	推动力	截留物质
透析	进料 → 纯化液 杂质 膜 透析液进料	离子和小分子有机化合物（尿素等）	浓度差	分子量＞1000的溶质或悬浮物
电渗透	阴膜 阳膜	离子	电位差，通常每电池对为1～2V	非离子和大分子化合物
反渗透	盐水进料 浓缩液 水 膜	水	压力差，通常为1～8MPa	溶解或悬浮物
微过滤	进料 水 膜	水和溶解物质	压力差，通常为0.1MPa	悬浮物质（硅石、细菌等）。截断粒子大小可以变化
超滤	进料 浓缩液 水 膜	水和盐	压力差，通常为0.1～0.6MPa	生物大分子、胶体物质。截断分子量可以变化
气体透过	进料 贫气 膜 富气	气体和蒸汽	压力差，通常为0.1～10MPa	不透过膜的气体和蒸汽

4.3.2.1 渗透和透析

渗透是一个扩散过程，在膜的两旁渗透压差的作用下溶剂产生流动。

透析是利用膜两侧的浓度差从溶液中分离出小分子物质的过程。一般的透析过程在原则上与渗透相重叠，因此使原溶液浓度不断降低，过程的推动力也因此不断减小。医疗上用于处理肾衰竭病人，工业上用于从人造毛或合成丝厂的纤维废液中回收 NaOH。

4.3.2.2 反渗透和超滤、微过滤

如果在渗透实验装置的膜两侧造成一个压力差，并使其大于渗透压，就会发生溶剂倒流，使得浓度较高的溶液进一步浓缩，这一现象就叫反渗透。如果膜只阻挡大分子，而大分子的渗透压是不明显的，这种情况叫作超滤。超滤和反渗透及微过滤都是以压力差为推动力。以多孔细小薄膜为过滤介质，使不溶物浓缩过滤的操作称为微过滤；按粒径选择分离溶液中所含的微粒和大分子的膜分离操作称为超滤；从溶液中分离出溶剂的膜分离操作为反渗透。反渗透、超滤和微过滤膜的孔径范围如图 4-18 所示。

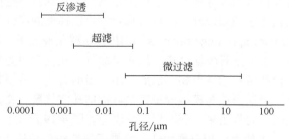

图 4-18　反渗透、超滤和微过滤膜的孔径范围

4.3.2.3 电渗析

在电场中交替装配的阴离子和阳离子交换膜，在电场中形成一个个隔室，使溶液中的离子有选择性地分离或富集，这就是电渗析。

4.3.2.4 气体分离

气体分离是利用微孔或无孔膜进行的分离。膜的材料可以是高分子聚合膜，也可以是金属膜或玻璃膜，主要用于合成氨工业中氢气的回收等。

4.3.3 膜分离应用简介

生物分离过程常用的膜有微滤膜（MF）、超滤膜（UF）、电渗析膜和反渗透膜（RO）等。表 4-19 列出了一些常用膜的特点及应用特性。

表 4-19 一些常用膜的特点及应用特性

类型	膜特性	操作压强/MPa	应用范围	应用举例
微滤	对称微孔膜 $0.05\sim10\mu m$	$0.1\sim0.5$	除菌，细胞分离，固液分离	空气过滤除菌、培养基除菌，细胞收集等
超滤	不对称微孔膜 $(1\sim20)\times10^{-3}\mu m$	$0.2\sim1.0$	酶及蛋白质等生物大分子的分离	酶和蛋白质的分离纯化，反应与分离偶联的膜反应器
电渗析	离子交换膜	电位差（推动力）	离子和大分子蛋白质的分离	产物脱盐、氨基酸的分离提取
反渗透	带皮层的不对称膜	$1\sim10$	低分子溶质压缩	醇、氨基酸及糖等的浓缩

4.4 分子印迹固相萃取技术

4.4.1 分子印迹固相萃取技术原理

分子印迹技术（molecular imprinting technique，MIT）萌芽于 20 世纪 40 年代。Dickey 于 1949 年首次提出了"专一性吸附"的概念。1972 年，德国的 Wulff 和 Sarhan 首次报道了分子印迹技术。两位学者在模板分子存在下合成了功能聚合物，并引入了分子识别特性，这一技术开始被大家所认识。到了 20 世纪 80 年代，瑞典的 Mosbach 科研小组在非共价分子印迹方面进行了开拓性的研究，通过应用模板分子，使目标分子在聚合物中的特异识别位点得以形成，此后分子印迹技术得到了迅速发展。

分子印迹技术是指模拟自然界存在的分子识别作用，人工制备在空间结构和结合位点上对特定目标分子（也称模板分子或印迹分子）具有特异预定选择性的高分子印迹聚合物的技术。分子印迹聚合物（molecular imprinting polymers，MIPs）通过模板分子与功能单体以共价键、非共价键或者其他键结合，形成主客体配合物，加入交联剂，在光或热等条件下，通过引发剂引发聚合，形成具有三维网状结构的共聚物，然后采用适当的方法，将模板分子洗脱或解离，除去模板和未反应的单体，最后形成与模板分子完全匹配的孔穴状聚合物，通过特异性印迹识别位点及其孔穴的空间匹配共同作用来识别模板（其原理如图 4-19 所示）。

分子印迹技术具有三大特点：构效预定性、特异识别性和广泛实用性。经 MIT 制备出的 MIPs 成本低廉，制作简单，物化性质稳定，具有抗干扰性强、亲和性与选择性较高、使用寿命长以及应用范围广等特点。

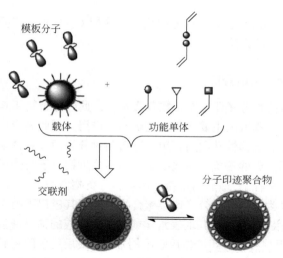

图 4-19　分子印迹聚合物制备示意

将 MIPs 作为固相萃取吸附剂，运用固相萃取的基本原理选择性地分离目标物，即为分子印迹固相萃取技术（molecularly imprinted solid phase extraction，MISPE）。该技术不仅能用于富集分析物，而且能有效除去样品基质的干扰，净化后的样品可以直接用于大型仪器的分析，适用于复杂基质中痕量及超痕量物质的分离和检测。1994 年，Sellergren 首次报道在固相萃取（SPE）中使用分子印迹聚合物作为吸附剂用于样品的前处理。近年来，MISPE 技术因具有选择性高、特异结合性强、可重复使用、对环境友好、有机溶剂用量少、能处理小体积样品、易于操作等优点，已在环境污染物、食品安全、生物样品和天然产物分析检测等诸多研究领域发挥重要作用，受到科研工作者越来越广泛的重视。

4.4.2　分子印迹固相萃取的操作形式

4.4.2.1　直接从有机溶剂中萃取分析物

这种操作方式是应用分子印迹聚合物从非极性的有机溶剂中萃取分析物。分子印迹聚合物的分子识别能力与发生吸附萃取时的溶剂有很大的关系，当固相萃取时的上样溶剂与制备该聚合物时的溶剂一致时，萃取时分子识别的选择性最好。大部分的样品是水基样品，直接使用这种方法的应用范围非常有限。因此人们多采用如下方法进行水样萃取：首先用非极性的有机溶剂如二氯甲烷、氯仿和甲苯等从水样中萃取分析物，在该步萃取中发生的是基于疏水性作用的萃取，除分析物外还有多种其他干扰物也进入这些有机溶剂中，为了提高测定的选择性，可将此有机萃取液通过分子印迹聚合物柱，由于在非极性有机溶剂中分子印迹聚合物分子识别的能力最强，故此时该聚合物即将分析物高选择性地萃取到柱上，然后再用其他有机溶剂将干扰物和分析物分别洗脱下来。

这种操作方式目前已有不少文献报道。如 Turiel 等合成了几种氯代三嗪和甲基硫代三嗪除草剂的分子印迹聚合物，首先将 500mL 水样过固相萃取盘，吸附于盘上的分析物用乙腈洗脱，将此乙腈洗脱液蒸发至干后溶解在甲苯中，再将该甲苯萃取液上样通过分子印迹聚合物柱，则这些目标分子可吸附萃取于分子印迹聚合物上，萃取于柱子上的目标分子可用乙腈洗脱下来。Pap 等将 C_{18} 固相萃取盘与分子印迹聚合物柱结合，萃取了水溶液中的几种三嗪类除草剂。

Bjarnason 等将 C_{18} 固相萃取柱、分子印迹固相萃取柱和 C_{18} 分析柱液相色谱在线联用，建立了苹果中三嗪类除草剂的脱除方法。

4.4.2.2 直接从水溶液中萃取分析物

该种操作方式是直接用分子印迹聚合物萃取水样，此时分析物和其他干扰物质均发生了吸附萃取。在该步萃取中，萃取的主要作用力是疏水性作用，因此该步萃取没有选择性。为了提高选择性，关键是要在非选择性萃取后，用合适溶剂对分子印迹聚合物柱进行洗脱，洗脱的目的是除去由疏水性作用引起的干扰，在洗脱中，目标分析物由于与分子印迹聚合物之间的特异性亲和力而保留在聚合物柱上，最后再用合适溶剂将分析物洗脱下来。Ferrer 等以 Terbuthylazine 为模板合成了氯代三嗪类除草剂的分子印迹聚合物，并将其应用于地表水和底泥样品中这类除草剂的萃取，他们首先将 50～100mL 地表水样或底泥提取液的稀释液直接上样于分子印迹萃取柱，然后用 2mL 二氯甲烷洗涤非印迹作用吸附的杂质，最后用甲醇将吸附于分子印迹聚合物柱上的氯代三嗪类除草剂洗脱下来。Zhu 等合成了 5 种磺酰脲除草剂的分子印迹聚合物，并用该聚合物直接萃取自来水、河水和土壤提取液中的除草剂。分子印迹固相萃取大部分与液相色谱联用，但也有极少数与其他检测方法结合。

4.4.2.3 固相萃取脉冲洗脱分析物

用在线脉冲洗脱方式进行这种萃取操作时，首先选择合适的流动相上样过柱，在该条件下，分析物模板分子强保留在萃取柱中，然后再使用质子极性溶剂，这样可以产生一个快速的脉冲式洗脱，从而将分析物洗脱下来。而在线微分脉冲洗脱方式中，当分析物被强保留在萃取柱上后，首先采用非质子性的极性溶剂以脉冲方式将非选择性吸附的干扰物质洗脱干净，再利用质子性极性溶剂以脉冲方式将分析物洗脱下来进行检测。

4.4.2.4 分子印迹固相萃取工艺

与常规固相萃取一样，分子印迹固相萃取目前主要有两种工艺模式：离线模式和在线模式（图4-20、图4-21）。MISPE 离线模式类似于常规吸附剂的离线固相萃取，直接将分子印迹聚合物装入固相萃取器中，将需分离的粗提物上柱，由于目标分子在柱上的吸附能力最强，因此先用弱溶剂洗去杂质分子，最后用脱附剂洗脱目标分子。但需选择上柱溶剂，保证目标分子与分子印迹聚合物的有效结合，防止上柱时模板的脱附。为提高目标物纯度，需要优化洗脱条件，选择不同强度的溶剂组合。该法操作简单，洗脱溶剂多样，富集因子高，选择性好，因而使用广泛。

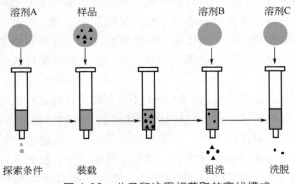

图 4-20　分子印迹固相萃取的离线模式

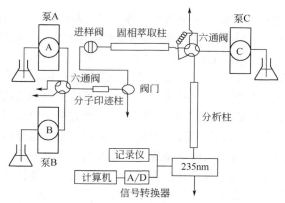

图 4-21　分子印迹固相萃取的在线模式

分子印迹固相萃取在线模式将萃取系统和分析系统偶联，以在线分析指导样品萃取，集萃取、分析、产物收集于一体，易于实现固相萃取过程的自动化。由于萃取过程的连续有序和半自动化，因此降低了萃取过程中的产品损耗、减少了杂质引入、缩短了萃取时间。在线萃取有两种方法。一种是在进样阀后装 MIPs 预柱，样品装载并脱附杂质后，用流动相洗脱吸附物，于色谱柱中分离和测定，在此基础上，有人发展了萃取、分离、质谱监测、富集于一体的多维固相萃取技术，整个操作完全自动化，需时少。另一种是将分子印迹萃取柱与检测器直接相连，用于实际样品中化合物的提取和测定。虽然检测限较低，但富集因子很高。

4.4.3　制备固相萃取用分子印迹聚合物的一般考虑

4.4.3.1　聚合物合成方法的选择

分子印迹聚合物的合成方法主要有三种。

第一种是共价印迹方法，这种方法也称为预组装合成法。其在合成前首先让模板分子与功能单体发生反应生成模板复合功能单体，再在合适的条件下反应生成聚合物，研磨聚合物为粉末，用适当溶剂除去模板分子，这样就制得所需要的分子印迹聚合物。由于该制备方法中模板分子与功能单体之间靠结合力强的共价键结合，其形成的复合物具有化学性质和立体结构稳定的优点，其萃取的特异性要高于其他制备方法。但其缺点十分突出，首先是该方法要进行烦琐的模板复合功能单体的制备，而对众多的模板分子来说并不是总能找到合适的方法来制得该模板复合功能单体。该方法中模板分子与其印迹聚合物之间的结合力强，因此其模板流失问题更难解决。另外这种分子印迹聚合物萃取时达到平衡较为困难，因此目前其在固相萃取中很少使用。

第二种制备方法是自组装方法，也称非共价印迹法。该方法先让适量的模板分子、功能单体、交联剂和引发剂按照一定比例混合，模板分子通过静电作用、疏水性作用、π-π 作用和氢键等非共价作用力与功能单体和交联剂等生成分子自组装体，再在合适的引发条件下反应生成聚合物，研磨聚合物为粉末，用适当溶剂萃取除去模板分子。该方法灵活方便，制备过程简单，仅仅将各成分混合后就可直接聚合，适用范围广泛。该方法模板分子的除去方便，使用合适的单一或混合有机溶剂就可将模板分子洗去。但该方法也存在一定的缺点，如聚合前模板分子与功能单体及交联剂可形成不止一种分子络合物，故该方法制备的分子印迹聚合物的结合位点就存在一定程度的不均一性。由于非共价的分子间作用力较弱，在聚合反应时常常需要加入过量的功能单体，这会在萃取时造成较严重的非特异性吸附，从而降低萃取选择性。

用溶剂处理聚合反应生成的聚合物颗粒时，很难将聚合物颗粒中的模板分子完全清洗干净，当用该分子模板聚合物萃取（pg～ng）/mL 范围的样品时，必会造成严重误差，这种现象就是所谓"模板渗漏"。解决此问题的一个有效方法是采用替代模板聚合法，其原理是利用分子印迹聚合物对其模板分子识别时的"交叉反应性"，用分析物的类似物代替分析物作为模板来制备分子印迹聚合物，由于"交叉反应性"的存在，该分子印迹聚合物也对分析物具有萃取能力，即使在萃取过程中发生"模板渗漏"问题，但由于渗漏出的物质是分析物的类似物，只要能用色谱法将分析物和它的类似物分开，就可避免"模板渗漏"产生的干扰。如 Andersson 等在使用气相色谱测定人血浆样品中的镇痛药物沙美利定前，使用以药物沙美利定为模板合成的分子印迹聚合物进行固相萃取，发现当样品中分析物浓度极低时（nmol），"模板渗漏"会严重干扰药物沙美利定的测定，后来对该方法进行改进，在合成分子印迹聚合物时用药物沙美利定的结构类似物代替沙美利定，再用这样合成的分子印迹聚合物来进行血浆样品的前处理，可解决"模板渗漏"问题。

第三种方法是半共价法。这种方法首先让模板分子与单体以共价键结合，加入交联剂和引发剂进行聚合反应，然后破坏共价键洗脱待测物分子。但在使用该分子印迹聚合物对待测物进行萃取时，分子印迹聚合物与待测物之间则仅依靠非共价相互作用结合。该法的优点是聚合物生成时，模板分子与单体通过共价键结合，生成的聚合物结构更加完整，结合位点的均一性更完美，故半共价法制备的分子印迹聚合物对模板分子的亲和萃取能力更强，萃取容量更大；同时采用这种方法制备的印迹聚合物在破坏共价键洗脱模板分子时，即使有少量的模板残留在聚合物中，但由于其与聚合物之间的结合是很强的共价键，在用该聚合物萃取待测物时，一般有机溶剂极难将残留的模板分子洗下来，因此可从根本上解决"模板渗漏"对待测物萃取的影响。

4.4.3.2 聚合物种类和合成条件的选择

大多数分子印迹聚合物采用的单体是甲基丙烯酸，交联剂是二甲基丙烯酸乙二醇酯。也有一些研究者根据需要采用了其他的单体如 N,N-二甲基氨乙基甲基丙烯酸酯、三氟甲基丙烯酸、4-乙烯基吡啶等。不同分子印迹聚合物具有不同的萃取性能，使用时需要根据被萃取分析物的具体情况选择合适的功能单体、交联剂和合成条件等。Kugimiya 等分别以甲基丙烯酸和二甲基丙烯酸为单体合成了 3-羧酸吲哚印迹聚合物，进行萃取时发现使用二甲基丙烯酸制备的分子印迹聚合物对 3-羧酸吲哚具有更好的萃取性能和选择性。Baggiani 等比较了使用甲基丙烯酸和4-乙烯基吡啶为功能单体合成的分子印迹聚合物对苯达松除草剂的萃取性能，发现要取得好的萃取性能，需要在聚合时同时加入这两种功能单体。

制备分子印迹聚合物，目前使用最多的合成方法是以自组装作用为基础的非共价法，这种方法中，溶剂对分子印迹聚合物与模板分子之间的非共价作用力的强弱以及聚合物的形态有很大影响。一般的规律是：合成时选择的溶剂极性越大，则基于非共价作用的分子识别能力越弱。最常用的溶剂有乙腈、氯仿、甲苯、二氯甲烷等。Ferrer 等在制备氯代三嗪类除草剂分子印迹聚合物时，发现使用甲苯作溶剂合成的分子印迹聚合物萃取选择性更好。

此外，交联剂和合成原料的比例也可影响分子印迹聚合物的萃取性能。进行固相萃取时，分子印迹聚合物可根据需求制备成不同的物理形态。一般将分子印迹聚合物先制备成整体的棒状结构，然后再将其研磨成粉末并过筛，再选择一定粒径范围的聚合物用于固相萃取。也可采用不同的合成策略，如在悬浮液中进行聚合直接合成特定粒度的分子印迹球形颗粒。另外，分子印迹聚合物还可以制备成膜状形态并应用在有关物质的吸附萃取中。

4.4.4 分子印迹技术在固相萃取中的应用

过去，MISPE 的研究大部分集中于分子印迹聚合物制备过程及固相萃取步骤的优化上，而 MISPE 在实际试样中的应用还比较少。近年来，将 MISPE 应用于真样中日益增加。但应用于固相萃取中的大部分 MIP 用非共价印迹法（本体聚合、沉淀聚合、两步溶胀聚合、悬浮聚合、分散聚合）制备，而少量 MIP 由半印迹法合成，也有采用硅胶、二氧化钛、碳纳米管等为载体，表面接枝制备的 MIP 作为吸附介质应用于固相萃取中。目前，MISPE 已经成功地运用在环境、生物医药、食品以及其他领域。

4.4.4.1 环境试样分析中的应用

环境样品具有组分复杂、分析物浓度较低且易于发生其他化学变化的特点，因此简便、快速、针对性强，对环境试样分离分析至关重要，而 MISPE 技术恰好能够在复杂的环境体系中选择性地分离目标产物，故 MIP 在环境样品分离分析中得到了普遍应用。MISPE 技术在酚类化合物的分离与检测中备受瞩目，这类物质广泛分布于环境中，不仅具有毒性，而且对水生物会产生严重影响。Jiang 和 San Vicente 等将 MIP 柱直接接入色谱系统中，可对水样中微量双酚 A 进行富集，然后用 HPLC 检测目标分析物。Bravo 等用 MISPE 技术对自来水与掺料水中的微量己烯雌酚进行富集分离时，回收率分别为 83%、72%。Nuria 等采用 HPLC 反相固相萃取系统在线分析了含 11 种痕量酚类化合物的标准水样，选择性萃取和富集了 4-硝基苯酚。Turiel 采用 MISPE 技术从环境样品（地下水、饮用水、土壤及农作物）中分离富集了三嗪类物质。另外，MISPE 技术也可应用于有机污染物，如甲基磷酸乙酯及无机污染物。

4.4.4.2 生物医药中的应用

生物医药样品前处理及分析主要是对痕量物质进行分离与富集，而且还要求具备检测过程快速、准确、高效率，MISPE 符合这些要求。分子印迹固相萃取技术已在人血清、血浆以及各组织中有害物质的选择性分离富集方面取得了重要应用。

Xia 等将 MISPE 与液相色谱/质谱相结合测定了吸烟者和被动吸烟者尿液中的甲基亚硝胺，方法检出限达到 0.6pg/mL。Yang 等以尼古丁代谢物可替宁为模板，获得的分子印迹聚合物提取与富集尿样中的可替宁，利用 HPLC 定量检测，线性范围良好，回收率达 80%。Zoe 与 Andersson 等以布比卡因的结构类似物为印迹分子制备了 MIP 并且用于富集和分析人血浆中的罗哌卡因与布比卡因。Lai 等采用在线 MISPE-UV 检查快速扫描及分析了人血浆和血清中的头孢氨苄。Huang 等采用 MISPE 技术预富集与分离了血清中的头孢氨苄。胡树国等将棒状 MIPs 装在自制的固相萃取柱中，对感冒药——海王银德菲中的对乙酰氨基酚进行了分离与富集，等等。

4.4.4.3 食品检测中的应用

食品是人类生存与发展的物质保证，随着经济全球化和食品贸易的国际化，食品中有害物质残留/病原微生物污染的检测问题仍是困扰当前人类食品安全极为关键的因素之一。目前，食品安全检测的方法有：化学方法、传感器法、免疫法以及生物检测法等。由于食品中有害物质的残留以及病原微生物的含量一般都比较低，当其含量低于检测方法的检出限而又高于允许含量标准时，上述方法很难满足现实的需求，那么就必须对复杂的基质进行分离、富集后才能定量检测。MISPE 技术能够针对性地对样品进行提取与富集，检测灵敏度较高，便于建立更有效、更完善的食品检测方法。

Sun 等以四环素为模板分子制备了四环素分子印迹聚合物，将此 MIP 作为固定相基质制成固相萃取小柱并与高效液相色谱法相结合分析肝脏、奶类等食物试样中四环素残留物，这种分子印迹固相萃取可以成功地分离四环素分子及其干扰物质。Shi 等以胆固醇为目标分子，采用紫外非共价键法制备了胆固醇分子印迹聚合物，采用 MISPE 富集和分离血浆、牛奶、小虾、蛋黄、牛肉及猪肉中含有的胆固醇，胆固醇吸附率达 80% 以上。与以 C_{18} 柱相比，MISPE 法显示了专一性的吸附特性。Georgios 等以芸香苷和栎精为模板分子，用非共价印迹法制备的 MIP 对红酒、白酒、茶以及橘子汁中的类黄酮类抗氧化剂具有选择性萃取作用。Nicholls 等以五氯苯酚为印迹分子制备的 MIP 可对包装材料及水中的氯酚污染物进行选择性吸附，用置换印迹膜受体分析法进行检测时，检出限为 0.5μg/L，与气相色谱电子捕获检测器的分析检出限相当，此技术还适用于食品试样中氯酚类污染物的快速分离分析。

4.4.4.4 其他方面的应用

MISPE 技术的专一选择识别性使其可以选择性识别天然产物中目标成分，进而加以分离纯化。Puoci 等利用 MISPE-高效液相色谱系统精确度高、灵敏性好以及回收率高的优点，从月桂树叶中成功地提取分离出维生素 E。MISPE 技术还可用于提取分离燃料中的化学物质。Harvey 分别采用离线和在线模式 MISPE，分离了燃料（柴油、汽油）中的甲基酸二异丙磷酯及磷酸三丁酯。Castro 等以二苯并噻吩为模板制备了分子印迹聚合物，并采用离线模式富集了燃料中的有机硫化物（二苯并噻吩，苯并噻吩）。

第 **5** 章

糖类物质的提取与分离

5.1　糖类的定义及组成

糖类是组成植物体的基本物质之一，是光合作用的产物，也是许多天然化合物的前体。特别是一些多糖具有生物活性及很好的治疗作用。

糖分子中含有碳、氢、氧三种元素，其中氢和氧比例为 2:1，通式为 $C_x(H_2O)_y$，故俗称碳水化合物。但是，有些糖的分子组成并不符合这一通式，如鼠李糖（$C_6H_{12}O_5$）、洋地黄毒糖（$C_6H_{12}O_4$）等；而另一些化合物，其分子组成虽符合上述通式，如乳酸（$C_8H_6O_3$），但从结构和性质上看却不是糖。所以，将糖称为碳水化合物是不够严谨的。

严格地说糖的定义应该是：糖类是具有多羟基的醛或酮，或能水解为醛或酮的化合物。根据所含单糖基的数量，可将之分为单糖、低聚糖和多糖三大类。

5.1.1　单糖和低聚糖

5.1.1.1　单糖

单糖是指不能再水解成更小分子糖的一类碳水化合物，如葡萄糖。天然产的单糖主要是含 5～6 碳的糖，7～8 碳的糖也有。最常见的单糖有葡萄糖、果糖、甘露糖、半乳糖、赤藓糖、木糖、鼠李糖等。其中赤藓糖已在前面述及，它与三碳糖合成莽草酸，后者是很多次级代谢产物的前体，是初级代谢与次级代谢之间重要的连接点之一。其他的单糖可与苷元结合成苷类化合物，因此可视之为形成糖苷类物质的前体之一。除了上述单糖之外，还有一些特殊的单糖参与次级代谢过程。这些主要特殊单糖列于图 5-1 和图 5-2。

除了上述单糖外，还有一些糖醛酸和糖醇也参与植物的次级代谢。

此外，自然界还有一些很特殊的单糖及衍生物，它们也参与某些次级代谢过程。如参与形成强心苷的 D-洋地黄毒糖，即 2,6-二去氧糖。还有氨基糖，即单糖的伯或仲羟基被氨基置换所致，多存在于动物和菌类中。自然界还存在一些分支碳链的糖，如 D-芹糖等。

关于糖的绝对构型，在哈沃斯（Haworth）式中，只要看六碳吡喃糖的 C_5（五碳呋喃糖的 C_4）上取代基的取向，向上的为 D 型，向下的为 L 型。端基碳原子的相对构型 α 或 β 是指 C_1 羟基与六碳糖 C_5（五碳糖 C_4）取代基的相对关系，当 C_1 羟基与六碳糖 C_5（五碳糖 C_4）上取代基在环的一侧为 β 构型，在环的异侧为 α 构型（如图 5-3 所示，图中部分羟基未画出）。

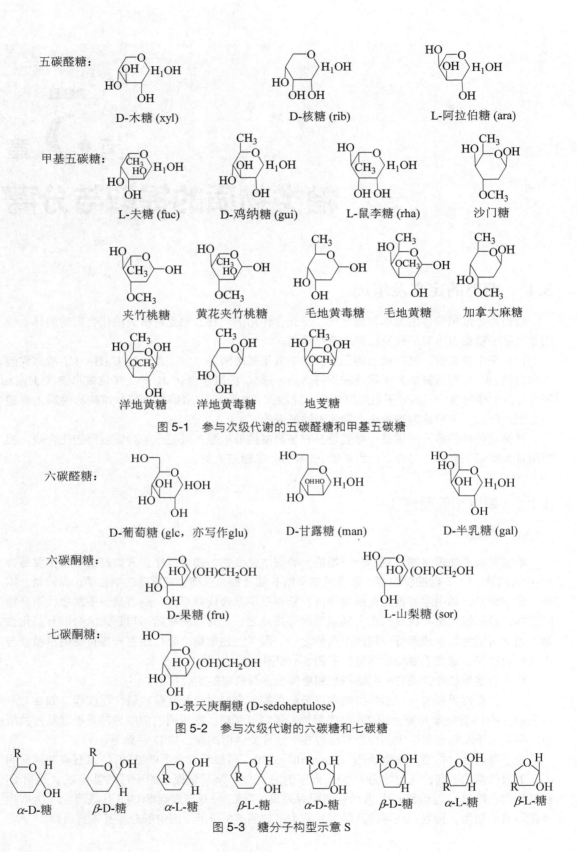

五碳醛糖：

D-木糖 (xyl)　　　　D-核糖 (rib)　　　　L-阿拉伯糖 (ara)

甲基五碳糖：

L-夫糖 (fuc)　　D-鸡纳糖 (gui)　　L-鼠李糖 (rha)　　沙门糖

夹竹桃糖　　黄花夹竹桃糖　　毛地黄毒糖　　毛地黄糖　　加拿大麻糖

洋地黄糖　　洋地黄毒糖　　地芰糖

图 5-1　参与次级代谢的五碳醛糖和甲基五碳糖

六碳醛糖：

D-葡萄糖 (glc，亦写作glu)　　D-甘露糖 (man)　　D-半乳糖 (gal)

六碳酮糖：

D-果糖 (fru)　　　　L-山梨糖 (sor)

七碳酮糖：

D-景天庚酮糖 (D-sedoheptulose)

图 5-2　参与次级代谢的六碳糖和七碳糖

α-D-糖　　β-D-糖　　α-L-糖　　β-L-糖　　α-D-糖　　β-D-糖　　α-L-糖　　β-L-糖

图 5-3　糖分子构型示意 S

5.1.1.2　低聚糖

低聚糖（oligosaccharides）由 2～9 个单糖基通过糖苷键结合而成，又称为聚糖或寡糖。其单糖基的结合，如果是由两个端羟基脱水形成，因而无游离的醛基或酮基，失去还原作用，这类糖称为非还原糖，如蔗糖、海藻糖等；如果不是上述方式结合，仍存在着醛基或酮基，则称为还原糖，如陈皮糖、槐糖、毛蕊糖等。某些低聚糖也可作为某些糖苷类的组分之一。

按组成低聚糖的单糖基数目，低聚糖可分为二糖、三糖、四糖等。参与次级代谢的低聚糖主要有蔗糖、龙胆二糖、麦芽糖、芸香糖、蚕豆糖、槐糖、棉籽糖、水苏糖等，其结构见图 5-4。

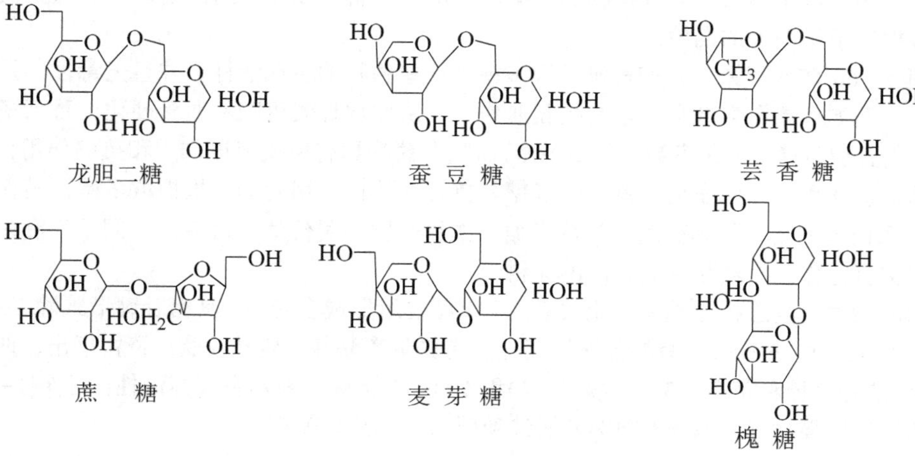

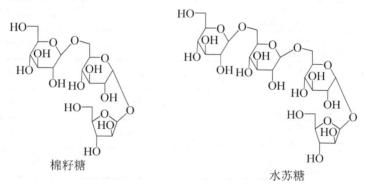

龙胆二糖　　　　　蚕豆糖　　　　　芸香糖

蔗糖　　　　　麦芽糖　　　　　槐糖

图 5-4　参与次级代谢的主要二糖

棉籽糖为三糖，是在蔗糖的基本结构上再连接一个单糖而成；棉籽糖再连接一个单糖即为四糖，如水苏糖（图 5-5）。

棉籽糖　　　　　　　　水苏糖

图 5-5　参与次级代谢的主要三糖、四糖

单糖和低聚糖单独存在时均不具生理活性；只有当它作为原料形成次级代谢产物时，其中的某些成分才显示出活性，如某些皂苷等。

5.1.2　多糖

多糖（polysaccharides）又称多聚糖，由 10 个以上单糖基聚合而成，有的是糖醛酸或它们的酯或盐聚合而成。这些物质不仅聚合的单糖数目多，分子量大，而且其性质与生理作用也已

大大改变，如它们大多为无定形化合物、无甜味、难溶或不溶于水、无还原性等。高等植物中的多糖，一般是由几种单糖组成的杂多糖，如半乳糖、阿拉伯糖和葡萄糖等，且在主链上有许多分支侧链。但也有由一种单糖组成的多糖，如商陆多糖由葡萄糖一种单糖组成，这类多糖称为均多糖。

多糖的生理活性多样，主要是增强机体的免疫能力。多糖可激活巨噬细胞、T 细胞和 B 淋巴细胞，刺激干扰素的生成，抑制人类免疫缺陷病毒（HIV）反转录酶，且有抗肿瘤、抗病毒、抗衰老等作用。在治疗艾滋病方面，一些动物多糖的硫酸酯已开始临床应用，但它们有抗凝血作用，给使用增添了麻烦。高等植物的多糖没有或很少有抗凝血作用，所以在这点上人们对高等植物多糖寄予了很大的期望。

20 世纪 60 年代以来，人们逐渐发现多糖有一些独特的生理活性，并且无毒性，是比较理想的药物。例如：昆布多糖和肝素有抗凝血作用；硫酸软骨素可防治血管硬化；香菇多糖、银耳多糖、刺五加多糖、黄芪多糖、茯苓多糖、商陆多糖等具有免疫促进作用和抗癌作用；人参多糖具有降血糖作用；当归多糖、薏苡仁多糖具抗补体活性。用商陆块根提取多糖，其含量高达 10.26%，系由葡萄糖一种单糖组成的均多糖，颇具开发利用价值。目前，人们正广泛在植物界寻找多糖类资源作为医药和保健食品的原料。

多糖的活性与其连接方式有一定关系。当单糖连续形成多糖时，其糖苷键形式除 1→4 连接外，还有 1→3、1→6 连接，有的葡聚糖还连接有少量乙酰基、羧基及肽。资料指出，许多具有 β-(1→3)链的葡聚糖和带有 1/3～1/4β-(1→6)和 β-(1→3)链葡聚糖具有较高活性，而 β-(1→4)连接的葡聚糖无抗肿瘤活性。表 5-1 为部分活性多糖的来源及其结构。

表 5-1　部分活性多糖的来源及结构

名称	来源	分子量	结构
香菇多糖 Lentinan	香菇 *Lentinusedodes*	500000	［β-(1→4)分支］β-(1→4)
云芝多糖 PSK	担子菌 *Coriolus versicolor*	50000～100000	β-(1→4)6 位分支，含少量肽
裂褶多糖	裂褶菌 *Schizophillum commune*	400000	β-(1→3)6 位分支
茯苓多糖 Pachymaran	茯苓 *Poriacocos*	500000	β-(1→3)
地衣多糖 Lichenan	地衣 *Cetrariaislandica*	100000～500000	β-(1→3)及 β-(1→4)
黄芪多糖	黄芪 *Astragalus mongholicus*	100000～500000	α-(1→4)含 6 位分支
当归多糖	当归 *Angelicaacutiloba*		α-(1→4)含 6 位分支

此外，常见的多糖还有纤维素、半纤维素、菊淀粉、淀粉、果胶及黏液质（树胶）等。这里仅介绍有关的内容。

5.1.2.1　菊淀粉

菊淀粉又称菊糖，是果聚糖，由 30 多个果糖单位以 β-(1→2)相连，最后接 D-葡萄糖基。菊糖存在于细胞液里，系营养物质。菊淀粉是菊科、桔梗科、紫草科等科植物的化学成分，如菊芋的块根（俗称鬼子姜）就含有大量菊糖，可以食用。

5.1.2.2 黏液质

黏液质是植物器官（根、茎、叶、种子、果实等）内存在的一类黏多糖，是植物生理活性产物。黏多糖在水中膨胀而形成糊状，冷却后呈胨状，故有保持水分的作用。例如干旱区植物籽蒿，种子外皮包有一层黏多糖，遇水形成一层很厚的水膜，并与沙粒或土壤颗粒黏在一起，不仅保证其在缺水条件下萌发生长，而且作为基质具有促进萌发和幼苗生长的作用。黏多糖由阿拉伯糖、葡萄糖、木糖、半乳糖、鼠李糖或糖醛酸及其甲酯连接而成，有主链和支链。车前种子所含车前子胶、白及块茎里所含白及胶、石花菜所含琼脂、玉竹根茎所含黏液，都属于黏多糖类物质。此外，百合科、天南星科和锦葵科植物多含有黏多糖。黏多糖的实际应用，仍在研发之中。

5.1.2.3 果胶质

果胶质是植物细胞壁的成分之一，存在于胞间层中，起黏着细胞的重要作用。果胶是 D-吡喃半乳糖醛酸中的部分羧基被甲酯化，剩余羧基可能与钠、钾或铵离子中和形成盐；分子中仲醇基也可能有一部分乙酯化。因此，果胶是不同程度酯化和中和的 L-半乳糖醛酸以 α（1→4）糖苷键形成的聚合物，其基本结构如图 5-6 所示。

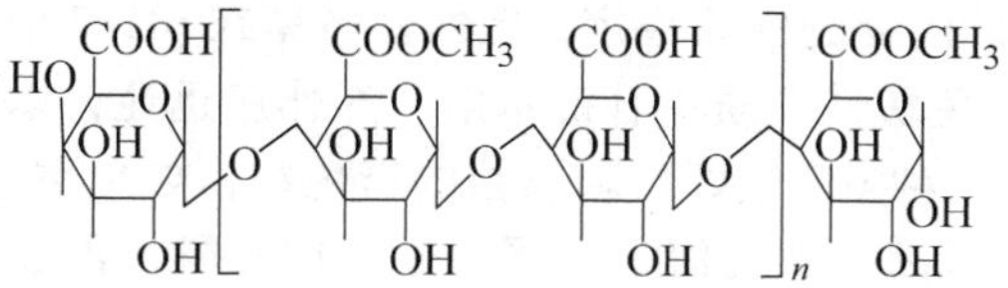

图 5-6　果胶的分子结构

天然果胶甲酯化程度变动幅度较大，酯化的半乳糖醛酸基对总的半乳糖醛酸基的比值称为酯化度。从天然原料提取的果胶最高酯化度为 75%。

果胶及果胶酸在水中的溶解度随聚合度增加而减少。在酸性或碱性条件下，果胶的酯键或糖苷键发生水解。果胶溶液具有高黏性，在一定条件下有胶凝能力。影响胶凝能力的因素较多，如含水量、pH 值等。当果胶水溶液含糖量在 60%～65%，pH=2.0～3.5，果胶含量 0.3%～0.7%，在室温或者较高温度，果胶溶液形成凝胶。

果胶可作为果冻食品，也可作为果酱、巧克力、糖果的稳定剂，在医药、化妆品等工业中作为乳化剂和脱水剂广泛应用，其需求量很大。

生产果胶的原料很多，如柑橘类果皮、苹果、番木瓜、柿子、甜菜糖渣、向日葵花盘以及马鞭草科植物腐柴的叶子等等。果胶得率约在 5%。

果胶提取的方法有酸提取法、离子交换法及微生物法等，其中以酸提取法较好。

5.2　糖类提取工艺特性

自植物中直接提取糖类成分宜用水或烯醇。若先以低极性溶剂去除亲脂性成分，再以水或烯醇提取，可以减少杂质。对水溶而醇不溶的糖类，亦可先用醇去杂质，再以水提取。如此有利于以后的分离。由于共存的水解酶，提取时必须采用适当方法破坏或抑制酶。植物样品尽可能新鲜采集，迅速干燥。用沸醇或加 $CaCO_3$ 等盐类处理。醇易引起苷键的交换反应。如用乙醇时，会得到无还原性的乙苷。获得粗的糖提取液后，除去共存杂质，进行混合糖的相互分离。糖类的分离纯化是困难的，尤其是多糖，用一种方法不易得均一成分，常必须综合使用下述各方法。

根据糖在水、乙醇和碱中的溶解度大致可以分成六类：

① 易溶于冷水和温乙醇的，包括各种单糖、双糖、三糖和多元醇类。

② 易溶于冷水而不溶于乙醇的，包括果胶和树胶类物质，常以钙镁盐形式存在。

③ 易溶于温水，难溶于冷水，不溶于乙醇的，包括黏液质，如木聚糖、菊糖、糖淀粉、胶淀粉、糖原等。

④ 难溶于冷水和热水，可溶于稀碱的，包括水不溶胶类，总称半纤维素，如木聚糖、半乳聚糖、甘露聚糖等。

⑤ 不溶于水和乙醇，部分溶于碱液，包括氧化纤维素类，可溶于氢氧化铜的氨溶液。

⑥ 在以上溶剂中均不溶的，如纤维素等。

5.2.1　分级沉淀法

糖类多数可溶于水，三糖以下尚可溶于乙醇。随着聚合度的增大，在乙醇中的溶解度逐步降低。根据这一性质，在糖的浓水溶液中分次加入乙醇，使醇浓度渐增至 5%，10%，15%，20%，…，90%。分取各次析出的沉淀，以产量对醇浓度作图，可粗略地观察出糖的组分。沉淀一般在 pH=7 时进行，此时糖的性质稳定，但酸性多糖在 pH=7 时是以盐的形式存在的，宜调至 pH=2～4 进行。为避免酸性介质中苷键水解，操作应迅速，以小量为宜。未知糖类可从小样摸索分离条件，试验何种 pH 较好。若遇糖的衍生物，如甲醚、乙酸酯，其极性低于糖，可在有机溶剂中进行分级沉淀。如先溶于丙酮，逐步加乙醚，再逐步加低沸点石油醚沉淀。分级沉淀的方法除利用改变溶剂极性强度以外，还有利用热的糖溶液逐步冷却，或逐步添加无机盐如硫酸铵等进行盐析，以及改变酸度的方法。分级沉淀是按分子量的不同进行分离的。多糖分子量范围广，且有共沉淀现象。此法只能作粗略的分离用，需反复进行及综合使用别的方法才能使糖的组分均一，物理常数恒定。食用香蕈的水溶部分用分级沉淀法分离成两种不同型的多糖，50% MeOH 中沉淀出的是 α-D-葡聚糖，75% MeOH 中沉淀出的是含有半乳糖、甘露糖、葡萄糖、岩藻糖的杂多糖。

5.2.2　活性炭柱色谱法

活性炭柱色谱适宜于分离低聚糖的混合物。一般用活性炭和硅藻土等量混合物柱色谱分离糖液。硅藻土的应用使层析时洗脱液易于通过。亦可用 40～60 目的颗粒状活性炭装柱。活性炭含 Fe^{2+}、Ca^{2+} 等离子，应先以 0.2mol/L 枸橼酸缓冲液或 15%乙酸洗净。在活性炭柱上，溶剂极性愈大时吸附力愈强，故应先用水洗脱以洗出单糖，然后以 5%～7.5%乙醇洗出双糖，10%乙醇洗出聚合度更高的聚糖。如此逐渐增加乙醇浓度，得到聚合度渐增的聚糖。糖类在活性炭上的吸附力有如下渐增的顺序：L-鼠李糖、L-阿拉伯糖、D-果糖、D-木糖、D-葡萄糖、D-半乳糖、D-甘露糖、蔗糖、乳糖、麦芽糖、棉籽糖、毛蕊糖等。活性炭吸附容量大而不受糖溶液浓度改变或无机盐的存在的影响，这是一个有用的分离方法。

5.2.3　凝胶过滤法

凝胶过滤法（凝胶色谱法或分子筛色谱法）主要利用具有三维网状结构的多孔性凝胶，其孔径大小取决于合成凝胶时所加交联剂的多少。当含有混合溶质的溶液流经适当的凝胶柱时，小分子易扩散进入孔中，而大分子则不易扩散，各溶质洗脱顺序随分子量由大及小，渐次流出。此法对于不同聚合度的糖类分离特别有效。方法快速、简单，条件温和。

设凝胶孔内总容积为 V_i，凝胶间隙总容积为 V_0，溶质从上柱洗脱至管口达最高浓度时的溶剂体积为 V_e。溶质在内外两相中的分配系数为 K_d。K_d 取决于溶质、溶剂和凝胶。两个溶质的区别越大，分离效果越好。

$$V_e = V_0 + K_d V_i$$

如小分子可以自由出入孔内外，则 $K_d=1$；大分子完全不能进入孔内，$K_d=0$。在此二者中间的分子 K_d 在 $0\sim1$ 之间。也即洗脱体积 V_e 在 V_0 和 V_0+V_i 之间。如同时有吸附或离子交换作用的，K_d 有可能大于 1。

多糖分子呈链状，很少有卷曲，同样的分子量，其体积小于干球蛋白，对一定孔径的凝胶，排斥在孔外的百分数较蛋白质大。

5.2.4　离子交换树脂色谱法

阴离子交换树脂如 Amberlite IR-400，以 NaOH 处理后，可以保留还原糖，糖醇和苷不被吸附，还原糖保留部分用 10% NaCl 可以洗下所有的糖，但此法未能用于分离，阳离子交换树脂可使酸性糖类和中性糖类分离。中性糖类的多羟基结构与硼酸络合成酸性酯后，亦可以用离子交换树脂来进行分离。常用强碱性的阴离子交换树脂如 Dowex-1，先经硼酸盐处理，糖混合物的硼酸络合物上柱时，可起选择性的交换作用，以硼酸盐浓度递增的溶液分别洗出单糖、双糖、三糖等。同样是双糖，吸附力也有区别。如五种双糖，其洗脱顺序为蔗糖、海藻糖、纤维二糖、麦芽糖和乳糖。同样是单糖，如三种单糖，其分离顺序为 D-果糖、D-半乳糖和 D-葡萄糖。多元醇同样可以分离。此法效率高，常为一次分离。各洗脱液经 PPC 鉴定后合并，迅速以强酸性阳离子交换树脂如 Dowex-50 振摇除去无机离子，滤液蒸干，残留物加甲醇反复蒸去挥发性的硼酸甲酯，得到不含硼酸的糖。此法缺点是洗脱体积太大，处理较麻烦。

5.2.5　纤维素和离子交换纤维素色谱法

应用纸色谱分离鉴定单糖取得了成功，同样应用纤维素柱色谱分离单糖也可起相同的作用。纤维素对多糖的分离，是利用混合糖的溶液，流经预先以另一种溶剂（如乙醇）混悬的纤维素柱，多糖在此多孔支持介质上析出沉淀，再以醇浓度递减的稀醇逐步洗脱，溶出各种多糖。此法较分级沉淀法为优，因为其接触面大。纤维素对糖淀粉的吸附力大于对胶淀粉的吸附力，虽然前者的分子量小，这可能是由于无支链的糖淀粉有螺旋形结构，有利于与纤维素形成包结化合物。纤维素柱上层析还可用丙酮、水饱和丁醇、异丙醇、水饱和甲乙酮等，或用体积比丁醇：乙酸：水（9:2:1）、乙酸乙酯：乙酸：水（7:2:2）等系统。混合溶剂可调节其组成比例。酸性多糖层析时，可利用其和季铵盐络合沉淀的反应，在洗脱剂中加少量十六烷基吡啶氯化物，可分离软骨素硫酸盐等多糖。

自从阴离子交换纤维素问世以来，许多高分子水溶性成分，如蛋白质、核酸和多糖等都借以分离纯化，效果良好。常用的如 DEAE 纤维素（即二甲氨基乙基纤维素）和 ECTEOLA 纤维素（即 3-氯-1,2-环氧丙烷三乙醇胺纤维素）。它们不但可以分离酸性多糖，也可以分离中性多糖和黏多糖。ECTEOLA 纤维素常用于肝素、硫酸软骨素和透明质酸等黏多糖的分离。

DEAE 纤维素是最常用的，其碱度中等，$pK_a=8.0\sim9.5$，离子交换容量 $0.70\sim0.75mmol/g$，

酸性多糖在 pH=6 附近易吸附其上，其亲和力或吸附力有如下规律：

① 酸基愈多，亲和力愈强；

② 直线形（linear）多糖在同系物中，高分子的较低分子的吸附力强；

③ 分子链有影响，分离淀粉和糊精类时，直链多糖较支链多糖吸附力强。

中性多糖在 pH=5～6 时吸附力很弱，在碱性介质中吸附力增强。亦可制成硼酸络合物在硼酸盐型的 DEAE 纤维素柱上层析。

洗脱时利用下列方法达到分离目的：

① 用同一 pH 值的缓冲液，逐步增加其离子强度进行洗脱，其主要用于弱酸性多糖的分离。

② 用碱性洗脱剂时，渐增其碱的强度（酸性多糖）。

③ 用酸性洗脱剂时，渐增其酸的强度（中性多糖）。

碱性洗脱液，如 NaOH，最高浓度不能超过 0.5mol/L，否则少量纤维素会溶解而流出。

④ 用硼酸络合多糖类，洗脱时用硼酸盐水溶液，递增硼酸盐的强度洗脱，不与硼酸络合的糖类首先流出。

各馏分用呈色法确定糖量，如五碳糖、六碳糖用蒽酮法或硫酸苯酚法比色，糖醛酸用卡巴唑法比色。

DEAE 纤维素中混有纤维素，在预处理时应去除，用 0.5mol/L HCl 和 0.5mol/L NaOH 交替洗涤，沉淀后倾去下层混浊液。最后混悬在 0.1mol/L NaOH 中，为碱型，入柱。制备磷酸盐型时，以 8～10 倍柱体积的 0.5mol/L 磷酸盐缓冲液洗至适当 pH。制备硼酸盐型时，以 8～10 倍柱体积的硼酸盐缓冲液洗涤，再用水洗去过量的无机盐备用。

5.2.6 季铵盐沉淀法

阳离子型清洁剂如十六烷基三甲铵盐（CTA 盐）和十六烷基吡啶盐（CP 盐）等和酸性多糖阴离子可以形成不溶于水的沉淀，使酸性多糖自水溶液中沉淀出来，中性多糖留存在母液中而分离。若再利用硼酸络合物，中性多糖亦可沉淀，或在高 pH 的条件下，增加中性醇羟基的解离度使之沉淀。因此将十六烷基三甲铵溴化物（CTAB）顺次加入 pH 变化的多糖水溶液中，即在酸性、中性、微碱性、强碱性的溶液中分步沉淀多糖。加少量（0.02mol/L）的硫酸钠可以促进沉淀聚集，由此达到分离目的。各沉淀部分恢复多糖时可采用下述方法。沉淀分为以下三种类型。

① 复合物沉淀可溶于无机盐溶液的：以 4mol/L 的 NaCl 或 KCl 试验，如溶解，表示该多糖已转为 Na 或 K 盐，可直接加 3～5 倍乙醇使多糖沉淀，季铵氯化物留在上清液中；也可用碘化物或硫氰酸盐沉淀除去季铵阳离子，多糖留存在水溶液中；还可加漂白土（fullers earth）吸附季铵阳离子，加至泡沫消失，多糖留存在水溶液中。或以正丁醇、戊醇或氯仿等溶剂抽取除去季铵阳离子，最后以透析法和冷冻干燥法得多糖，成钠盐者用盐酸可使其恢复为游离糖。

② 复合物沉淀可溶于有机溶剂的：使沉淀溶于乙醇或丙醇，在溶液中加 NaOAc、NaCl、NaSCN 或 CaCl$_2$ 等无机盐。无机盐先溶于乙醇或用很浓的水溶液，多糖成 Na 或 Ca 盐。加入无机酸（如 HCl）可使其恢复为游离糖。

③ 复合物沉淀在盐水和有机溶剂中均不溶的：用无机盐在醇中的饱和液振摇此沉淀细粉末，多糖在沉淀中，以乙醇多次洗去无机盐。加酸恢复为游离糖。

中性多糖的沉淀通过改变溶液 pH 而实现，或在硼酸缓冲液中沉淀，但形成硼酸络合物的难易程度依赖于溶液的 pH 及醇羟基的空间位置。如有顺邻二羟基的酵母和橡树中的甘露聚糖（顺 C$_2$、C$_3$ 羟基）可在 pH<8.5 时沉淀。糖原有少量磷酸基团，昆布多糖有反邻二羟基，需 pH

较高，在 pH 为 9～10 时沉淀，而菊糖五元环上有反邻二羟基，最不易和硼酸络合，此时留在溶液中。1,4-连接的葡聚糖有 4,6 位游离羟基的，可以形成 1,3-络合物。

5.2.7 透析法

透析法是利用一定大小孔目的膜，使无机盐或小分子糖透过而达到分离目的的方法。孔目较大时，较大分子的糖也能透过，因此选择适当的透析膜是十分重要的。纤维膜（celluphan）的孔小于 3nm，适用于糖类，可使单糖分子通过。孔目稍大的如 3～5nm，可使小分子透过加速，多糖留存在不透析部分。纤维膜可用乙酰化法使孔目变小。透析在逆相流水中进行或需经常换水，pH 保持在 6.0～6.5，时间可达数天，透析液浓缩后可用乙醇沉淀多糖。

5.2.8 金属离子沉淀法

5.2.8.1 铜盐沉淀法

铜盐沉淀多糖，可用 $CuCl_2$、$CuSO_4$、$Cu(OAc)_2$ 的溶液或 Fehling 试剂、乙二胺铜试剂。通常需加过量的试剂用于沉淀，但 Fehling 试剂不可太过量，因其有使多糖铜复合物沉淀重复溶解的危险。沉淀分解恢复为糖可用酸的醇溶液或用螯合试剂。

常用的铜盐分级沉淀法是 Fehling 试剂法和醋酸铜乙醇法。前者在多糖的水或氢氧化钠溶液中加 Fehling 试剂 A、B 等量混合液至沉淀完全，过滤取沉淀用水洗涤后，以 5%HCl（体积比）的乙醇浸渍分解铜复合物，以乙醇洗去 $CuCl_2$，得多糖。母液以醋酸中和后透析，透析液浓缩后，再用乙醇沉淀，得另一部分多糖，后者在多糖水或氢氧化钠溶液中加 7%$Cu(OAc)_2$ 溶液并沉淀完全。如无沉淀则加乙醇。离心分取沉淀后，离心液再加 $Cu(OAc)_2$ 溶液和足量乙醇，得第二次沉淀，母液再加乙醇，如此分级获得各多糖的铜复合物，分别以 5%HCl 的乙醇或通 H_2S 分解恢复多糖。

5.2.8.2 氢氧化钡沉淀法

饱和 $Ba(OH)_2$ 溶液可使树胶类多糖沉淀，特别容易使 β-(1→4)-D-甘露聚糖沉淀而和木聚糖分离。葡萄甘露聚糖（glucomannan）、半乳甘露聚糖（galactomannan）和其他甘露聚糖在 $Ba(OH)_2$ 浓度低于 0.03mol/L 时几乎可以沉淀完全。而阿聚糖、半乳聚糖在任何浓度时均不沉淀。4-O-甲基葡萄糖醛酸木聚糖在 $Ba(OH)_2$ 浓度达 0.15mol/L 时才能沉淀，部分乙酰化后不能立即沉淀，去乙酰基后就可沉淀。水溶性多糖在水溶液中加饱和 $Ba(OH)_2$ 溶液沉淀，沉淀以乙酸（2mol/L）分解，乙醇沉淀。水不溶多糖可溶于 10%NaOH 溶液，加 $Ba(OH)_2$ 溶液，或加 $BaCl_2$ 或 $Ba(OAc)_2$ 溶液亦可，沉淀以 5%NaOH 洗后，醋酸分解，乙醇沉淀（表 5-2）。

$Sr(OH)_2$ 与 $Ca(OH)_2$ 和 $Ba(OH)_2$ 相似，和糖有形成不溶性复盐的倾向。一般来讲，糖有顺邻二羟基结构的，如果糖、甘露糖、半乳糖及它们的某些多糖，可形成不溶性复盐而分离。

表 5-2　1%多糖、1%硼酸盐缓冲液、0.5%CTAB 等体积混合物和几种多糖的沉淀情况

多糖	$[a]_D^{10}$ /(°)	pH			
		7	8.5	10.0	0.1mol/L NaOH
酵母甘露聚糖（yeast mannan）	+78	+	++	++	+
角豆胶（carob gum）	+40		+	++	—

多糖	$[a]_D^{10}/(°)$	pH			
		7	8.5	10.0	0.1mol/L NaOH
昆布聚糖（laminaran）	−16	+	++	++	+
糖原（glycogen）	+193	−	−	+	+
菊糖（inulin）	−32	−	−	−	−
葡聚糖（dextran）	+202				±

5.2.9 蛋白质去除法

自多糖中去除蛋白质最缓和的方法是 Sevag 法。当多糖的水溶液用氯仿振摇成乳化液时，蛋白质变性成胶状，离心后在氯仿和水二层中间而除去。为了加速蛋白质的变性，最好用 pH=4～5 的缓冲液代替水，并加少量正丁醇或正戊醇。或将体积比氯仿∶醇为 5∶1 的溶液加入 1 份糖液中，振摇后分离除去蛋白质。此法只能除去少量蛋白质，且必须重复多次。多糖常因此而损失，因此最好先用其他方法去除大部分蛋白质，再用此法去除剩余的。此法不能用于脂蛋白，因为脂蛋白溶于氯仿。另一种方法是在多糖水溶液中加三氟三氯乙烷（沸点为 56℃），冷却下高速搅动数分钟，蛋白质结成胶冻状，离心去除，反复多次，最后水溶液只对 Molish 试剂呈色，而对印三酮试剂呈阴性，水溶液加乙醇或丙酮沉淀多糖，重复溶于水，透析，冻干。其他尚可用三氯乙酸法或用蛋白质水解酶除去蛋白质。上述 Sevag 法和三氟三氯乙烷法常用于微生物多糖，三氯乙酸法常用于植物多糖。

5.3 糖类提取实例：柑橘果皮中果胶提取

（1）原料的预处理 果实成熟度、果皮的贮藏方式等对果胶的胶凝强度有很大影响。一般来说，原料的成熟度不宜过高，成熟度越高，果胶的酶解也就越严重。这与生产柑橘汁、糖水橘子罐头或香精油，要求原料有较高的成熟度又发生矛盾，不过用柑橘皮生产果胶，仅是柑橘的一项综合利用，因此就不能单从果胶产品来考虑。制造果胶的原料——柑橘皮，除含果胶外，还含有其他物质，如糖类、酸类、苷类和橘油等，这些物质不利于果胶的提取，它们不但影响果胶的风味，而且增加提取过程的困难，如胶结现象影响操作，或造成进一步水解使果胶变质而损失。

要获得具有高胶凝强度的果胶，原料应以新鲜的柑橘皮为好，但在柑橘产季，短期内无法全部利用，所以必须考虑柑橘皮的保存，以利长期均衡生产。不能采用冷冻方法保存柑橘皮，因为即使是部分冷冻也会引起果胶酯酶的脱甲氧基作用。目前一般都采用干燥法保存果皮，其干燥条件十分重要。干燥前果皮切成 2cm 的方块。并用温水泡洗，洗至洗出液中可溶性固形物含量在 1.5% 以下（洗出液可通过测定其折射率进行检验）。干燥，热风温度控制在 80～90℃，当果皮干燥至含水量为 20%～50% 时，温度应降至 65～70℃，以免发生烘焦现象。干燥后含水量最好控制在 8%～10%。含水量低于 7% 时，对果胶生产率和胶凝强度会带来很大影响。含水量太高（超过 20% 时），果皮又易霉变。未经泡洗的果皮不宜直接干燥，但可与经泡洗烘干的果皮按一定比例（1∶2.5）混合后再行干燥，效果也比较好。干燥设备最好采用热风滚筒干燥器，使物料在翻滚状态下进行干燥，这可防止果皮互相粘连，提高干燥速度。应当指出，果皮经干燥处理后总会使果胶产率和胶凝强度等级下降。试验表明，用鲜柠檬皮制取的果胶，成品胶凝强度在 270 以上；而用干柠檬皮（果皮无烘焦现象）制取果胶时，胶凝强度通常为 170～180。

倘若果皮有烘焦现象，其胶凝强度和产品质量则大大下降。试验还发现，用食盐盐渍保存的鲜柠檬皮，所得果胶的胶凝强度也可达到 230 以上，不过原料泡洗要充分方能除去盐，否则果胶成品会带咸味，灰分含量也会过高。

在提取果胶之前，果皮要用水充分泡洗，除去其中的可溶固体，如糖、酸等。为加速水溶性杂质的脱除，水温可控制在 50℃左右。此时洗出液虽含有少量果胶，但对果胶产率没有大的影响。泡洗结束时，洗出液的折射率应在 1.5000 以下。经泡洗过的果皮显得很松软，颜色也很浅。

（2）果胶提取过程　果胶提取过程是关系到果胶生产成败的关键过程，必须严格控制。实质上，该过程涉及两个不相同的而又互相依赖的步骤：一是果皮中原果胶转化为水溶性果胶；二是可溶性果胶溶解于液相。为使原果胶转化成可溶性果胶，一般用稀酸液在加热条件下进行水解。但过分的水解作用又会引起水溶性果胶的进一步降解，使成品果胶品级下降。因此，提取过程原则上既要使原果胶最大限度地转化为可溶性果胶，又要尽可能减少可溶性果胶的进一步降解。经验表明，每一批原料在生产前，先做试验以确定较佳的提取工艺条件。

果胶的提取过程与水的纯度、采用酸种类、果皮-酸液的 pH 值、操作温度、提取时间、酸液添加量以及果皮颗粒大小等多种因素有关。

① 水的纯度：普通用水一般都含有较多钙、镁离子，由于这些离子对原果胶的封闭作用，所以水的软化处理对于果胶提取十分重要。试验结果表明，以干柠檬皮为原料，提取过程中若用普通硬水，成品果胶的胶凝强度难以达到 150；而用经离子交换树脂处理过的软水，胶凝度可达 170～180。水的软化处理除采用离子交换树脂外，简单的办法是在水中加入 0.5%的聚磷酸盐（如六偏磷酸钠、四偏磷酸钠、四磷酸钠、焦磷酸钠等），它能与水中的钙、镁离子形成络合物，从而有利于原果胶的降解和溶出，缩短提取时间，提高果胶胶凝品级。加入的聚磷酸盐在果胶沉淀、分离与洗涤过程中能够除去，不会残留在果胶中。

② 酸的种类：酒石酸、苹果酸、乳酸、乙酸、磷酸、硫酸、亚硫酸和盐酸、硝酸等均可使用，但常用的是盐酸和亚硫酸。采用亚硫酸因有漂白作用，果胶颜色较白，但挥发出的二氧化硫（SO_2）气体对人体有毒害，特别是刺激呼吸道，同时对环境污染严重。所以一般采用盐酸。

③ 溶液 pH 值、操作温度和提取时间：在一定温度下提取果胶，溶液的 pH 值有直接影响。浸提液最适宜的 pH 值，视每批原料的不同而异，如成熟度较高的果皮，溶液的 pH 应略大一些。一般采用柑橘皮生产果胶，浸提液的 pH 值控制在 1.5～2.0 为宜。

提取温度在 100℃以上，无法制得具有良好胶凝强度的产品。而在 40℃或更低的温度下，又需要很长的提取时间，这样还往往导致果胶的过度脱酯。所以提取温度以 40～100℃为宜。

在提取过程中，温度与时间有密切的关系，温度越高，时间越短。当然，pH 值对温度起决定性作用，pH 值小，就应避免较高的温度。柑橘皮原料的提取温度一般应为 80～90℃，时间为 30～60min。提取操作中先控制在较高温度下维持一段时间，然后加水稀释，再加热维持较低温度进行提取，以促使果胶溶出。理想的提取应分次进行，即将第一次浸提出的果胶液滤出后，加入新酸液进行第二（或第三）次浸提。这样，第一次提取的果胶便不会受到过度加热，而第二（或第三）次的浸提液用来浸提一批新原料。但用这种方法所得果胶浸提液浓度越大，过滤操作会越困难。如果能将原料与酸液用逆流操作过程，就比较方便。

④ 酸液添加量：柑橘皮与酸液之比，要从两个不同的角度加以考虑。a.加入酸液量应确保已分解出的可溶性果胶转移到液相中去，并使最终的果胶浸提液有一定浓度，以利于过滤操作；b. 为了获得较浓的果胶，减少后处理工序（特别是浓缩过程）的能耗，酸液用量应尽量少。但过滤设备与条件比较差的生产厂家，为便于过滤操作，酸液用量应多些。经验表明，经浸泡过的湿果皮与酸液之比最好为 1:3。

⑤ 果皮颗粒：碎果皮可增加与酸液的接触表面，从而有利于果胶的提取。经验表明，同样以柠檬皮为原料，颗粒为 5mm 的，成品果胶胶凝强度要比颗粒 8mm 的高 50 以上，且果胶产率也高得多。用干果皮时，颗粒应相对小些；而用鲜果皮时，颗粒可大些。颗粒太小浸提液过滤困难。颗粒太大，果胶提取程度又不完全。如果以糖水橘子罐头生产时排出的橘蕊为原料提取果胶，可不必考虑颗粒大小，因橘蕊质地薄易泡软，提取果胶较容易。

（3）过滤 果胶浸提液的过滤是果胶生产中较困难的工序。过滤效果好坏对果胶质量有很大影响。滤得清的果胶液不但易于浓缩，而且果胶的溶解度和胶凝强度也是十分重要的。为便于过滤，浸提液要趁热进行，同时在溶液中还可加入 0.5% 的纸浆或 0.8%～2.0% 的硅藻土作助滤剂。压滤后可再用适当的高速离心分离设备作增泽过滤，这样得到的果胶液清亮透明，含 0.5%～1.5% 的果胶。

（4）浓缩与液体果胶 果胶浸提液不能在高温下进行浓缩，因高温使果胶发生降解，严重影响产品质量，果胶浸提液须采用低温真空浓缩。真空浓缩时不能采用普通真空锅。因果胶液黏度大，会滞留在加热面上，影响蒸发过程。采用真空浓缩设备进行果胶液浓缩时，产生的大量泡沫也会随蒸汽一起被抽往真空系统。通过试验证明，刮板式薄膜蒸发器比较适合于浓缩果胶液。用这种设备，物料受热温度低，时间短，真空度为 660mmHg 时，蒸发温度 45～50℃，并可连续操作。为了节省果胶沉淀的酒精用量，果胶液浓缩程度越大越好。但浓度过大的果胶浓缩液在进行酒精沉淀处理时，会产生"包心"的团块（外层为凝固的果胶，内层仍未完全凝固），从而使部分糖类杂质残留在果胶沉淀物中，导致果胶品级下降。经验证明，果胶溶液浓度控制在 4% 左右时为宜。经浓缩的果胶液，应尽快冷却至常温。

如果最终产品为液体果胶，可溶性固形物浓度可提高至 5%～12%，并进行胶凝强度标准化处理。有的液体果胶还要调整 pH 值为 2.7～3.6，以控制胶凝时间。

液体果胶通常采用迅速加热至 85℃ 左右以后，装于容器中保存，最好用玻璃、陶瓷等容器，以免生锈或受酸腐蚀。冷果胶装瓶后，于 70℃ 下进行 30min 的巴氏杀菌，也可保存。另外，还可采用添加 0.05%～0.2% 的二氧化硫来保存，或者添加 0.18% 的苹果酸钠、1% 的甲酸或其他防腐剂保存。

液体果胶在贮藏过程中易发生降解作用，故不宜长期存放。如果贮藏温度较高，则果胶降解就更快。贮藏温度在 0℃ 左右比较适宜。

（5）固体果胶的制备 液体果胶接触空气容易腐败变质，因此一般都把液体果胶加工为固体果胶。其优点是，在制备流程的沉淀、洗涤过程中，果胶可得到很好的纯化，从而提高产品的品级，添加于食品中不会带来异味，而且使用方便、可随取随用。但要注意，固体果胶在溶解时要加少量分散剂，如酒精、蔗糖，并以高速搅拌，否则会出现结块现象。如果出现团块，就不易将其溶解。

固体果胶的制备方法可分为两类：一是直接将水分蒸发制备固体果胶（滚筒干燥或喷雾干燥）；二是通过果胶沉淀的处理过程制备（包括有机溶剂：乙醇、丙酮、异丙醇等沉淀法，盐析沉淀和高价离子沉淀法，后两种方法都可用硫酸铝盐）。

迄今为止，商品固体果胶生产主要采用喷雾（真空）干燥法、酒精沉淀法和铝盐沉淀法。

① 喷雾干燥法：果胶浸提液经真空浓缩后，可直接经过喷雾干燥制成果胶。首先，4% 左右的浓果胶液经高压喷入干燥室，瞬时便干燥成细粉落于干燥室底部，然后用螺旋输送器送到包装车间包装。喷雾干燥的关键是瞬间完成，最好采用减压条件，以适当降低干燥温度，确保优良的成品品级。

② 酒精沉淀法：浓缩果胶冷至常温后，在机械搅拌下加入酒精；或者将果胶液以多股细线

状均匀流入酒精中，这样有利于果胶完全沉淀，也便于清洗杂质，提高产品纯度。为节省酒精用量，最终酒精浓度控制在 45%～50%为宜，这时果胶已基本沉淀。沉淀混合物经短时间搅拌后便可进行压滤。接着打散滤饼，再用 95%的酒精脱水，再压滤，打散滤饼，铺成薄层，于 10℃以下进行干燥，水分含量降至 10%以下即可。如果采用真空干燥，温度可低于此。为加速蒸发和干燥均匀，在干燥过程中应经常翻动。干燥后的果胶立即进行研磨、过筛（60 目）及标准化。

采用酒精沉淀法制得的果胶比较纯，但酒精用量大，因此必须考虑酒精回收，节省成本。另外，沉淀、洗涤和脱水等处理过程在密封容器中进行，以防止酒精过多地挥发损失，而且应尽量压滤干。洗涤后也应尽量压去果胶滤饼中的液体，以改善洗涤效果，节省酒精用量。洗涤后的压滤过程压得越尽就越能提高脱水效果。脱水后干燥前的压滤更重要，酒精-水混合液压滤不尽，势必增加干燥过程的负荷，延长干燥时间，进而影响产品质量。

果胶浸提液中含有少量阿拉伯糖、聚半乳糖和木糖等半纤维素，它们不溶于酒精，故果胶沉淀物中含有这些杂质。如果把果胶沉淀物用水溶解后进行第二次酒精沉淀，便能有效地除去这些杂质，可提高胶凝强度 50～100（但增加成本，应从经济角度权衡其利弊）。此外，酒精对果胶的絮凝作用必须借助痕量的电解质，否则果胶不能较快地完全沉淀。所以应在酒精中加入少量盐酸，这样即使是稀果胶液也能使果胶完全沉淀，所得果胶灰分含量也可降低。

③ 铝盐沉淀法：该法所用的盐通常采用硫酸铝。果胶浸提液不必进行浓缩，可直接用来沉淀。铝盐是一种胶质体，它带有与果胶相反的电荷，所以该法属于一种电荷电子中和作用引起的共同沉淀过程。采用铝盐沉淀法所得果胶，分离类型和分离程度与酒精沉淀法不一样。

在搅拌果胶浸提液的同时，慢慢加入一定量一定浓度的硫酸铝溶液，然后继续搅拌，并用氨水调整 pH 值为 3.8～4.2。当 pH 值达到 3.5 左右时，开始生成氢氧化铝。pH 值超过 3.5 时，氢氧化铝即与果胶一起沉淀出来，形成黄绿色坚实的胶凝体。搅拌后放置一会儿，果胶便可完全沉淀。接着用滚筒筛滤去水，并用冷水洗涤除去过多母液。然后进行压滤，并把滤饼粉碎成 3mm 大小的碎粒，用含 10%盐酸的 70%酒精（酸化醇）洗涤氢氧化铝-果胶沉淀碎粒，便可把氢氧化铝转化成氯化铝溶于酒精中，与果胶分离。为了除去酸，先要用 75%碱性酒精洗涤果胶，然后再用中性无水酒精进行洗涤。这样压滤所得的果胶大约含 60%的水分，经干燥至含水量达 7%～10%后便可研磨（粉碎）、过筛与标准化。

采用铝盐沉淀法生产果胶，酒精用量少，但果胶有时呈黄绿色；铝离子也不易全部除掉，从而使果胶灰分含量增加。

第**6**章

含氮化合物的提取与分离

6.1 氨基酸的提取与分离

6.1.1 次级代谢中的氨基酸

6.1.1.1 氨基酸的分子结构

在植物体中，有一类含氮的有机物质，其分子中含有氨基（—NH₂）、亚氨基（—NH）和羧基（—COOH），故称为氨基酸。氨基酸是组成蛋白质的基本单位，其中某些氨基酸是许多生物碱的前体物质。组成蛋白质的氨基酸叫蛋白质氨基酸，共计 20 种，它们都是 α-氨基酸。但是，不是每种蛋白质都由 20 种氨基酸组成，一般只含有 14～18 种氨基酸。游离存在或未组成蛋白质的氨基酸称为非蛋白质氨基酸。氨基酸分子通过羧基与另一分子的氨基脱水缩合而成肽键（或称酰胺键）相连接，由二分子氨基酸缩合而成的称二肽，由三分子缩合而成的称三肽，如此类推而称四肽、五肽乃至多肽。从自然界分离出来的游离氨基酸已达 300 多种，有 α，β，γ 三类氨基酸，其中苯丙氨酸、酪氨酸、色氨酸、邻氨基苯甲酸、鸟氨酸、赖氨酸、组氨酸等（其结构式见图 6-1）是合成生物碱的重要前体物质。

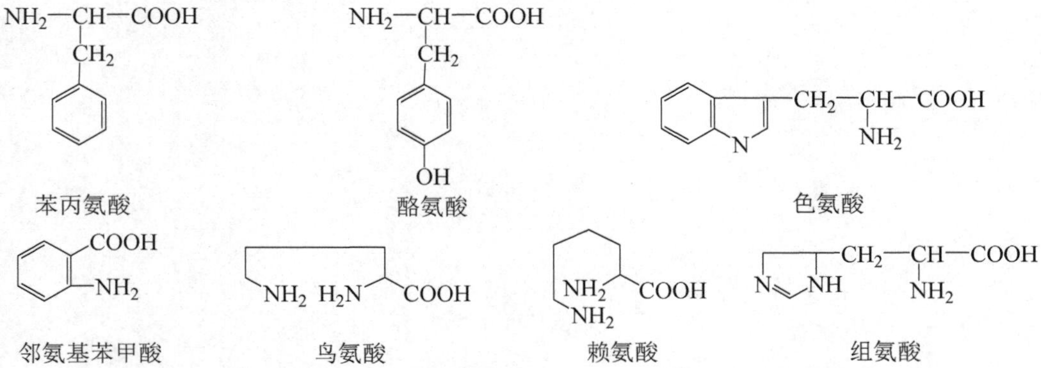

图 6-1　作为生物碱合成前体的 7 种氨基酸的分子结构

所有植物体都含有氨基酸，其中不少是药用活性成分。例如，藻类植物海人草中的驱蛔虫成分海人草酸；种子植物使君子种仁中的驱蛔虫成分使君子氨酸；南瓜种子驱虫成分南瓜子氨酸；桑寄生、商陆、蔓荆子含有的 γ-氨基丁酸，有降压、降血脂作用；豆科植物藜豆属含有左旋多巴，有治疗帕金森病的功效（图 6-2）。

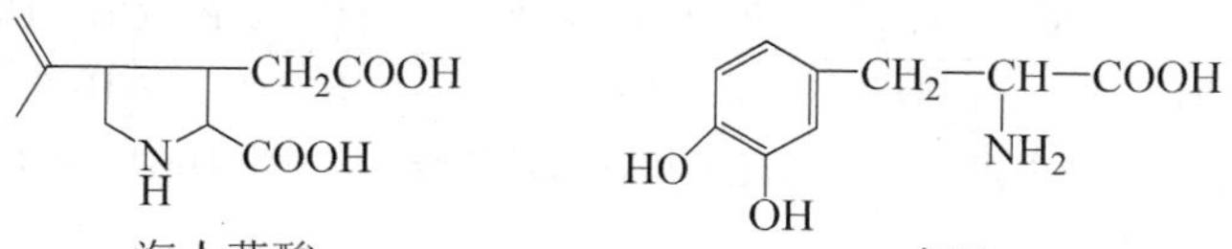

海人草酸　　　　　　　　多巴

图 6-2　海人草酸和多巴的分子结构

氨基酸在医药上可作为复合氨基酸制剂的原料。此外，纯品的氨基酸还有下列疗效：L-赖氨酸、L-谷氨酸、S-甲基蛋氨酸等，用于抗溃疡；精氨酸可用于治疗肝性脑病；ε-氨基己酸是一种止血药；β-酪氨酸可治疗脑障碍和癫痫；5-羟基色氨酸可用于抗放射线；α-次甲基环丙基甘氨酸（荔枝核）具有降血糖作用；昆布（海带）氨酸有降压作用。

6.1.1.2　氨基酸的性质与检测

① 氨基酸多为无色结晶，大多易溶于水，难溶于有机溶剂。

② 除了甘氨酸外，所有 α-氨基酸的 α-碳原子都是手性碳原子，故氨基酸多有旋光性和旋光异构现象。

③ 两性电离和等电点。氨基酸分子中既有碱性氨基，又有酸性羧基，所以它是两性化合物，既能与酸作用成铵盐，又能与碱作用成羧酸盐。同时分子内的氨基和羧基又可相互作用，生成分子内盐。内盐分子中既有阴离子部分，又有阳离子部分，所以又叫两性离子或偶极离子。氨基酸的这种偶极离子结构，是其低挥发度、高熔点、难溶于有机溶剂的原因。

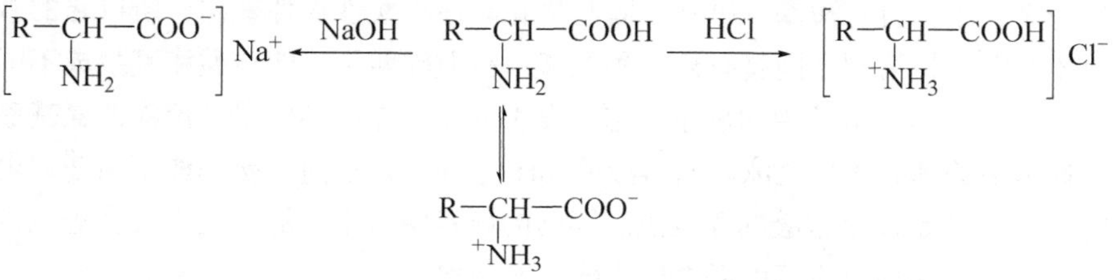

$$\left[\begin{array}{c} R-CH-COO^- \\ \quad | \\ NH_2 \end{array}\right] Na^+ \xleftarrow{NaOH} \begin{array}{c} R-CH-COOH \\ \quad | \\ NH_2 \end{array} \xrightarrow{HCl} \left[\begin{array}{c} R-CH-COOH \\ \quad | \\ {}^+NH_3 \end{array}\right] Cl^-$$

$$\begin{array}{c} R-CH-COO^- \\ \quad | \\ {}^+NH_3 \end{array}$$

分子内盐 (偶极离子)

由于氨基酸是两性化合物，在水溶液中具有两性电解质的性质，当溶液的 pH 值变化时，其离子状态也发生变化。酸性溶液中的氨基酸呈阳离子状态，在电场中向阴极移动；碱性溶液中的氨基酸呈阴离子状态，在电场中向阳极移动。当溶液的 pH 值达到某一定值时，氨基酸中阴、阳离子解离的趋向相当，故其在电场中不向任何电极移动，此时的 pH 值就是该氨基酸的等电点。每种氨基酸有自己特定的等电点，酸性氨基酸的等电点 pH 为 2.8～3.2（pH<4）；碱性氨基酸的等电点 pH 为 9.6～10.8（pH>9）；中性氨基酸的等电点，pH 为 5.6～6.3（pH<7）。可见氨基酸的等电点并不是指该溶液的 pH 为中性。等电点是氨基酸的一个重要物理常数，当物质处于其等电点时，氨基酸偶极离子浓度最大，溶解度最小，最易从溶液中析出。可利用这种性质采用电泳法分离氨基酸；也可用调节等电点的方法，对氨基酸进行分离和纯化。

$$R-\underset{\underset{\displaystyle NH_2}{|}}{CH}-COOH$$

$$\overset{+}{\underset{\underset{\displaystyle NH_2}{|}}{R-CH}}-COO^- \quad \underset{H^+}{\overset{OH^-}{\rightleftharpoons}} \quad R-\underset{\underset{\displaystyle NH_2}{|}}{CH}-COO^- \quad \underset{OH^-}{\overset{H^+}{\rightleftharpoons}} \quad R-\underset{\underset{\displaystyle \overset{+}{N}H_3}{|}}{CH}-COOH$$

阳极　溶液pH>等电点　　　　等离子状态的氨基酸　　　　溶液pH<等电点　阴极

④ 氨基酸在适宜条件下，几乎能进行有机胺类和有机酸类的全部反应。

⑤ 氨基酸可与重金属离子，如铜离子、银离子、汞离子形成不溶于水的稳定络合反应。利用这一性质，可进行氨基酸的鉴别和分离。

$$2R-\underset{\underset{\displaystyle NH_2}{|}}{CH}-COOH \xrightarrow{CuCl_2} R-\underset{\underset{\displaystyle COO}{|}}{CH}-NH_2 \quad H_2N-\underset{\underset{\displaystyle OOC}{|}}{CH}-R \; + HCl$$

铜盐络合物 (蓝色结晶)

⑥ 氨基酸的检测。茚三酮试验：氨基酸与茚三酮试剂作用后，于100℃加热数分钟，呈现紫色；若呈现黄色，则为脯氨酸或海人草氨酸。该反应生成蓝紫色化合物。

吲哚醌试验：用1%吲哚醌乙醇溶液与不同氨基酸反应，产生不同的颜色。如与亮氨酸产生红色，与脯氨酸产生蓝色，与苏氨酸产生棕色等。

6.1.2　氨基酸的提取分离工艺

6.1.2.1　氨基酸的工艺特性

氨基酸分子较小，且有羧基、氨基，同时具有碱性和酸性极性基团，所以它的极性较大，能溶于水，不溶于有机溶剂。因具有羧基和氨基，有酸碱两性，能与酸和碱生成不同的盐。当溶液的 pH 发生变化时，溶液中的离子状态也发生变化。在电场中酸性溶液的氨基酸则向阴极电泳，而碱性溶液的则向阳极电泳，当溶液的 pH 达到一定值时，氨基酸不向任何电极移动，此时溶液的 pH 值就是该氨基酸的等电点。不同的氨基酸有不同的等电点，在等电点时氨基酸的溶解度最低，根据这种性质可以用电泳法分离氨基酸。

氨基酸在适当的条件下，能与有机胺或有机酸反应。与一般的酸和碱可生成稳定的盐，但与重金属如铜、银、汞等生成的络合物不溶于水，也可利用这种性质分离氨基酸。

6.1.2.2　氨基酸的浸出

根据氨基酸易溶于水，难溶于有机溶剂的特性，中草药中的氨基酸一般采用以下方法浸出。

① 水浸出法：将中草药以粉碎机粉碎，装入逆流浸出罐组中。用水作浸出溶剂，在搅拌条件下，加热逆流浸出。

② 稀乙醇浸出法：将生药粉末装入逆流渗滤浸出罐组中。以 70%乙醇进行渗滤浸出，先浸出的溶液浓度较大，后浸出的溶液浓度较低。采用逆流渗滤浸出时，把出液系数控制在 5 以下，可以得到较好的浸出效果。

6.1.2.3　氨基酸的分离

水浸出液或稀乙醇浸出液减压浓缩后的溶液往往含有几种或十几种氨基酸，这样所得的总氨基酸必须进行分离纯化。常用纯化方法介绍如下。

① 离子交换法：这是分离氨基酸的常用方法，可直接将水或稀乙醇提取物通过装有离子交换树脂的交换柱，带正电荷的氨基酸与树脂上的—HSO_3作用。由于氨基酸带的正电荷随溶液pH发生变化。同一氨基酸在不同pH的缓冲溶液中和不同氨基酸在同一pH的环境中，所带的正电荷各不相同，与磺酸基吸附的强弱也不同。可以借助这种差别，使氨基酸互相分离。

② 成盐分离法：利用酸性氨基酸与某些金属化合物，如氢氧化钡、氢氧化钙生成难溶性盐，或碱性氨基酸与一般酸成盐而与其他氨基酸分离，如南瓜子中的南瓜子氨基酸是通过与过氯酸成结晶性盐而析出的。

③ 晶析法：利用不同氨基酸等电点不同，进行晶析结晶分离。例如含有亮氨酸、异亮氨酸和缬氨酸的溶液，当其pH值为1.5～2.0时，浓缩先晶析出亮氨酸，其母液加盐酸后再浓缩晶析出异亮氨酸，最后母液中回收缬氨酸。

6.1.3　氨基酸提取实例：棉籽饼粕中苯丙氨酸、酪氨酸、谷氨酸提取

6.1.3.1　苯丙氨酸、酪氨酸提取

（1）水解　取棉籽蛋白10kg，置搪玻璃反应罐内，加6mol/L盐酸30L，搅匀，蒸汽加热，蒸气压1.2kg/cm²，6h后停止加热。

（2）过滤与稀释　水解液减压过滤，滤液稀释为上柱液。

（3）上柱　玻璃柱（ϕ60mm×1200mm）二支，分别装入颗粒活性炭1.4L、1L，活化。

（4）解吸　串联两支柱，水洗，再用1mol/L氨水洗脱，分部收集，合并含酪氨酸部分。再以乙醇洗脱，分部收集，至苯丙氨酸转阴，合并含苯丙氨酸洗脱液。

（5）浓缩结晶

① 酪氨酸。含酪氨酸洗脱液薄膜浓缩至出现大量结晶后，过滤，水洗滤饼，滤饼于80℃以下干燥，得粗品。

② 苯丙氨酸。含苯丙氨酸洗脱液减压浓缩，回收乙醇，至出现大量结晶，过滤，用乙醇洗滤饼，滤饼于80℃以下干燥，得粗品。

（6）重结晶

① 酪氨酸。粗品以水为溶液重结晶，80℃以下干燥，得成品。纸色谱检查，送检。

② 苯丙氨酸。粗品以水溶液重结晶，80℃以下干燥，得成品。纸色谱检查，送检。

6.1.3.2　谷氨酸的提取

（1）脱酸

① 柱的组装。玻璃柱（ϕ60mm×1200mm）2支，常规处理后，用活性炭和330阴离子交换树脂分别装柱，每支装1.25L。

② 过柱脱酸。将活性炭柱流出液自柱下端流出，然后自上而下通过树脂柱，至流出液pH值1.5～2.0后，用适量水洗柱，合并水洗液。

（2）浓缩　减压浓缩流出液。

（3）等电点沉淀　用氢氧化钠溶液调浓缩液至pH值3.22，冷置24h，过滤，得谷氨酸粗品

及母液。

（4）重结晶　粗品加适量蒸馏水，加热至 65～70℃，按粗品质量的 5%加入活性炭，搅拌，保温 0.5h，趁热过滤，滤液冷置 2 日，间或搅拌，过滤，冷蒸馏水洗滤饼至无氯离子，80℃以下干燥，即得成品。纸色谱检查。

6.2　蛋白质的提取与分离

6.2.1　蛋白质的结构及开发前景

6.2.1.1　蛋白质的分子结构

蛋白质是由 20 种氨基酸构成的高分子化合物，但是每种蛋白质所含氨基酸种类往往不足 20 种，而且每种蛋白质所含氨基酸种类、数量及排列顺序各不相同，因此蛋白质表现为多种多样的性质，这是生物多样性的基础。组成蛋白质的常见氨基酸见表 6-1。蛋白质分子中，氨基酸以肽键相互连接，形成多肽的长链，然后盘绕折叠，成为有复杂空间构型的大分子。

表 6-1　组成蛋白质的常见氨基酸

R—CH(NH₂)—COOH	
类别	代表氨基酸
一元氨基一羧酸类	甘氨酸　R=—H 丙氨酸　R=—CH₃ 丝氨酸　R=—CH₂OH 半胱氨酸　R=—CH₂—SH 磺丙氨酸　R=—CH₂—SO₃H 苯丙氨酸　R=—CH₂ 酪氨酸　R=—CH₂—OH 亮氨酸　R=—CH₂—CH（CH₃ CH₃）
一元氨基二羧酸类	天冬氨酸　R=—CH₂—COOH 谷氨酸（麸氨酸）　R=—CH₂—CH₂—COOH 羟基谷氨酸　R=—CH—CH₂—COOH（OH）
二元氨基一羧酸类	色氨酸　R=（吲哚环）—CH₂— 组氨酸　R=（咪唑环）—CH₂— α-氨基丁酸　R=CH₂—CH₃ 酥（苏）氨酸　R=—CH（CH₃ OH） 蛋氨酸　R=—CH₂—CH₂—S—CH₃ 正缬氨酸　R=—CH₂—CH₂—CH₃ 缬氨酸　R=—CH（CH₃ CH₃） 异亮氨酸　R=—CH—CH₂—CH₃（CH₃） α,γ-二氨基丁酸　R=—CH₂—CH₂—NH

R—CH(NH₂)—COOH	
类别	代表氨基酸
二元氨基一羧酸类	鸟氨酸 R=—CH₂—CH₂—CH₂—NH₂ 精氨酸 R=—CH₂—CH₂—CH₂—NH—C—NH₂ (上有NH) 赖氨酸 R=—CH₂（CH₂）₃—NH₂
吡咯衍生物类	脯氨酸 羟基脯氨酸

蛋白质由各种 α-氨基酸组成，其分子量在 5000 到几百万。分子中除含有氨基酸连接外，往往还与磷、镁、锰、锌等元素结合。蛋白质是生物细胞原生质的重要成分，在人体营养中居重要地位，参与体内物质代谢调节，并可为人体提供热量。体内多种物质的运输、遗传信息的传递等主要过程，均与蛋白质有密切关系。作为药物使用的蛋白质，目前主要有以下几种。

① 天花粉蛋白。用于中期引产，并用于治疗恶性葡萄胎和绒毛膜癌。

② 蓖麻毒素。对艾氏腹水癌及皮肤癌有治疗作用。

③ 人参抗酸酯介质 P（Ⅱ）。为 14 个氨基酸组成的多肽，具有抑制脂肪细胞肾上腺诱导的脂介活性。

④ 商陆抗病毒蛋白（PAP）。是一种治疗艾滋病新药的原料药，这种新药的疗效比目前治疗该病的药物高 100～1000 倍，美国和南非已批准进行临床试验。PAP 对动、植物病毒具有广谱抗性，其作用机制是使核糖体失活，从而抑制病毒的复制，以达治愈目的。因此，PAP 除用作治疗艾滋病新药的原料药，还可考虑开发用于由病毒引起的其他病症的新药，前景十分广阔。

6.2.1.2 蛋白质性质的利用

由于蛋白质分子中肽键连接的尽头存在自由羧基和氨基，所以蛋白质具有氨基酸一样的性质，如两性性质和等电点性质等，能与离子结合形成不溶性盐，也能与重金属（如 Hg、Cu、Ag 等）作用生成沉淀。当煮沸蛋白质的水溶液或与强酸或强碱作用时，蛋白质凝固成块而不溶于水，沉淀是不可逆的，称之为蛋白质变性作用。蛋白质水溶液中加入乙醇、高浓度中性盐，也可使蛋白质沉淀，但此沉淀复性后可溶于水，说明上述过程是可逆的，称之为盐析作用。蛋白质在电场中具迁移性。在一定 pH 值的溶液中每种蛋白质有一定的溶解度。在中草药水浸液中，有时需要提取某种蛋白质或酶，有时又需要除去其中的蛋白质和酶，这时就可利用蛋白质的沉淀反应、盐析作用、变性和特有的溶解度等特性，达到提取或除去的目的。

6.2.1.3 蛋白质的开发前景

蛋白质资源丰富，植物中普遍含有，特别是植物的叶片、种子和储藏器官（块根、根茎等地下部分）含量丰富。近年来，人们对叶蛋白越来越有兴趣。绿叶资源丰富，含有粗蛋白 50%～63%，赖氨酸含量也很高，可消化率达 80%左右，此外还有胡萝卜素、叶黄素、维生素 E、维生素 K、矿物质等，营养十分丰富。叶蛋白提取技术简单，产品经济效益高。叶蛋白提取物可作食品添加剂，提高其营养价值，或者作为饲料。提取叶蛋白的饼渣也可作饲料，"乳清"（滤液）可以肥田，实现综合利用。

6.2.2 蛋白质提取工艺特性

6.2.2.1 不同结构的蛋白质及其溶解性质

蛋白质按其功能可分为活性蛋白和非活性蛋白两类，按结构又可分为简单蛋白和结构蛋白两类；根据蛋白质的溶解度差别可分为水溶性蛋白、醇溶性蛋白等。还有一类蛋白不溶于水、稀酸、稀碱和有机溶剂，遇强酸、强碱水解。各类蛋白质的溶解性质见表 6-2。

表 6-2 不同结构的蛋白质及其溶解性质

蛋白质类别	溶解性质
简单蛋白质	
1. 白蛋白	溶于水及稀盐、稀酸、稀碱溶液，可被 50%饱和度硫酸铵析出
2. 球蛋白	
真球蛋白	一般在等电点不溶于水，但加入少量的盐、碱则可溶解
拟球蛋白	溶于水，可为 50%饱和度硫酸铵析出
3. 醇溶蛋白	溶于 70%~80%乙醇中，但不溶于水及无水乙醇
4. 谷蛋白	在等电点不溶于水，也不溶于稀盐酸，易溶于稀酸、稀碱溶液
5. 精蛋白	溶于水和稀酸，易在稀氨水中沉淀
6. 组蛋白	溶于水和稀酸，易在稀氨水中沉淀
硬蛋白质	不溶于水，盐，稀酸，稀碱
结合蛋白质 （包括磷蛋白，黏蛋白，糖蛋白，核蛋白，脂蛋白，血红蛋白，金属蛋白，黄素蛋白等）	此类蛋白质溶解度性质随蛋白质与非蛋白结合部分的不同而异，除脂蛋白外，一般可溶于稀酸、稀碱及盐溶液中，脂蛋白如脂质部分露于外，则脂溶性占优势；如脂质部分被包围于分子之中，则水溶性占优势

根据表 6-2 所列各类蛋白质的溶解性质，可以看出大部分蛋白质可溶于水、稀盐、稀碱或稀酸溶液，少数与脂类结合的蛋白质则溶于乙醇、丙酮、丁醇等有机溶剂。蛋白质在不同溶剂中的溶解度差异，主要取决于蛋白质分子中极性基团与非极性基团的比例和这些基团的排列位置及偶极矩，因此采用不同溶剂和调整影响蛋白质溶解度的外界因素如温度、pH、离子强度等，可把所需的蛋白质和酶从细胞复杂的组分中提取分离出来。

6.2.2.2 蛋白质的一般提取方法

（1）水溶液提取 凡能溶于水、稀盐、稀酸或稀碱的蛋白质或酶，一般都可用稀盐溶液或缓冲溶液进行提取。稀盐溶液有利于稳定蛋白质结构和增加蛋白质溶解度。提取液用量要适当，加入量太少提取不完全，加入量太多，则不利于浓缩，一般用量为原材料 3~6 倍体积，可一次提取或分次提取。提取时常缓慢搅拌，以提高提取效率。以盐溶液或缓冲液提取蛋白质和酶时，常综合考虑下列因素。

① 盐浓度：提取蛋白质的盐溶液浓度，一般在 0.02~0.2mol/L 的范围内。常用稀溶液和缓冲液有 0.02~0.05mol/L 磷酸缓冲液，0.09~0.15mol/L 氯化钠溶液。在某些情况下，也用到较高的盐浓度，如提取脱氧核糖核蛋白及膜蛋白。有时为了螯合某些金属离子和解离酶分子与其他分子的静电结合，选用柠檬酸缓冲液和焦磷酸钠缓冲液可获得较好效果。稀盐溶液和缓冲溶液的浓度及缓冲液的组分的选择，应根据不同对象及具体情况而定。有时为了破坏蛋白质与其他物质的离子键或氢键，可加入少量多价阴离子，也有助于对这些蛋白质的提取分离。总的来

说，能溶于水溶液而与细胞颗粒结合较松的蛋白质或酶，在细胞破碎以后，只要选择适当的盐浓度和 pH 值，一般是不难提取的。

② pH 值：蛋白质和酶所用的提取液 pH 值一般选择在被提取的蛋白质等电点两侧的稳定区内。如细胞色素丙是一种碱性蛋白质，常用稀酸提取。肌肉甘油醛-3-磷酸脱氢酶是一种酸性蛋白质，则用稀碱提取。植物组织中的一些酸性或碱性蛋白质常分别用 0.1%～0.2%的氢氧化钾或 1%碳酸钠溶液提取。在某些情况下，为了破坏所分离的蛋白质与其他杂质的静电结合，选择偏酸性（pH=3～6）或偏碱性溶液（pH=10～11）提取，可以使离子键破坏而获得单一的蛋白成分。

③ 温度：蛋白质和酶一般都不耐热，所以提取时通常要求低温操作。只有某些耐高温的蛋白质或酶（如胃蛋白酶、酵母醇脱氢酶及某些多肽激素）才在比较高的温度下提取，有利于和其他不耐热蛋白质的分离。

（2）有机溶剂提取　一些和脂质结合比较牢固或分子中非极性侧链较多的蛋白质和酶，难溶于水、稀盐、稀酸和稀碱，常用有机溶剂提取，如丙酮、异丙醇、乙醇、正丁醇等，这些溶剂都同时有亲脂性和亲水性。其中正丁醇有较强的亲脂性，也有一定亲水性，在 0℃时于水中有 10.5%的溶解度，它在水和脂分子间起着类似去污剂的作用，使原来蛋白质在水中溶解度大大增加。丁醇在水溶液及各种生物材料中解离脂蛋白的能力极强，是其他有机溶剂所不及的。

我国生化工作者曾用此法成功提取了琥珀酸脱氢酶，对于碱性磷酸酯酶的提取效果也十分显著。有些蛋白质和酶既能溶于稀酸、稀碱，又能溶于一定比例的有机溶剂。在这种情况下，采用稀的有机溶剂提取可防止水解酶的破坏，并兼有除杂和提高纯化效果的作用。比如胰岛素可溶于稀酸、稀碱和稀醇溶液，但针对组织中共存的糜蛋白酶对胰岛素有极高的水解活性，采用 68%酒精溶液并用草酸调至 pH=2.5～3.0，这样便能在三方面抑制糜蛋白酶的活性：①68%酒精可以使糜蛋白酶暂时失活；②草酸可以除去激活糜蛋白酶的金属离子 Ca^{2+}；③选用糜蛋白酶不适宜作用的 pH 值是 2.5～3.0。而以上条件对胰岛素的溶解度和稳定性并没有影响，并可以除去一部分在稀醇及酸性溶液中不溶解的杂蛋白。当然胰岛素的提取目前已有新的进展，但上述设计仍是十分合理的。又如提取促肾上腺皮质激素（ACTH）常用 70%酸性丙酮，其原理是酸可促进 ACTH 的溶解，而 70%丙酮对 ACTH 的溶解度没有影响，却可大幅度地抑制其他杂蛋白的溶出，对增强分离纯化的效果极为显著。

（3）从细胞膜上提取水溶性蛋白质和酶的方法　膜上的蛋白质或酶一般有两种存在状态，一是在膜表面上，与膜成分联系比较松；二是膜的内在成分之一，或与膜成分结合较紧。蛋白质与膜成分的结合可通过脂质形成复合物，也可通过金属离子与膜成分结合，或与膜的其他蛋白质形成复合物。与膜成分结合较松的蛋白质或酶，经过充分破碎细胞，在一定 pH 范围用稀盐溶液即可提取分离。如线粒体上的细胞色素 c，是与细胞膜结合较松的一个酶，用 pH=4.0 的酸或等渗 KCl 溶液破坏其与膜成分的静电引力，线粒体上的细胞色素 c 即解离转移到提取液中。但一些与膜成分结合较牢或属于膜组成的蛋白质，提取则比较困难，须用超声波、去污剂或其他比较强烈的化学处理，才能从膜上分离出来。一般常用方法有如下几种。

① 浓盐或尿素等溶液提取：如 $NaClO_4$、尿素、胍盐等溶液均可用于提取膜蛋白，当以上溶液浓度达到 2mol/L 时，可抽去 27%以上的膜蛋白，但这种条件易引起蛋白质和酶的变性。

② 碱溶液提取：碱性条件也可以解离与膜上成分结合的蛋白质。在 pH=8～10 范围内，某些膜蛋白随着 pH 值的提高而溶解度大大增加，至 pH 为 11 时，有 40%～50%的膜蛋白被抽出，但碱提取法也容易引起蛋白质和酶的失活，应用上不广。

③ 加入金属螯合剂：蛋白质通过金属离子与膜成分结合时，加入金属螯合剂如 EDTA 可使蛋白质释放出来。用此法曾成功提取了膜上 ATP 酶的偶联因子 I。EDTA 与超声波联合处理抽提膜上磷酰转移酶，据报道效果较好。

④ 有机溶剂抽提：使用乙醇、吡啶、叔戊醇、正丁醇等溶剂抽提及用冷丙酮做成丙酮粉，是提取膜上与脂质结合的脂蛋白或膜内脂蛋白组分最常用也较有效的方法，其中叔戊醇及正丁醇用于膜内脂蛋白效果尤佳。前已提到正丁醇可在广泛的 pH 值(pH=3～10)和温度范围内(–2～+40℃) 使用。用有机溶剂结合其他方法已成功地提取了多种膜上蛋白质和酶，如 NADH 脱氢酶、琥珀酸脱氢酶、细胞色素氧化酶、碱性磷酸酯酶、胆碱酯酶等。

⑤ 去垢剂处理：去垢剂处理是目前广泛应用于提取膜上水溶性蛋白和脂蛋白的方法，常用的去垢剂有弱离子型去垢剂脱氧胆酸盐、胆酸盐，强离子型去垢剂十二烷基磺酸钠（SDS），以及非离子型去垢剂 Triton X-100、Tween、Lubrol 和 Brij 等。去垢剂处理膜蛋白时的浓度通常为 1%左右，用此法提取的膜蛋白和酶有细胞色素 B_5、胆碱酯酶、细胞色素氧化酶、NADH 脱氢酶、ADP/ATP 载体蛋白等。Klingenberg 认为用去垢剂分离膜蛋白时，选择去垢剂应考虑：a. 去垢剂的溶解能力；b. 去垢剂的温和性。强离子型去垢剂（如 SDS）一般具有很好溶解能力，但容易引起蛋白质变性。弱离子型或非离子型去垢剂对蛋白质变性影响较小，但溶解能力差。去垢剂的溶解能力与溶液的离子强度大小有关。一般来说，离子强度增加，去垢剂的溶解能力也随之增大。所以使用去垢剂溶解膜蛋白时，须考虑各种条件。根据 Klingenberg 等的经验，分离线粒体膜 ADP/ATP 载体蛋白，选用 Triton X-100 比用 Lubrol、Brij 和 Aminoxide 等去垢剂效果更好，所得 ADP/ATP 载体蛋白具有较高天然活性。但主要缺点是 Triton X-100 在 280nm 处有强的紫外吸收，干扰用紫外法测定蛋白质的含量。

脱氧胆酸盐和胆酸盐也常用于提取细胞色素系统的酶和线粒体膜上的 ATP 酶，最近我国尤美莲等比较了 Triton X-100 胆酸盐和脱氧胆酸-胆酸盐对猪心线粒体内膜 H^+-ATP 酶复合体的分离效果，结果表明，Triton X-100 胆酸盐法操作简便、产率高、重复性好，而脱氧胆酸-胆酸盐法，操作较烦琐，脱氧酸对酶活性影响较大。另有报道使用去垢剂，再加上温和条件的超声波处理使细胞结构松散，可提高膜蛋白的提取率。

⑥ 加入脂酶或磷酸酯酶水解蛋白质-脂质复合物，也是一个有用的方法：其中蛇毒中提取的磷酸酯酶 A 主要作用于磷脂，最适 pH 为 6～8。从胰脏中提取的酯酶作用于单甘油酯、二甘油酯、三甘油酯，酶作用最适 pH 为 7～8。酯酶和磷酸酯酶均需要 Ca^{2+}激活。用酶法处理提取的膜蛋白及酶有细胞色素 c、α-磷酸甘油脱氢酶、TPNH-细胞色素 c 还原酶等。

6.2.2.3　蛋白质的纯化

蛋白质从细胞内提取出来后，仍十分混杂，必须进一步纯化。但经过提取除去了大量与制备性质差别较大的杂质，只剩下物理性质类似的物质。因此，经过有选择性地提取这一步骤，对以后纯化工作创造了十分有利的条件。蛋白质和酶溶剂提取后进一步分离纯化的常用方法有如下几种：

① 选择性变性除杂质；

② 分段盐析及有机溶剂沉淀；

③ 吸附色谱分离；

④ 多糖基离子交换色谱分离；

⑤ 凝胶过滤分离；

⑥ 亲和色谱分离；

⑦ 制备超离心分离；

⑧ 其他方法分离纯化以及后期结晶纯化等。

由于各类蛋白质和酶从细胞中提取分离后进一步纯化的方法选择及操作步骤都不相同，很难统一规定。但对于同一类蛋白质，在提取分离上仍有许多共同点。如病毒的提取分离常分为以下三步。

（1）病毒的提取　病毒寄主细胞经过物理或机械方法破碎后，常用中性缓冲液在 4℃左右提取，大多数病毒在这一条件下比较稳定，pH=7.0 的 0.1mol/L 磷酸缓冲液及 pH=6.5 的 0.5mol/L 柠檬酸缓冲液使用较多。在提取中为了消除某些有害物质，还常加入还原剂（亚硫酸钠，巯基乙醇等）以抑制多酚氧化酶活力，或加入一定量 EDTA 除去 Cu^{2+} 使多酚氧化酶不起作用。另加入 EDTA 除去 Ca^{2+} 和 Mg^{2+}，还可以使混在提取液中的核糖体降解以便除去。

（2）净化提取　粗提液中除含有病毒外，还包括大量细胞碎片，各种大分子和颗粒必须除去。常用方法有：3000～10000g 低速离心，除去一些细胞碎片；细胞核、线粒体、叶绿体等大的颗粒，加入皂土、活性炭吸附除去色素及一些非病毒蛋白组分，用有机溶剂如氯仿、丁醇、乙醇等使寄主蛋白质变性，但对含脂质外脂膜的病毒应避免使用，将提取液反复冻融 10～50min，使杂蛋白质变性或凝聚，再通过低速离心除去。

（3）从净化后提取液中进一步纯化病毒　除去了大部分色素和寄主蛋白质、细胞碎片后，常选择如下方法进一步纯化病毒。

① 聚乙二醇（PEG 6000～12000）或硫酸铵沉淀：使用 PEG 6000（浓度为 6%左右，另加 3%的 NaCl）沉淀；植物病毒一般使用硫酸铵（1/3 饱和度）沉淀。

② 差速离心和超离心：差速离心先除去一些与病毒颗粒质量悬殊的组分，然后在 40000～100000 r/min 下离心 1～2h，把病毒沉淀下来，如此反复数次，即得到较纯的病毒。

③ 色谱分离：Sepharose 2B、Sephadex G 200、DEAE 纤维素、CM 纤维素、磷酸钙凝胶等均可用于病毒的纯化，上柱和洗脱与一般蛋白质分离基本相同。如凝集素是一类能使红细胞凝集的蛋白质，广泛分布于植物及部分低等动物、哺乳动物和病毒中，现已查明近千种凝集素，绝大多数与糖分子共价结合。不同凝集素分离一般用生理盐水或缓冲液提取（脂质多的材料需事先脱脂），提取后比较老的工艺流程是硫酸铵分级沉淀（或乙醇分级沉淀）、离子交换色谱分离、分子筛凝胶过滤、超速离心纯化。目前的新工艺主要是采用亲和色谱法，提取后含凝集素的混合液直接上 Sepharose 或 Sephadex 柱，或者通过固定化配体的亲和柱而纯化，配体包括糖蛋白、糖肽、单糖、双糖及其衍生物。

6.2.3　蛋白质提取分离工艺实例：大豆蛋白质的提取分离

（1）大豆浓缩蛋白质制取方法　大豆浓缩蛋白（SPC，soy protein concentrate）主要指以低温脱溶豆粕为原料，通过不同的加工方法，除去低温粕中的可溶性糖分、灰分以及其他可溶性的微量成分，使蛋白质的含量从 45%～50%提高到 70%左右而获得的制品。

大豆浓缩蛋白的制取方法主要有酒精浸提法、稀酸浸提法和热处理 3 种。其中最常用的是酒精水溶液法和稀酸法。这几种方法加工的浓缩蛋白的质量有很大的不同，表 6-3 为用不同制取方法制取的大豆浓缩蛋白质质量比较。

表 6-3　用不同制取方法制取的大豆浓缩蛋白质质量比较

项目	工艺过程		
	酒精浸洗	酸浸洗	湿热处理
NSI/%	5.0	69.0	3.0
1∶10 水分散液 pH 值	6.9	6.6	6.9
蛋白质含量（N 含量的 6.25 倍）	66.0	67.0	70.0
水分含量/%	6.7	5.2	3.1
脂肪含量/%	0.3	0.3	1.2
粗纤维含量/%	3.5	3.4	4.4
灰分含量/%	5.6	4.8	3.7

从表 6-3 可以看出，以酸浸洗制取的浓缩蛋白质的氮溶解指数（NSI）最高，可达 69%；而湿热和酒精处理的蛋白质 NSI 未超过 5%。这说明湿热和酒精处理引起了蛋白质的变性。但以质量分数为 50%～70% 的酒精洗除低温粕中所含的可溶性糖类（如蔗糖、棉籽糖、水苏糖）、可溶性灰分及可溶性微量成分后获得的浓缩蛋白在气味上优于用其他两种方法制取的产品。

稀酸法主要利用蛋白质在 pH 值为 4.3 附近 NSI 最低的特性，洗除了低温粕中的可溶性糖分、可溶性灰分和其他微量成分，并且产品中含较多的水溶性蛋白质。下面就浓缩蛋白的酒精法生产工艺和稀酸法生产工艺做简单介绍。

① 酒精浓缩蛋白质生产工艺。酒精浓缩蛋白质的生产流程见图 6-3。

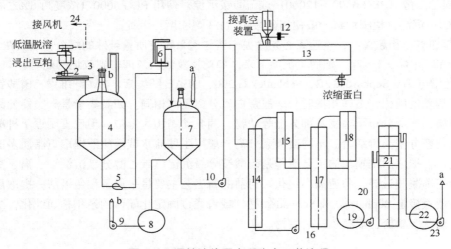

图 6-3　酒精浓缩蛋白质生产工艺流程

1—集料器；2—封闭阀；3—螺旋运输器；4—酒精洗涤罐；5—离心泵；6—管式离心机；7—二次洗涤罐；
8，22—酒精暂存罐；9，16，20，23—酒精泵；10—输液泵；11—暂存罐；12—开板阀；13—真空干燥器；
14—一效酒精蒸发器；15—分离器；17—二效酒精蒸发器；18—分离器；19—浓酒精暂存罐；
21—蒸馏塔；24—吸料风机

首先将低温脱溶豆粕经风机吸入集料器，再经螺旋运输机送入酒精洗涤罐中进行洗涤。洗涤罐有 2 个，内装有摆动式搅拌器，可轮流使用。每次装低温粕的同时按料液比 1∶7 由酒精泵从暂存罐内吸入 60%～65% 的酒精。操作温度 50℃，搅拌 30 min。每个生产周期为 1h。

洗涤过程中，可溶性糖分、灰分及一些微量组分溶解于酒精中。为减少蛋白质损失，选 60%～

65%酒精，因这时的蛋白质 NSI 仅为 9%，低于其他酒精浓度下的损失率。

洗涤后，从罐中将蛋白质淤浆物由泵送入管式超速离心机中进行分离，分离出固形物和酒精溶液。分离出来的酒精要回收再利用，分离出来的酒精糖溶液首先被送入一效酒精蒸发器中进行初步浓缩，再由泵送入二效酒精蒸发器中进一步蒸除酒精，其操作真空度 66.7～73.3kPa，温度 80℃。最后浓缩糖浆由二效酒精蒸发器底部排出，另作它用。从一效、二效酒精蒸发分离器出来的酒精流入浓酒精暂存罐中，通过泵送入温度为 82.5℃酒精蒸馏塔中蒸馏，一方面制取浓酒精，另一方面脱除酒精中的不良气味。

从离心机中分出的浆状物进入二次洗涤罐，以 80%～90%的酒精洗涤。研究报道，用 95%热酒精洗涤，可使蛋白质具有较好气味、氮溶解指数（NSI）和色泽。一次洗涤后泵入内装搅拌器的二次洗涤罐，在温度 70℃的条件下进行二次洗涤 30min。经过两次洗涤后的淤浆物，由泵送入真空干燥器上的暂存罐中，经闸门阀流入卧式真空干燥器进行脱水干燥，脱水时间 60～90min，真空度 77.3kPa，工作温度 80℃。

② 稀酸浓缩蛋白质生产工艺。采用稀酸法生产浓缩蛋白质的方法也有多种，下面简要介绍其中一种。

稀酸浓缩蛋白质生产法的流程见图 6-4，生产时，先将通过 100 目的低温脱溶豆粕粉加入酸洗罐中，加入 10 倍质量的水搅拌均匀后，加入 37%的盐酸，调节 pH 值至 4.5，搅拌 1 h，这时大部分蛋白质沉析，粗纤维形成浆状物。一部分可溶性糖、灰分及低分子蛋白质形成乳清，而浆状物送入碟式离心机中进行液固分离。固态浆状物流入一次水洗罐内，在此连续加水洗涤，然后经泵注入第二部碟式离心机中分离脱水。浆状物流入二次水洗罐中进行二次水洗，然后由泵注入第三部碟式离心机中分离废水，浆状物流入中和罐内，加入适量碱调节 pH 值为中性，再经泵压入干燥塔中，脱水干燥成成品。

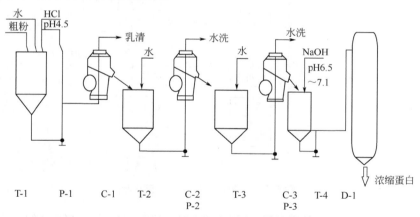

图 6-4 稀酸浓缩蛋白质生产工艺流程

T-1—酸洗罐；T-2—一次水洗罐；T-3—二次水洗罐；T-4—中和罐；C-1—碟式浆液分离机；C-2—一次水洗分离机；

C-3—二次水洗分离机；P-1—浆液输送泵；P-2—浆液输送泵；P-3—浆液输送泵；D-1—干燥塔

以上所有生产设备、管道皆用不锈钢制成。制成的产品可以是酸性浓缩蛋白质液，也可以是加碱中和（pH 值为 6.5～7.1）的中性浓缩蛋白质液。调节浆液温度为 60℃，进行喷雾干燥。

（2）大豆分离蛋白生产技术　大豆分离蛋白（SPI, soy protein isolate）是指除去大豆中的油脂、可溶性及不可溶性糖类、灰分等的可溶性大豆蛋白质。提取过程比较复杂，主要包括浸提、除渣、酸沉、分离、解碎、中和、杀菌及喷雾干燥等工艺。在分离蛋白质的提取工艺中，首先用弱碱溶液浸泡低温脱溶豆粕，使可溶性蛋白质、糖类等溶解出来，利用离心机除去溶液中不能溶解的纤维及残渣。在已经溶解的蛋白质溶液中，加入适量的酸液，调节溶液的 pH 值达到 4.5，使大部分的蛋白质从溶液中沉析出来，这时只有大约 10%的蛋白质仍留在溶液中，这部分溶液称为乳清。乳清中除含有少量蛋白质外，还含有可溶性糖分、灰分以及其他微量成分。然后将用酸沉析出的蛋白质凝聚体进行破碎、水洗，送入中和罐内，加碱中和溶解成溶液状态。将蛋白质溶液调节到合适浓度，由高压泵送入加热器中经闪蒸器快速灭菌后，再送入喷雾干燥塔中脱除水分，制成分离蛋白质。分离蛋白质生产工艺过程见图 6-5。

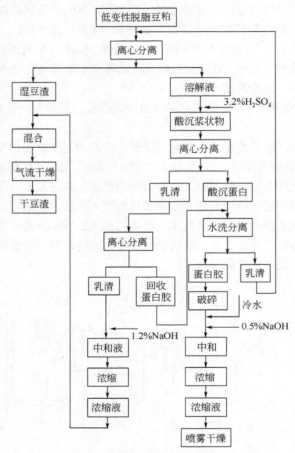

图 6-5　分离蛋白质生产工艺过程

大豆分离蛋白是高度精制的蛋白质，其蛋白质含量一般在 90%以上，蛋白质的分散度在 80%～90%，具有较好的功能性质。因此，大豆分离蛋白作为食品加工助剂有较好的实用价值。

（3）组织蛋白质的制取方法　组织蛋白（structured protein）是指蛋白质经加工成型后其分子发生了重新排列，形成具有同方向组织结构的纤维状蛋白。提取组织蛋白的主要工艺过程包括原料粉碎、加水混合、挤压膨化等工艺。膨化的组织蛋白形同瘦肉又具有咀嚼感，所以又称为膨化蛋白或植物蛋白肉。

由于产品的组织化构造与加工中的热处理，大豆组织蛋白产品有以下特点。

① 蛋白质呈粒状结构，具有多孔性肉样组织，并有优良的保水性与咀嚼感。适用于各种形状的烹饪食品、罐头、灌肠、仿真营养肉、盒式营养餐食品等。

② 经过短时高温、高水分与压力条件下的加工，消除了大豆中所含的胰蛋白酶抑制剂、尿素酶、皂素以及红细胞凝聚素等多种有害物质的生理活性，显著提高了蛋白质的吸收消化能力。由于膨化蛋白质变性强烈，产品的 PDI（蛋白质分数性指数）值在 10%左右，并且必需氨基酸成分也有一定程度的破坏，据测定损失在 5.5%～33%之间。

③ 膨化时，由于出口处减压喷爆，因而易去除大豆制品中产生不良气味的物质。

组织蛋白的生产过程是在挤压膨化机里完成的。物料通过膨化机膛内的机械揉和、挤压和高温、高湿作用，改变了蛋白质分子的组织结构，使其成为一种易被人体消化吸收的食品。

组织蛋白挤压膨化法从设备上分有单螺杆膨化机与双螺杆膨化机。生产时，将低温脱溶豆粕粉投入喂料器，喂料螺旋输入器将原料不断地输入到预调器内。在预调器中加入适量水分、营养物质和调味剂等进行配料。预调好的物料送入混合机进行充分搅拌与混合，形成湿面团。湿面团再被送入膨化机膛内做进一步的挤压、捏合、加热。在膨化机膛内由于挤压产生的高压、高温和高湿环境使蛋白质分子产生变化呈融溶状态，在出口处被排出，并膨胀冷却形成长条状产品。由于外界压力低，蛋白条状物中水分迅速减压蒸发，使产品膨化为多孔状物。该长条状组织蛋白再经切割机切割形成长短不同的颗粒状膨化蛋白产品。

第 7 章
脂类物质及其提取与分离

7.1 脂类物质的分类、性质及应用

脂类是油脂和类脂的总称，包括油脂、蜡、磷脂和糖脂等。油脂是构成植物有机体的基本物质之一，也是生命活动的能量来源。磷脂是细胞膜的重要组成部分。糖脂主要分布于植物绿叶，与光合作用关系密切。蜡是植物体的分泌物，主要起保护作用。

7.1.1 脂类的分类

根据脂类物质中各类化合物结构的简繁，常把脂质分为单纯脂质（指分子中含有甘油和脂肪酸或醇类，以及某些脂肪烃类，简称单脂）和复合脂质（与单脂共存，但分子中含有非脂性物质，如磷酸、蛋白质、糖等），这里只介绍其中有关的几类。

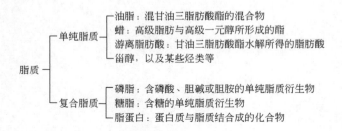

7.1.1.1 油脂

油脂为长链脂肪酸与甘油所形成的酯，植物体中主要含有甘油的三酸酯，在常温下为液体状的称为油，呈脂状或固体的称为脂或脂肪。有的油脂是长链脂肪酸与非甘油（为其他醇类）所形成的酯，如有抗癌活性的薏苡仁酯，是两分子不饱和脂肪酸与 2,3-丁二醇缩合而成的酯。有资料介绍，中、俄两国科学家已将薏苡仁酯研发为治疗乳腺癌的药物。

7.1.1.2 蜡

蜡的成分比较复杂，其中含有高级脂肪烃类，还有一些醛类、醇类、酮类、酸类和脂类，但多数是由长链脂肪酸和高级醇（多为一元醇）缩合成的酯。蜡的主要用途在工业方面，在医

药方面只作治疗的辅助药物。

7.1.1.3 复合脂质

复合脂质也是由长链脂肪酸与甘油所形成的酯，但分子中含有磷、氮等原子，有时还含有糖类。如果分子组成中有磷酸和有机胺类，统称为磷脂，如卵磷脂、脑磷脂等，广泛分布于生物界。如果脂类分子中含有糖，则通称为糖脂，如草酸半乳糖甘油酯等，多存在于绿叶中。

7.1.2 组成油脂的脂肪酸

油脂主要由甘油或其他多元醇与脂肪酸两部分组成。根据脂肪酸在植物中的分布与含量，分为大量脂肪酸、小量脂肪酸和异常脂肪酸三大类。

7.1.2.1 大量脂肪酸

大量脂肪酸是指含量高、分布广的脂肪酸，共有 7 种（表 7-1）。根据统计，这 7 种脂肪酸所形成的酯占世界商品植物油脂的 94%。它们全是直链的，碳原子为偶数，有饱和的也有不饱和的。

表 7-1　大量脂肪酸及其分子结构

世界产量比率/%	普通名称	符号	分子结构
4	月桂酸	12：0	$CH_3-(CH_2)_{10}-COOH$
2	肉豆蔻酸	14：0	$CH_3-(CH_2)_{12}-COOH$
11	棕榈酸	16：0	$CH_3-(CH_2)_{14}-COOH$
4	硬脂酸	18：0	$CH_3-(CH_2)_{16}-COOH$
34	油酸	18：1（9c）	$CH_3-(CH_2)_7-CH=CH-(CH_2)_7-COOH$
34	亚油酸	18：2（9c，12c）	$CH_3-(CH_2)_3-(CH_2-CH=CH)_2-(CH_2)_7-COOH$
5	亚麻油酸	18：3（9c，12c，15c）	$CH_3-(CH_2-CH=CH)_3-(CH_2)_7-COOH$

7.1.2.2 小量脂肪酸

小量脂肪酸是指含量少，或分布不如大量脂肪酸那样普遍的脂肪酸。这类脂肪酸，也有饱和及不饱和的；碳原子多为偶数，也有奇数的。近年，高不饱和脂肪酸作为保健药品开发已形成热点，一些小量脂肪酸名称及符号见表 7-2。

表 7-2　一些小量脂肪酸名称及符号

普通名称	符号	普通名称	符号
乙酸	6：0	棕榈油酸	16：1（9c）
辛酸	8：0	芥酸	22：1（13c）
癸酸	10：0	R-亚麻油酸	18：3（6c，9c，12c）
十七烷酸	17：0	花生四烯酸	20：4（5c，8c，11c，14c）
花生酸	20：0	十六碳三烯酸	16：3（7c，10c，13c）
山萮酸	22：0	十八碳四烯酸	18：4（6c，9c，12c，15c）
二十四烷酸	24：0	二十二碳六烯酸	22：6（4c，7c，10c，13c，16c，19c）

7.1.2.3 异常脂肪酸

异常脂肪酸为另一类型脂肪酸，它们与大量、小量脂肪酸的结构几乎无关，仅发现于少数植物类群中。在这种局限分布类群（科、属、种）中它们也可以是脂肪中的主要脂肪酸。异常是指它们有特殊的取代基，或者在异常位置有不饱和键。由于它们的结构异常、分布间断，因此具有较大的分类学意义。如副大风子酸仅见于大风子科，反式-3-十六碳烯酸仅分布于菊科及紫葳科。一些异常脂肪酸的名称及分子结构见表7-3。

表 7-3　一些异常脂肪酸的名称及分子结构

组别	普通名称	符号	分子结构
非共轭烯酸	反式-3-十六碳烯酸	$16:1$（3t）	$CH_3—(CH_2)_{11}—CH \!=\! CH—CH_2—COOH$
	岩芹酸	$18:1$（6c）	$CH_3—(CH_2)_{10}—CH \!=\! CH—(CH_2)_4—COOH$
共轭烯酸	α-桐酸	$18:3$（9c, 11t, 13t）	$CH_3—(CH_2)_3—(CH \!=\! CH)_2—CH \!=\! CH—(CH_2)_7—COOH$
炔酸	还阳参酸	$18:2$（9c, 12a）	$CH_3—(CH_2)_4—CH \!=\! CH—CH_2—C \!=\! C—(CH_2)_7—COOH$
取代酸	蓖麻酸	$12h\text{-}18:1$（9c）	$CH_3—(CH_2)_5—CH(OH)—CH_2—CH \!=\! CH—(CH_2)_7—COOH$
	斑鸠菊酸	$12,13\text{-epoxy-}16:1$（9c）	$CH_3—(CH_2)_4—CH \underset{O}{\overset{\diagup\!\diagdown}{—}} CH—CH_2—CH \!=\! CH—(CH_2)_7—COOH$
支链酸	梧桐酸	$9,10\text{-亚甲基-}18:1$（9c）	$CH_3—(CH_2)_7—C \!=\! C—(CH_2)_7—COOH$ 下有 CH_2
	副大风子酸	11-（$2'\text{-环戊烯基}$）$\text{-}11:0$	环戊烯 $—(CH_2)_{10}—COOH$
	锦葵酸	$8,9\text{-亚甲基-}17:1$（8）	$CH_3—(CH_2)_7—C \!=\! C—(CH_2)_6—COOH$ 下有 CH_2

注：脂肪酸符号中一些特殊的代号：c 表示顺式构型；t 表示反式构型；a 表示亚乙炔基（$—C \!\equiv\! C—$）；epoxy=环氧。

植物油脂中除脂肪酸的甘油酯外，往往混有其他有机物，如黏蛋白、甾醇、色素、蜡、维生素、磷脂及游离酸等。黏蛋白的存在会影响油脂的品质，引起浑浊，使颜色变暗等，故应除去；甾醇的存在对油脂品质影响不大；油中的色素主要是叶红素、叶黄素及叶绿素等，对食用无碍，但影响外观，可脱色精制。

7.1.3　油脂的提取和理化常数测定

7.1.3.1　油脂的提取

油脂的提取比较方便。含油率高的可用压榨法；含油率低的可用溶剂抽提法，即用石油醚、正己烷、苯、乙醚等有机溶剂回流抽提。冷榨法得到的油脂颜色较浅，热榨法得到的油脂颜色较深。色深的油脂可以用活性白土脱色精制。溶剂法提得的油脂不纯，里面掺有一些脂溶性杂质，需进一步分离与精制。精制的方法多半使用吸附剂，将杂质吸附分离。

7.1.3.2　油脂理化常数测定

油脂理化常数测定项目很多，这里仅介绍以下几项：

① 酸值：中和 1g 油脂样品中游离脂肪酸所需氢氧化钾的质量（mg）。酸值大，说明油脂内游离脂肪酸多，不宜长期储存和运输。

② 皂化值：皂化 1g 油脂样品所需氢氧化钾的质量（mg）。通常从皂化值大小可知油脂的平均分子量。皂化值高时，即表示含低分子量的脂肪酸甘油酯较多，如甘油三丁酸酯皂化值为577.0；甘油三油酸酯则为 190.2。

③ 不皂化物含量：主要指高级醇、甾醇、烃类、色素、脂溶性维生素类含量，它们的溶解性质大致与脂肪相同，但并不与碱发生皂化作用。所以，经皂化后的油脂，再用石油醚提取即可得不皂化物。

④ 碘值：每 100g 油脂样品能够吸收碘的质量（g），它表示油脂的不饱和程度。据此可将油脂分为干性油（碘值为 130～200）、半干性油（碘值为 100～129）、不干性油（碘值为 100 以下）。

⑤ 乙酰值：1g 油脂中含羟基的脂肪酸与乙酸酐反应生成的乙酰化脂肪酸，水解后放出醋酸，用氢氧化钾中和，所消耗氢氧化钾的质量（mg）即为乙酰值。乙酰值表明脂肪酸含羟基的量。

⑥ 硫氰值：100g 油脂样品所能吸收硫氰的量，用碘的质量（g）表示。硫氰与不饱和脂肪酸（一个双键的）加成反应灵敏、完全，但对两个或三个双键的不饱和脂肪酸则不能完全饱和。因此，从油脂的碘值和硫氰值之差可以初步估算出各类脂肪酸的含量。

7.1.4　油脂的利用

7.1.4.1　药用

植物脂类是人类生活的必需品，长期缺乏会引起机能失调，如脱发、皮肤病、白内障、发育迟缓等疾病。油脂中的亚油酸、亚麻油酸、花生四烯酸等是人体必需的脂肪酸，能促进血液中胆固醇的运行和减少其在血管壁上的沉积，是治疗高血压与动脉硬化症的辅助剂。花生四烯酸除对冠心病、高血脂、哮喘、胃溃疡及肿瘤有一定疗效外，还是合成前列腺素的前体。饱和脂肪酸的乙酸、月桂酸、十三烷酸、肉豆蔻酸、十五烷酸等，及不饱和脂肪酸均有不同程度的抗癌活性。支链脂肪酸的结核酸及结核醋酸有抗结核菌作用。蓖麻油中的羟基脂肪酸——蓖麻醇酸具有泻下作用。卵磷脂对节育、降胆固醇、肝病、糖尿病及预防中老年肥胖等有效。甾醇有阻止老年人脂质过氧化物增加、抗衰老等作用。此外，植物油脂是许多药物制剂、软膏剂、乳剂、注射剂及栓剂的基质。

7.1.4.2　工业上的用途

植物油脂还是重要的工业原料，主要用于油漆、制皂、润滑剂和增塑剂等。近年来，由于能源缺乏，一些贫油国家已将植物产品（油脂、乳汁等）代替石油列为开发能源的战略目标之一。经过实验，已证实菜油、花生油、大豆油、米糠油、松油等的挥发性、运动黏度及着火点等物理性质与柴油相近，可以作为农用柴油机的原料。一些大戟科植物的乳汁含有大量的烃类化合物，也是有希望的植物性能源。

由于植物油脂用途广泛、需要量大、经济价值高，因此世界各国都十分重视从植物界扩大寻找油脂资源。

7.1.5　油脂在植物界的分布

7.1.5.1　孢子植物

孢子植物油脂研究不多。据现有资料，藻类植物体含油分占 5%～6%，其孢子含油分占 7%～9%。所含油大多为饱和脂肪酸——棕榈酸和硬脂酸，不饱和脂肪酸有油酸、亚油酸等。

7.1.5.2　真菌

真菌体内含油脂 3%～47%，其孢子含油达 50%。真菌油大多由棕榈酸和硬脂酸组成，还有油酸、亚油酸及少量的亚麻油酸。

7.1.5.3　苔藓类

苔藓类含油脂较贫乏，其孢子中含有油分，分离出多种脂肪酸，如二十碳四烯酸、二十碳五烯酸等。但由于原料来源有限，开发利用价值不大。

7.1.5.4　蕨类植物

蕨类植物的油脂主要储存在孢子里，如石松子含油 50%，水韭含油 33.6%。其油的脂肪酸组成是：多数由棕榈酸、软脂酸、硬脂酸系的饱和脂肪酸组成，并含有少量油酸系的不饱和脂肪酸（在石松里油酸被特有的石松酸代替）和含量更少的亚油酸（3%～4%）。

7.1.5.5　裸子植物

裸子植物所含油脂复杂、高级、多样。其油脂的脂肪酸组成，大多为不饱和脂肪酸。松柏科有大量的油酸、亚油酸，特别是亚麻油酸。裸子植物油的碘值在 16～225 之间。

7.1.5.6　双子叶植物

双子叶植物果实和种子的油脂多样，有固体的、脂状的和液体的。脂肪酸含量也是多样的，从低分子到高分子，从饱和到不饱和以及高度不饱和。有的类群还有许多新的特征性的脂肪酸。双子叶植物油的碘值为 1～216。

7.1.5.7　单子叶植物

单子叶植物里值得注意的是棕榈科，其果实含油量高达 55%～70%，其脂肪酸大多为饱和脂肪酸，还有独特的辛酸、乙酸和癸酸。其他单子叶植物含油较低，所含饱和脂肪酸与不饱和脂肪酸约等量，碘值为 100 左右。

植物类群含油脂的特点，反映在植物的个体发育上（植物从低等到高等其油脂的含量及组成上的逐步复杂化）。那些在地球上出现的类群，往往表现出含油率高和组成复杂多样。这使人们很容易联想起油脂是植物最经济、容积最小、最方便和热量最大的储藏营养物质。它显然是对恶劣条件（寒冷与干旱）适应的表现，这种储藏营养物质保证了植物成活率和类型的完整性。

一般而言，我国南方地区油脂植物种类多，其中木本植物尤其多，含油量高，碘值低；我国北方地区油脂植物种类少，其中草本植物较多，碘值高。

7.2　植物油脂的提取与精制工艺

7.2.1　植物油脂的提取

7.2.1.1　植物油脂的传统提取工艺

传统植物油脂提取工艺主要有压榨法和浸出法两种。

（1）压榨法　压榨法是借助机械外力的作用，将油脂从油料中挤压出来的取油方法。目前是国内植物提取油脂的主要方法。压榨法适应性强，工艺操作简单，生产设备维修方便，生产规模大小灵活，适合各种植物油的提取，同时生产比较安全。按照提油设备来分，压榨法提油有液压机榨油和螺旋机榨油两种。液压榨油机又可以分为立式和卧式两类，目前广泛使用的是立式液压榨油机。压榨法存在出油率低、劳动强度大、生产效率低的缺点，并且由于榨油过程中有生坯蒸炒的工序，豆粕中蛋白质变性严重，油料资源综合利用率低。

（2）浸出法　浸出法是一种较先进的制油方法，它是应用固液萃取的原理，选用某种能够溶解油脂的有机溶剂，经过对油料的接触（浸泡或喷淋），使油料中油脂被萃取出来的一种方法，多采用预榨饼后再浸提。我国采用直接浸出或预压榨浸出工艺的植物油脂每年超过 800 万吨，这些油几乎全部使用的是 6 号溶剂油，其主要成分为六碳的烷烃和环烷烃，沸点在 $60\sim90℃$（发达国家用的工业己烷，沸点在 $66.2\sim68.1℃$）。由于 6 号溶剂油是从石油中提炼的产品，而今石油能源短缺，市场价格居高不下，而且剩余的高沸点溶剂对饼粕食用卫生安全质量有影响，因此人们不得不考虑开发替代溶剂。目前国内已经有人开始以丙烷、丁烷等作为溶剂提取小麦胚芽油的研究，这种方法适合一些特种油脂的分离提取，油脂中有效成分不被破坏，所得的蛋白粕可以用于深加工，有很好的发展前景。还有进行油料生坯挤压膨化后直接进行浸出制油的研究，生坯挤压膨化后，多孔性增加，酶类被钝化，溶剂对料层的渗透比和排泄性都大为改善，浸出速率提高，混合油浓度增大，浸出毛油品质提高，出油率大大提高。国外生坯膨化浸出工艺已广泛应用，我国对这一技术的研究和应用也有较大的进展。浸出法具有出油率高、粕中残油率低、劳动强度低、生产效率高、粕中蛋白质变性程度小、质量较好、容易实现大规模生产和生产自动化等优点。其缺点为浸提出来的毛油含非油物质较多，色泽较深，质量较差，且浸出所用溶剂易燃易爆，而且具有一定的毒性，生产的安全性差以及会造成油脂中溶剂的残留。

7.2.1.2　植物油脂的新型提取工艺

（1）水代法　水代法与普通的压榨法、浸出制油工艺不同，主要是将热水加到经过蒸炒和细磨的原料中，利用油、水不相溶的原理，以水作为溶剂，从油料中把油脂代替出来，故名为水代法。这种提油方法是我国劳动人民从长期的生产实践中创造和发明的。水代法提油的工艺有很多优点：提取的油脂品质好，尤其是以芝麻为原料的小磨香油；提取油脂工艺设备简单，同时能源消耗少；水代法以水作为溶剂，没有燃爆的危险，不会污染环境，并且可同时分离油和蛋白质。但主要缺点为出油率低于传统浸出法，在浸提过程中易污染微生物。

（2）水酶法　水酶法提油是一种较新的油脂与蛋白质分离的方法，它将酶制剂应用于油脂分离，通过对油料细胞壁的机械破碎作用和酶的降解作用提高油脂的提取率。与传统提油工艺相比，水酶法提油工艺具有处理条件温和，工艺简单、能耗低，并且能同时得到优质的植物油脂和纯度高、再利用性强的蛋白质等优点。国外在这方面的研究较早，1983 年 Full-brook 等用蛋白水解酶和对细胞壁有降解作用的酶，从西瓜籽、大豆和菜籽中制取油脂和蛋白质，大豆油回收率可达 90%，菜籽油为 70%～72%；1986 年 Mcglone 等用聚半乳糖醛酸酶、α-淀粉酶和蛋白酶提取椰子油，油脂收率为 74%～80%；1988 年 Sosulski 对 Canola 油料进行酶解预处理后再进行己烷浸出，可明显缩短浸出时间，提高浸出效率；1993 年 Sosulski 等对 Canola 油料先进行酶处理后再进行压榨，未经酶处理的 Canola 压榨出油率仅为 72%，经过酶处理后可达 90%～93%；

1996 年 Cheman 等用纤维素酶、α-淀粉酶、聚半乳糖醛酸酶和蛋白酶对椰子进行水酶法提油，油脂收率为 73.8%。国内王瑛瑶、王璋等进行了水酶法提取花生蛋白质和花生油的研究。这些研究为水酶法应用于同时进行油脂和蛋白质的分离作了理论上和实践上的尝试。

（3）反胶束萃取技术　一般将表面活性剂溶于水中，并使其浓度超过临界胶束浓度（CMC）时会形成聚集体，这种聚集体属于正常胶团；若将表面活性剂溶于非极性的有机溶剂中并使其浓度超过临界胶束浓度，便会形成与上述相反的聚集体，即反胶束，因此反胶束就是指分散于连续有机溶剂介质中的包含有水分子内核的表面活性剂的纳米尺寸的聚集体，也称逆胶束或反胶团。在反胶束中，表面活性剂的非极性尾在外，与非极性的有机溶剂接触，而极性头在内，形成一个极性核。根据相似相溶原理，该极性核具有溶解极性物质的能力，如蛋白质、酶、盐、水等分子。如果极性核溶解了水之后就形成了"水池"，此时反胶束也称为溶胀的反胶束。用反胶束系统萃取分离植物油脂和植物蛋白质的基本工艺过程为，将含油脂和蛋白质的原料溶于反胶束体系，蛋白质增溶于反胶束极性水池内，同时油脂萃取进入有机溶剂中，这一步称为前萃，然后用水相，通过调节离子强度等，使蛋白质转入水相，离心分离，实现反萃。这样将传统工艺的提油得粕再脱溶的复杂冗长流程，改进为直接用反胶束系统分离油脂和蛋白质，工艺过程大为缩短，能耗大为降低。反胶束分离过程中，蛋白质由于受周围水层和极性头的保护，蛋白质不会与有机溶剂接触，从而不会失活。避免了传统方法中蛋白质容易变性的缺点。国内对这方面也做了一些研究：程世贤等用反胶团提取大豆中的蛋白质和豆油，结果表明大豆蛋白质的萃取率最高达 96.9%，豆油的萃取率为 90.5%；陈复生、赵俊庭等用反胶束体系进行了萃取花生蛋白和花生油的研究，得出了用反胶束体系同时萃取植物油脂和植物蛋白是可行的结论，并得出了最佳工艺参数；陈复生等对经反胶束萃取法得到的豆油脂肪酸成分与常用的溶剂萃取法进行了比较。这些研究为反胶束法用于分离植物油脂提供了一定的理论基础。

（4）超临界 CO_2 萃取法　超临界 CO_2 萃取法是利用超临界流体具有的优良溶解性及这种溶解性随温度和压力变化而变化的原理，通过调整流体密度来提取不同物质。超临界 CO_2 萃取植物油脂具有许多优点，如工艺简化，节约能源；萃取温度较低，生物活性的物质受到保护；CO_2 作为萃取溶剂，资源丰富、价格低、无毒、不燃不爆，不污染环境。近三十年来，国外在超临界 CO_2 萃取植物油脂的基础理论研究和应用开发上都取得了一定的进展。对超临界 CO_2 提取大豆油、小麦胚芽油、玉米胚芽油、棉籽油、葵花籽油、红花籽油等都做了系统的研究，制造出容积超过 10000L 的提取装置，并在特种油脂方面已有工业化生产。我国科技界对超临界流体萃取技术也备加关注，国家自然科学基金委员会也对其进行了大力支持，短短几年内，我国在超临界流体萃取的工艺方面进行了大量的研究，并积累了许多有价值的经验。我国对超临界流体萃取的应用研究主要集中在食品、香料、中草药、色素等的精制和提纯，例如：超临界 CO_2 萃取大豆油、小麦胚芽油、玉米胚芽油、棉籽油、葵花籽油、红花籽油、葡萄籽油等种子油脂；超临界 CO_2 萃取薄荷醇、茉莉精油、桂花精油等；超临界 CO_2 萃取砂仁、当归油、银杏黄酮、卵磷脂、丹参、幽醇、大黄酸、番茄红色素、银杏叶花青素等。在提取设备方面，已生产出了 $1\sim1000L$ 的超临界 CO_2 提取装置，但对这些萃取工艺的研究大部分仅集中于小试阶段，真正能工业化的工艺还不够成熟，尚待于进一步研究。

超临界 CO_2 萃取植物油脂存在耐高压设备昂贵、生产成本高、不易操作、批处理量小等不足之处，一定程度上限制了其工业化的生产。但是随着科技的进步和发展，这些问题终究会有一个比较完善的解决方法，作为一种新兴的分离技术，其所具有的选择性高、操作温度低、工艺简单等方面的优势，必将会拥有广阔的应用前景。

（5）超声波处理法　超声波是频率大于20kHz声波，具有波动与能量双重属性，其振动可产生并传递强大能量，使物质中分子产生极大加速度。由于大能量超声波作用，媒质粒子将处于约为其重力 10^4 倍的加速度交替周期波动，波的压缩和稀疏作用使媒质被撕裂，形成很多空穴，这些小空穴瞬间生成、生长、崩溃，会产生高达几千个大气压的瞬时压力，即产生空化现象。空化使界面扩散层上分子扩散加剧，在油脂提取中加快油脂渗出速度，提高出油率。超声波在生物活性物质的提取方面已有广泛应用，在油脂提取方面尚处于探索阶段，国内现已有葵花籽油、猕猴桃籽油、松子油、苦杏仁油超声波提取方面的报道。

7.2.2　植物油脂的精制

7.2.2.1　毛油中的杂质种类

经压榨或浸出法得到的植物油脂一般称为毛油（粗油）。毛油的主要成分是混合脂肪酸甘油三酯，俗称中性油。此外，还含有数量不等的各类非甘油三酯成分，统称为油脂的杂质。油脂的杂质一般分为 5 大类。

（1）机械杂质　机械杂质是指在制油或储存过程中混入油中的泥沙、料坯粉末、饼渣、纤维、草屑及其他固态杂质。这类杂质不溶于油脂，故可以采用过滤、沉降等方法除去。

（2）水分　水分杂质的存在，使油脂颜色较深，产生异味，促进酸败，降低油脂的品质及使用价值，不利于其安全储存，工业上常采用常压或减压加热法除去。

（3）胶溶性杂质　这类杂质以极小的微粒状态分散在油中，与油一起形成胶体溶液，主要包括磷脂、蛋白质、糖类、树脂和黏液质等，其中最主要的是磷脂。磷脂是一类营养价值较高的物质，但混入油中会使油色变深暗、混浊。磷脂遇热（280℃）会焦化发苦，吸收水分，促使油脂酸败，影响油品的质量和利用。胶溶性杂质易受水分、温度及电解质的影响而改变其在油中的存在状态，生产中常采用水化、加入电解质进行酸炼或碱炼的方法将其从油中除去。

（4）脂溶性杂质　主要有游离脂肪酸、色素、甾醇、生育酚、烃类、蜡、酮，还有微量金属和由于环境污染带来的有机磷、汞、多环芳烃、黄曲霉毒素等。油脂中游离脂肪酸的存在，会影响油品的风味和食用价值，促使油脂酸败。生产上常采用碱炼、蒸馏的方法将其从油脂中除去。色素能使油脂带较深的颜色，影响油的外观，可采用吸附脱色的方法将其从油中除去。某些油脂中还含有一些特殊成分，如棉籽油中含棉酚、菜籽油中含芥子苷分解产物等，它们不仅影响油品质量，还危害人体健康，也须在精炼过程中除去。

（5）微量杂质　这类杂质主要包括微量金属、农药、多环芳烃、黄曲霉毒素等，虽然它们在油中的含量极微，但对人体有一定毒性，因此须从油中除去。油脂中的杂质并非对人体都有害，如生育酚和甾醇都是营养价值很高的物质。生育酚是合成生理激素的母体，有延迟人体细胞衰老、保持青春等作用，它还是很好的天然抗氧化剂。甾醇在光的作用下能合成多种维生素D。因此，油脂精炼的目的是根据不同的用途与要求除去油脂中的有害成分，并尽量减少中性油和有益成分的损失。

7.2.2.2　毛油中机械杂质的去除

（1）沉降法　所谓沉降法，就是利用油和杂质之间的密度不同并借助重力将它们自然分开的方法。沉降法所用设备简单，凡能存油的容器均可利用。但这种方法沉降时间长、效率低，生产实践中已很少采用。

（2）过滤法　借助重力、压力、真空或离心力的作用，在一定温度条件下使用滤布过滤的方法统称为过滤法。油能通过滤布而杂质留存在滤布表面，从而达到分离的目的。

（3）离心分离法　凡利用离心力的作用进行过滤分离或沉降分离油渣的方法称为离心分离法，离心分离效果好，生产连续化，处理能力大，而且滤渣中含油少，但设备成本较高。

7.2.2.3　脱胶

脱除粗油中胶体杂质的工艺过程称为脱胶，而粗油中的胶体杂质以磷脂为主，故油厂常将脱胶称为脱磷。脱胶的方法有水化法、加热法、加酸法以及吸附法等。

（1）水化法脱胶　水化法脱胶是利用磷脂等类脂物分子中含有的亲水基，将一定数量的热水或稀的酸、碱、盐及其他电解质水溶液加到油脂中，使胶体杂质吸水膨胀并凝聚，从油中沉降析出而与油脂分离的一种精炼方法。在磷脂的分子结构中既有疏水的非极性基团，又有亲水的极性基团。当粗油脂中含水量很少时，磷脂呈内盐式结构，此时极性很弱，能溶于油，不到临界温度，不会凝聚沉降析出。当毛油中加入一定量的水后，磷脂的亲水极性基团与水接触，使其投入水相，疏水基团则投入油相中。水分子与原子结合，化学结构由内盐式转变为水化式。这时磷脂分子中的亲水基团（游离态羟基）具有更强的吸水能力，随着吸水量的增加，磷脂由最初的极性基团进入水中成含水胶束，然后转变为有规则的定向排列。分子中的疏水基团伸入油相，尾尾相接；亲水基团伸向水相，形成脂质分子层。水化后的磷脂和其他胶体物质、极性基团周围吸引了许多水分子后，在油脂之中的溶解度减小。小颗粒的胶体在极性引力作用下，相碰后又形成絮凝状胶团。双分子层中夹带了一定数量的水分子，相对密度增大，为沉降和离心分离创造了条件。

水化法脱胶的影响因素主要有以下几点。

① 加水量。在有适量水的情况下，才能形成稳定的水化脂质双分子层结构，坚实如絮凝胶颗粒。加水量（m）与粗油胶质含量（W）有如下关系：低温水化（20～30℃），m=（0.5～1）W；中温水化（60～65℃），m=（2～3）W；高温水化（85～95℃），m=（3～3.5）W。

② 操作温度。操作温度是影响水化脱胶效果好坏的重要因素之一，它与加水量互相配合，相辅相成。水化时，磷脂等胶体吸水膨胀为胶粒之后，胶粒分散相在诸因素影响之下开始凝聚时的温度，称为凝聚的临界温度。加水量越大，胶体颗粒越大，要求的凝聚临界温度也越高。

③ 混合强度。由于水比油重，油水不相溶，水化作用发生在油相和水相的界面上，因此水化开始时必须有较高的混合强度，造成水有足够高的分散度，使水化均匀而完全，但也要防止乳化。

④ 电解质。对于胶质物中分子结构对称而不亲水的部分如钙、镁复盐式磷脂等物质，同水发生水合作用而成为被水包围着的水膜颗粒，具有较大的电斥性，水化时不易凝聚。对这类分散相胶粒，应添加食盐、明矾、硅酸钠、磷酸、氢氧化钠等电解质或电解质的稀溶液，中和电荷，促进凝聚。如间歇水化，常加食盐或食盐的热水溶液，加盐量为油量的 0.5%～1%，并且往往在乳化时才加入约为油量 0.3%的磷酸三钠；选用明矾和食盐，其量则各占油量的 0.05%。连续脱胶常按油量的 0.05%～0.2%添加磷酸（85%），这样可以大大提高脱胶效果。

⑤ 粗油的质量　粗油本身含水量过大，难以准确确定加水量，水化效果难以控制。粗油含饼渣量过多，一定要过滤后再进行水化，否则因机械杂质含量过多，会导致乳化或油脚含中性油脂过高。

水化法脱胶工艺分为间歇式和连续式 2 种。间歇式及连续式脱胶的工艺流程分别如图 7-1、图 7-2 所示。

过滤毛油—预热—加水水化—静置沉淀(保温)—分离—水化油—加水脱水—脱胶

⇩

粗磷脂油脚—回收中性—粗磷脂

图 7-1　间歇式脱胶工艺流程

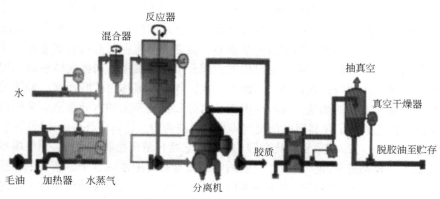

图 7-2　连续式脱胶工艺流程

（2）加酸法脱胶　加酸法脱胶就是在毛油中加一定量的无机酸或有机酸，使油中的非亲水性磷脂转化为亲水性磷脂或使油中的胶质结构变得紧密，达到容易沉淀和分离目的的一种脱胶方法。磷酸脱胶是在毛油中加入磷酸后能将非亲水性磷脂转变为亲水性磷脂，从而易于沉降分离。操作过程是添加油量的 0.1%～1.0% 的 85% 磷酸，在 60～80℃ 温度下充分搅拌。接触时间视设备条件和生产方式而定。然后将混合液送入离心机进行分离，脱除胶质。浓硫酸脱胶是利用浓硫酸的作用，将蛋白质和黏液质树脂化而沉淀。具体操作过程是在油温 30℃ 以下，加入油量的 0.5%～1.5% 的浓硫酸，经强力搅拌，待油色变淡（浓硫酸能破坏部分色素），胶质开始凝聚时，添加 1%～4% 的热水稀释，静止 2～3h，即可分离油脂，分离得到的油脂再以水洗 2 或 3次。稀硫酸脱胶加入油中的硫酸质量分数为 2%～5%。

（3）其他脱胶法　包括采用加柠檬酸、醋酐等凝聚磷脂或以磷酸凝聚结合白土吸附等方法脱胶。

7.2.2.4　脱酸

（1）碱炼法脱酸　碱炼法是利用加碱中和油脂中的游离脂肪酸，生成脂肪酸盐（肥皂）和水，肥皂吸附部分杂质而从油中沉降分离的一种精炼方法。形成的沉淀物称皂脚。用于中和游离脂肪酸的碱有氢氧化钠（烧碱）、碳酸钠（纯碱）和氢氧化钙等。油脂工业生产上普遍采用的是烧碱。碱炼脱酸过程的主要作用为：烧碱能中和粗油中绝大部分的游离脂肪酸，生成的脂钠盐（钠皂）在油中不易溶解，成为絮凝胶状物而沉降；中和生成的钠皂为表面活性物质，吸附和吸收能力强，可将大量其他杂质（如蛋白质、黏液质、色素等）带入沉降物内，甚至悬浮杂质也可被絮状皂团挟带下来。因此，碱炼本身具有脱酸、脱胶、脱杂质和脱色等综合作用。

碱炼过程中的化学反应主要有以下几种类型。

① 中和反应

$$RCOOH + NaOH \longrightarrow RCOONa + H_2O$$
$$RCOOH + Na_2CO_3 \longrightarrow RCOONa + NaHCO_3$$
$$2RCOOH + Na_2CO_3 \longrightarrow 2RCOONa + CO_2 + H_2O$$

② 不完全中和的化学反应

$$2RCOOH + NaOH \longrightarrow RCOOH \cdot RCOONa + H_2O$$

③ 水解反应

$$2RCOONa + H_2O \longrightarrow RCOONa \cdot RCOOH + NaOH$$

碱炼的非均态反应是因为脂肪酸是具有亲水和疏水基团的极性物质，当其与碱液接触时，由于亲水基团的物理化学特性，脂肪酸的亲水基团会定向围包在碱滴的表面而进行界面化学反应。碱炼的扩散作用是中和反应在界面发生时，碱分子自碱滴中心向界面转移的过程，反应生成的水和油脂层形成一层隔离脂肪酸与碱滴的皂膜，膜的厚度称为扩散距离。碱炼过程中，随着单分子皂膜在碱滴表面的形成，碱滴中的部分水分和反应产生的水分渗透到皂膜内，形成水化皂膜，使游离脂肪酸分子在其周围作定向排列（羟基向内，烃基向外）。被围包在皂膜里的碱滴，受浓度差的影响，不断扩散到水化皂膜的外层，继续与游离脂肪酸反应，使皂膜不断加厚，逐渐形成较稳定的胶态离子膜。同时，皂膜的烃基间分布着中性油分子。随着中和反应的不断进行，胶态离子膜不断吸收反应所产生的水而逐渐膨胀扩大，使自身结构松散。此时，胶膜里的碱滴因相对密度大，受重力影响，将胶粒拉长，在搅拌的情况下，它因机械剪切力而与胶膜分离。分离出来的碱滴又与游离脂肪酸反应形成新的皂膜。如此周而复始地进行，直至碱耗完为止，这种现象为皂膜絮凝。

碱炼法脱酸常受到下列因素的影响。

① 中和碱及其用量。油脂脱酸可供应用的中和试剂较多，在工业生产应用最广的是烧碱。碱炼时，耗用的总碱量包括两个部分：一部分是游离脂肪酸的碱量，通常称为理论碱量，可通过计算求得；另一部分则是为了满足工艺要求而额外超加的碱，称为超量碱。

理论碱量：理论碱量可按粗油的酸值或游离脂肪酸的百分数计算。当粗油的游离脂肪酸以酸价值表示时，则中和所需理论碱量为：理论碱量=0.731×酸价值。酸价值一般以每吨油中含有烧碱的质量（以 kg 为单位）表示。

超碱量：对于间歇式碱炼，常以纯氢氧化钠占粗油量的百分数表示，选择范围一般为0.05%~0.25%，质量特劣的粗油可控制在 0.5%以内。对于连续式的碱炼工艺，超量碱则以占理论碱的百分数表示，选择范围一般为 10%~50%，油、碱接触时间长的工艺应偏低选取。

② 碱液浓度。粗油的酸值及色泽是决定碱液浓度的最主要的依据。粗油酸值高、色深的应选用浓碱；粗油酸值低、色浅的则选用淡碱。

③ 碱炼温度。碱炼操作温度是影响工艺效果的重要因素。操作时，一定要控制为油与皂脚明显分离时的温度，升温速度体现加速反应、促进皂脚絮凝过程。碱炼操作温度与粗油品质、碱炼工艺及碱液浓度等有关。

④ 混合搅拌。碱炼脱酸时，烧碱与游离脂肪酸的反应发生在碱滴的表面，碱滴分散得愈细，碱液的总表面积愈大，从而增加了碱液与游离脂肪酸的接触机会，加快了反应速率，缩短了碱炼过程，有利于精炼率的提高。混合搅拌的作用首先在于使碱液在油相中高度地分散。为达到此目的，投碱时，混合或搅拌的强度必须强烈。

⑤ 杂质的影响。粗油中除游离脂肪酸杂质以外，特别是一些胶溶性杂质、羟基化合物和色素等，对碱炼的效果也有重要的影响。这些杂质中有的（磷脂、蛋白质）以影响胶态离子膜结构的形式增大炼耗；有的（如甘油一酯、甘油二酯）以其表面活性促使碱持久乳化；有的（如棉酚及其他色素）则因带给油脂深的色泽，而增大中性油的皂化概率。

碱炼工艺分间歇式和连续式 2 种。其工艺过程如图 7-3 所示。

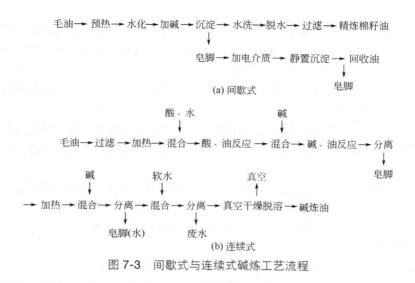

图 7-3　间歇式与连续式碱炼工艺流程

① 原料要求。采用此法，粗油应是含胶质量低的浅色油，含杂质量应在 0.2%以下。

② 中和。碱液在过程开始后的 5～10min 一次加入，搅拌速度为 60～70r/min。全部碱液加完后搅拌 40～50min，完成中和反应后，速度降到 30r/min。继续搅拌十多分钟，使皂粒絮凝。用间接蒸汽将油迅速升温到 90～95℃，并根据皂粒絮凝情况加强搅拌或改用气流搅拌。驱散皂粒内水分，促使皂粒絮凝。当皂粒明显沉降时，停止搅拌，静置沉降。静置时要注意保温。

③ 分皂脚。在沉降分皂过程中，若采用间歇法处理，静置时间不少于 4h；若采用连续脱皂机分皂，静置时间可缩短到 3h。

④ 洗涤。最好是在专用洗涤罐内搅拌洗涤，油水温度不低于 85℃。洗涤水最好用软水，每次加水量为油量的 10%～15%。搅拌强度应适中，使油水混合均匀。洗涤 2 或 3 次，以除去油中残留的碱液和肥皂，直到油中残留皂量符合工艺要求。如果发现油中有少量皂粒时，要注意严格控制操作条件，用食盐水或淡碱水洗涤。如果发现有乳化现象，可向油内撒细粒食盐或投入盐酸溶液破乳。正常操作时，油水沉降时间为 0.5～1h。

⑤ 皂脚处理。皂脚中除肥皂水外，还含有不少中性油，应回收这部分油脂。在皂脚罐中加入一些中性油、食盐或食盐溶液，将皂脚调和到可分离的稠度，然后送离心机分离出中性油。得到的处理皂脚可进行综合利用。

（2）蒸馏脱酸　蒸馏脱酸法又称物理精炼，这种脱酸法不用碱液中和，而是借甘油三酸酯和游离脂肪酸相对挥发度的不同，在高温、高真空下进行水蒸气蒸馏，使游离脂肪酸与低分子物质随着蒸汽一起排出，这种方法适合于高酸价油脂。蒸馏脱酸的优点是：不用碱液中和，中性油损失少；辅助材料消耗少，降低废水对环境的污染；工艺简单，设备少，精炼率高；同时具脱臭作用；成品油风味好。但由于高温蒸馏难以去除胶质与机械杂质，所以蒸馏脱酸前必先经过滤、脱胶程序。对于高酸价毛油，也可采用蒸汽蒸馏与碱炼相结合的方法。蒸馏脱酸对于椰子油、棕榈油、动物脂肪等低胶质油脂的精炼尤为理想。

7.2.2.5　油脂的脱色

纯净的甘油三酸酯呈液态时无色，呈固态时为白色。但常见的各种油脂都带有不同的颜色，影响油脂的外观和稳定性，这是因为油脂中含有数量和品种都不相同的色素物质所致，这些色素有些是天然色素，主要有叶绿素、类胡萝卜素、黄酮色素等，有些是油料在储藏、加工过程中糖类、蛋白质的降解产物等。在棉籽油中含有棕红色的棉酚色腺体，是一种有毒成分。植物油中的各种色素物质性质不同，需专门的脱色工序处理。

油脂脱色的方法很多，工业生产中应用最广泛的是吸附脱色法，此外还有加热脱色法、氧化脱色法、化学试剂脱色法等。

吸附脱色就是将某些具有吸附能力强的表面活性物质加入油中，在一定的工艺条件下吸附油脂中色素及其他杂质，经过滤除去吸附剂及杂质，达到油脂脱色净化目的的过程。

（1）吸附剂

① 对吸附剂的要求。吸附力强，选择性好，吸油率低，对油脂不发生化学反应，无特殊气味和滋味，价格低，来源丰富。

② 吸附剂种类。常用的吸附剂有：天然漂土、活性白土、活性炭等。

（2）吸附原理

① 吸附剂的表面性。吸附剂的颗粒很小，可获得大的表面能。

② 物理吸附。物理吸附是靠分子间的范德华力进行吸附的，它无选择性，具多层性，吸附热很低，吸附速度和解吸速度都快。

③ 化学吸附。即在吸附剂的表面和被吸附物间发生了某种化学反应，这种反应一般都是比较低级的化学反应，凡是被化学吸附的物质解吸下来时都要发生化学结构方面的变化，如异构化等。

（3）影响脱色的因素

① 温度。在吸附剂表面生成"吸附剂-色素"化合物需要一定的能量，所以必须有一定的温度，才能提供足够的能量使它们发生反应。温度太高，生成的热无法放出。温度太低，吸附反应无法进行。吸附温度为 80～110℃，一般控制在 80℃，不超过 85℃。

② 压力。脱色操作分常压和减压。常压脱色时，油脂热氧化反应总是伴随着吸附作用；减压脱色（压力为 6.7～8.0kPa，即真空度 93.3～94.7kPa）可防止油脂氧化，水分蒸发速度（吸附剂的水分）加快，由于吸附剂被水屏蔽，只有去除水分，吸附剂才能吸附色素。

③ 搅拌。搅拌速度<80r/min，使色素与吸附剂充分接触，使吸附剂在油中分布均匀。

④ 时间。脱色时间一般为 10～30min，间歇式操作 15～30min，连续脱色 5～10min。加入酸性白土后，随着时间的加长，油脂的氧化程度、酸价回升速度都会提高。

⑤ 吸附剂用量。不同种类的色素所需的白土量不同。目前，国内大宗油脂的脱色均使用市售的白土。达到高烹油、色拉油标准所需的白土量为油重的 1%～3%，最多不大于 7%。

⑥ 油的色度。油的色度不同，选用白土量亦不同。

⑦ 含水量。油中水分也影响白土对色素的吸附作用，因此油在脱色前必须先进行脱水，使含水量在 0.1%以下。

⑧ 油中的胶杂。白土和胶杂的相互吸附能力强，白土首先和胶杂作用，使白土中毒，这大大影响了白土的用量和白土的吸附能力，故在脱色中应尽量减少胶杂。

⑨ 油中残皂。残皂增加了白土的用量，影响了白土的吸附能力，使油脂酸价增加。

⑩ 油中的金属离子。脱色可以大大降低油中的金属离子含量，油中金属离子的浓度大，也将大大影响油脂的脱色。

7.2.2.6 油脂脱臭

脱臭的目的主要是除去油脂中引起臭味的物质。脱臭的方法有真空蒸汽脱臭法、气体吹入法、加氢法、聚合法和化学药品脱臭法等几种。其中真空蒸汽脱臭法是目前国内外应用最为广泛、效果较好的一种方法。它是利用油脂内的臭味物质和甘油三酸酯的挥发度的极大差异，在高温高真空条件下，借助水蒸气蒸馏的原理，使油脂中引起臭味的挥发性物质在脱臭器内与水蒸气一起逸出而达到脱臭的目的。气体吹入法是将油脂放置在直立的圆筒罐内，先加热到一定温度（即不起聚合作用的温度范围内），然后吹入与油脂不起反应的惰性气体，如二氧化碳、氮气等，油脂中所含挥发性物质便随气体的挥发而除去。

7.2.2.7 油脂脱蜡

某些油脂中含有较多的蜡质，如米糠油、葵花子油等。蜡质是一种一元脂肪酸和一元醇结合的高分子酯类，具有熔点较高、油中溶解性差、人体不能吸收等特点，其存在影响油脂的透明度和气味，也不利于加工。为了提高食用油脂的质量并综合利用植物油脂蜡源，应对油脂进行脱蜡处理。脱蜡是根据蜡与油脂的熔点差及蜡在油脂中的溶解度随温度降低而变小的物性，通过冷却析出晶体蜡，再经过滤或离心分离而达到蜡油分离的目的。脱蜡从工艺上可分为常规法、碱炼法、表面活性剂法、凝聚剂法、静电法及综合法等。

7.3 植物油脂提制实例：年处理 10 万吨花生油工艺设计

7.3.1 生产方案

选用优质花生米进行压榨提取花生油。压榨法提取时原料经清理、破碎、蒸炒、轧胚等预处理工序入榨取油，常使用螺旋压榨机或液压榨油机。采用纯物理压榨法，具有下列优势：①在整个生产过程中完全避免原料与化学溶剂接触；②油品品质安全可靠；③采用独特焙炒工艺，成品香气浓郁；④废除溶剂浸出、碱炼、除臭等影响成品油质量的不利精炼工艺，保证成品油中的天然营养成分；⑤成品油采用地下贮藏库贮存，应用冷却水盘管技术保证长期贮存而不变质。

7.3.2 工艺设计

（1）原料 生产花生油的花生原料要求新鲜、籽粒饱满、无破损、无霉变、无虫蛀，含杂少，未经过陈化期，符合 GB/T 1532 的标准要求。原料在清理过程中去除未成熟粒、破损粒和霉变的颗粒。

（2）工艺流程 花生油的生产工艺流程如图 7-4 所示。

（3）工艺参数及过程 花生进行清理、剥壳，筛分出中等粒的花生仁（约占处理量的 25%），其余为大粒和小粒的花生仁（约占处理量的 75%）。大粒和小粒的花生仁经破碎、轧胚、蒸炒处理，中等粒的花生仁经炒籽后冷却，再经破碎和脱红衣处理，两路料混合后进入榨油机压榨，得到的毛油经沉降、过滤，制得浓香花生油。

（4）操作要点

① 清选。石子和金属等可能损伤机械设备；霉变、虫蛀的花生将严重影响油脂的质量。为了减少油脂损失，提高出油率，保证油脂高质量，延长设备的使用寿命，清选环节要进行严格控制。

② 剥壳。为提高出油率，提高毛油和饼粕质量，减轻设备磨损，增加设备的有效生产量，利于轧胚等后续工序的进行，花生在清选后进行剥壳及仁壳分离。

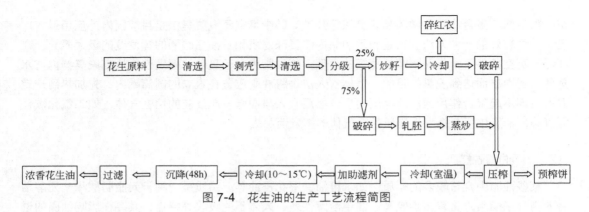

图 7-4 花生油的生产工艺流程简图

③ 分级。分级筛分分出花生中的大、小粒作生胚料走"大路",中粒作烘炒料走"小路",分别进行处理。生胚料与热风烘炒料比例为 3:1。

④ 破碎。对大颗粒花生仁进行破碎,花生仁破碎成 4~6 瓣,破碎水分控制在 7%~12%。

⑤ 轧胚。筛孔 1mm 的筛下物不超过 10%~15%,料胚厚度在 0.5mm 以下。

⑥ 蒸胚与炒籽。烘炒温度是浓香花生油产生香味的关键因素,在烘炒炉内油料加热到 18~200℃。炒籽后迅速冷却,并去除脱落的花生红衣。

⑦ 压榨。采用普通机械压榨机,在机械力作用下花生原有细胞结构被破坏,制得压榨原油。

⑧ 精炼。原油经过长时间的沉淀,既能分离悬浮的杂质,又能进一步除去油内的胶体杂质,如黏液和蛋白质等。

(5) 花生及花生油的贮藏 水分在 8% 以下,温度不超过 20℃时,花生油可以长期保存。密闭可以防止虫害感染和外界温湿度的影响,有利于保持低温。花生油在低于 15℃温度下,充满容器密闭贮藏,以防止解脂酶对油脂的水解和氧化,避免酸值和过氧化值增高。另外,4m 以下的地温常年平均温度在 20℃以下,因此将贮藏库建于地下对于花生油贮藏极为有利。

表 7-4 主要设备生产能力估算

设备名称	生产能力估算
清理筛(花生)	400t/24h=16.7t/h
剥壳机	400t/24h=16.7t/h
磁选器	264t/24h=11t/h
清理筛(花生仁)	264t/24h=11t/h
分级筛	264t/24h=11t/h
热风炒籽机	264t×25%÷24h=2.75t/h
振动筛	264t×25%÷24h==2.75t/h
破碎机(小)	264t×25%÷24h=2.75t/h
轧胚机	264t×75%÷24h=8.25t/h
破碎机(大)	264t×75%÷24h=8.25t/h
蒸炒锅	264t×75%÷24h=8.25t/h
榨油机	264t÷24h=11t/h
油泵	165.6t÷24h=6.9t/h
过滤机	165.6t÷24h=6.9t/h

7.3.3　物料衡算及设备选型

（1）物料衡算　如果年处理花生量为 10 万吨，每年 250 个工作日，每日 3 班。花生利用率为 66 %（用花生仁作为压榨原料，花生仁占花生果的 70%左右，本设计取中值 70%，泥土、石子、壳、霉变粒、破损粒等杂质约为 4%），花生出油率为 45%，残油率为 8%，按以上标准计算。花生日处理量：100000t/250=400t，班处理量：400t/3=133.3t；花生仁日处理量：400t×66%=264t，班处理量：264t/3=88t；花生利用率：45%−45%×8%=41.40%；花生油日产量：400t×41.40%=165.6t，班产量：165.6t/3=55.2t。

（2）生产能力计算　实际花生原料日处理量为 400t，花生仁日处理量为 264t，每日 3 班，每班 8h，生胚料和热风烘炒料分别占花生仁的 75%和 25%。主要设备的生产能力计算结果见表 7-4。

工艺设备流程见图 7-5。该设计吸收了花生油工厂的设计优点，根据该设计获得的产品具有浓郁花生油芳香气味，工艺适应性强，设备选型先进，配套合理，整个设计符合食品良好生产规范要求，生产线可以实现危害分析重点管制系统（HACCP）质量控制与管理，确保产品质量，具有很强的实用价值。

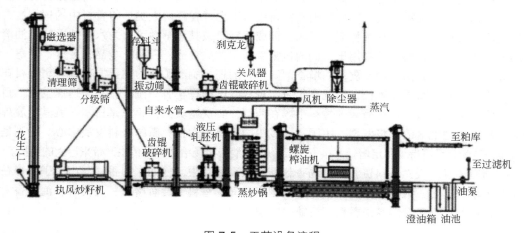

图 7-5　工艺设备流程

第 **8** 章

香精香料的性质、提取与分离

8.1 香精香料概述

　　香精香料是人们丰富生活、美化生活、享受生活所不可缺少的物质。香料是指具有挥发性有香味的物质。按来源不同，可分为天然香料和人工合成香料两大类。将香料中的挥发性有香物质提取分离出来，然后与稀释剂等调和，即成香精。按其溶解性可分为水溶性香精和油溶性香精两大类。香精香料广泛应用于人们的日常生活中，如食品、日用化妆品、香烟、肥皂、香皂、牙膏、杀虫剂、防臭剂、皮革的增香剂等，有的还是制药工业的重要原料。香精香料在国际贸易市场上也占有重要地位，近几十年来，世界各国的香精香料生产和销售迅速发展。目前从香料需求情况来看，世界最大的香料市场在西欧，其次是美国，第三是日本。就其发展趋势来看，随着其他地区的经济发展，中国、印度等国家将成为世界新的香料发展中心。特别是我国改革开放带来经济持续稳定增长，14 亿人口的巨大消费市场给香料香精生产带来巨大的商机。

　　我国有丰富的天然香料资源，植物香料产量很高，其中，桂油、茴香油、山苍子油等在国际市场上享有盛名，大量出口到法国等西欧国家。动物香料主要有麝香、灵猫香、海狸香、龙涎香等，这四种都是配制高级香精不可缺少的配合剂。

8.2 香精香料单体分类

　　香精香料虽然种类多，但就分子结构而言，主要是萜类化合物和酚类化合物。

8.2.1 属于萜类化合物的香精香料

　　单萜类化合物大多为香精香料，广泛存在于高等植物中，如樟科、松科、伞形科、姜科 、芸香科、桃金娘科、唇形科、菊科等。

8.2.1.1 链状单萜类香精香料

　　这一类碳骨架为链状，含 10 个碳原子，其代表化合物有 β-月桂烯（杨梅烯）、芳樟醇、橙花醇、柠檬醛等（图 8-1）。

　　① β-月桂烯（$C_{10}H_{16}$）：广泛存在于植物界，在杨梅叶、松节油、黄柏果油、桂油、柠檬草油、啤酒花油、芫荽油等挥发油中含有，工业上用以合成月桂烯醛、橙花醇、芳樟醇等香料物质。

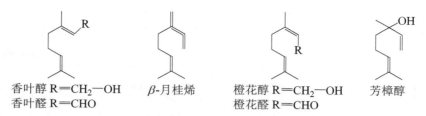

香叶醇 R=CH₂—OH　　β-月桂烯　　橙花醇 R=CH₂—OH　　芳樟醇
香叶醛 R=CHO　　　　　　　　　　橙花醛 R=CHO

图 8-1　几个链状单萜类化合物的分子结构

② 芳樟醇（$C_{10}H_8O$）：在香紫苏油、香柠檬油、芳樟油中含有。此外，在芫荽油、橘油及素馨花挥发油中也含有芳樟醇。芳樟醇用于香精的调配和制造。

③ 橙花醇（$C_{10}H_8O$）：存在于玫瑰油、橙油、香柠檬油等精油中，其顺式异构体称香叶醇，均有玫瑰香气。橙花醇的香气更柔和，常用于香水配方中。橙花醇存在于玫瑰油、橙花油、依兰油和香柠檬油中；香叶醇存在于香叶油、玫瑰油和柠檬油中。用氯化钙处理，可将香叶醇与橙花醇分开，因为只有香叶醇能与 $CaCl_2$ 形成结晶复合物。

④ 柠檬醛（$C_{10}H_6O$）：其顺式称香叶醛，反式称橙花醛，通常为混合物，以橙花醛为主，具有柠檬香气。柠檬醛在香茅油中含量为 70%～85%，在山苍子油中含量达 70%～90%，工业上利用柠檬醛制造紫罗兰等高级香料，并且是合成维生素 A 的重要原料。

8.2.1.2　单环单萜类香精香料

这类化合物结构的特点是 10 个碳形成单环，其代表为柠檬烯、α-萜品醇、薄荷醇等（图 8-2）。

① 柠檬烯（$C_{10}H_{16}$）：（−）-柠檬烯在芸香科橘属植物（柠檬、橘、柑、佛手）果皮的挥发油中约占 90%；（−）-柠檬烯存在于薄荷、土荆芥、缬草的挥发油中。柠檬烯可用于调制人造柠檬油。外消旋柠檬烯又称双戊烯，大量存在于松节油中，可用于合成香柠檬酯。

② α-萜品醇（$C_{10}H_8O$）：又称α-松节醇，存在于樟脑油、八角茴香油及橙花油中，用于香料配制。

③ 薄荷醇（$C_{10}H_{20}O$）：又称薄荷脑，天然薄荷油只含有（−）-薄荷醇和-(+)-新薄荷醇两种立体异构体，其中(−)-薄荷醇是主要成分，在有些品种的挥发油中可达 90%。作为香料，(−)-薄荷醇具有更清新的薄荷香气特征。

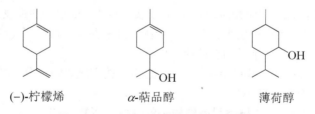

(−)-柠檬烯　　　　α-萜品醇　　　　薄荷醇

图 8-2　几个单环单萜类香精分子结构

8.2.1.3　双环单萜类香精香料

该类化合物分子虽然也由 10 个碳原子形成骨架，但却形成双环结构。如樟脑、茴香酮、檀香酸、桉油精等（图 8-3）。

① 樟脑（$C_{10}H_{16}O$）：在樟树挥发油中，樟脑约占 50%，其他樟科植物以及姜科、菊科、伞形科等多种植物也含有樟脑。樟脑主要不是作为香精，而是作为防腐剂，在化工方面也有用途。

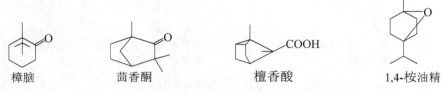

| 樟脑 | 茴香酮 | 檀香酸 | 1,4-桉油精 |

图 8-3　几个双环单萜类香精分子的结构

② 茴香酮（$C_{10}H_{16}O$）：是樟脑的异构体，其右旋体存在于小茴香挥发油中，左旋体存在于侧柏油中。

③ 桉油精（$C_{10}H_{18}O$）：1,4-桉油精是桉叶油的主要成分（约占70%），有樟脑香气，并有防腐杀菌作用。

8.2.1.4　倍半萜类香精香料

这类化合物含15个碳原子，又分烃类倍半萜类和醇类倍半萜类两类。金合欢烯、姜烯和丁香烯属烃类倍半萜类；金合欢醇、桉叶醇属醇类倍半萜类（图8-4）。

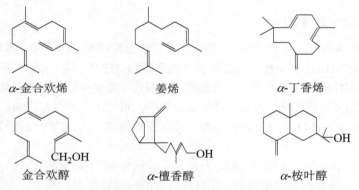

| α-金合欢烯 | 姜烯 | α-丁香烯 |
| 金合欢醇 | α-檀香醇 | α-桉叶醇 |

图 8-4　几个倍半萜类香料化合物的分子结构

① 金合欢烯（$C_{15}H_{24}$）：有α和β两种，存在于姜、藿香、枇杷叶的挥发油中，但含量不高。

② 姜烯（$C_{15}H_{24}$）：存在于生姜、莪术、姜黄、百里香等植物的挥发油中。

③ 丁香烯（$C_{15}H_{24}$）：在丁香油、薄荷油中含有。

④ 金合欢醇（$C_{15}H_{26}O$）：具有特殊的香气，是重要的高级香精成分，在金合欢油、橙花油、香茅油及枇杷叶油中含量较高。

⑤ 檀香醇（$C_{15}H_{24}O$）：在檀香科植物檀香的挥发油（3%～5%）中，α-檀香萜醇和β-檀香萜醇两种成分约占90%。檀香具有典型的东方高雅香韵。檀香醇常用作定香剂，也有较强的抗菌防腐作用。

⑥ 桉叶醇（$C_{15}H_{26}O$）：含于桉叶、厚朴、苍术的挥发油中。

8.2.2　属于酚类化合物的香精香料

可作为香精香料的酚类化合物较多，其典型代表是前面已介绍过的香豆素衍生物。香豆素类香精香料广泛分布于高等植物中。尤以芸香科、伞形科中居多，其他在豆科、木樨科、兰科、茄科、菊科植物中分布也较多。

香豆素是邻羟基桂皮酸的内酯，具有芳香气味。香豆素在植物体内以苷的形式存在，酶解后其苷元邻羟基桂皮酸立即内酯化而成香豆素，散发出香气。这就是香豆素分子的基本骨架。由于侧链上的取代基和环上双键位置的不同，可形成 800 多种香豆素类物质。如 8-C-异戊烯基香豆素、6-C-异戊烯基香豆素、七叶内酯等。

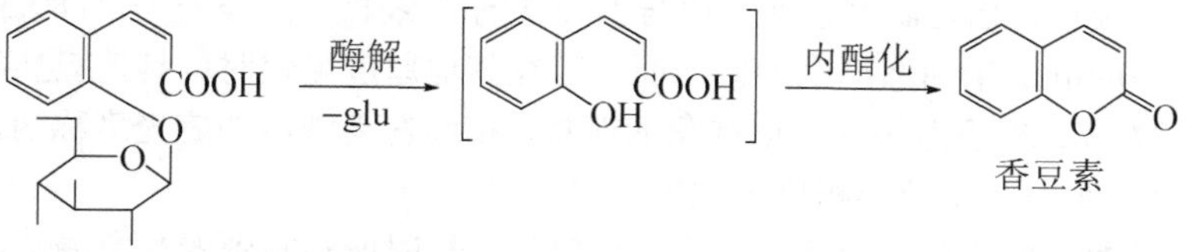

此外，香豆素又存在呋喃型与吡喃型，呋喃型香豆素如白芷内酯、异佛手内酯、茴芹内酯等，吡喃型香豆素如花椒内酯等，见图 8-5。

8-C-异戊烯基香豆素　　6-C-异戊烯基香豆素　　七叶内酯R=H
七叶内酯苷R=glu

白芷内酯　　异佛手内酯R₁=H，R₂=OCH₃　　花椒内酯
茴芹内酯R₁=R₂=OCH₃

图 8-5　几个香豆素香精的分子结构

8.3　挥发油的检测及质量鉴定

8.3.1　挥发油的检测

① 油斑试验：取试样石油醚提取液滴加在滤纸片上，室温下令溶剂挥发，如滤纸片上留有油斑，表明含有脂肪油或挥发油；再稍加热，若油斑消失或减小，表明可能含有挥发油。

② 香草醛-60%硫酸试验：取试样石油醚提取液滴于滤纸片或薄层板上，喷洒香草醛-60%硫酸试剂，若显红、蓝、紫等各种颜色，表明可能含有挥发油、萜类和甾醇。

8.3.2　精油的质量鉴定

香料原料经粗加工（压榨、冷浸等）得到油脂，再经去杂得到精油。将精油通过分馏或其他方法处理，从理论上可以得到香味成分单体。

$$原料 \xrightarrow{\text{榨取}} 油脂 \xrightarrow{\text{去杂质}} 精油 \xrightarrow{\text{分馏}} 不纯的单体$$

精油与单体的质量鉴定指标各不相同。精油是非常复杂的混合物，一般含有几十种甚至上百种成分，各成分比例差异与产品的质量密切相关，因此测定指标是一个范围，主要包括以下几方面的内容。

① 相对密度：一种精油的相对密度是指在 20℃时一定容积精油的质量与 20℃时同样容积蒸馏水的质量之比。它是一个没有单位的值，用 d_{20}^{20} 表示。

② 折射率：一种精油的折射率是指在一个恒定的温度下，当具有一定波长的光线从空气射入精油时，其入射角的正弦与折射角的正弦之比。应根据精油熔点的高低选择适当的测定温度，用 n_D^t 表示，其中 t 表示温度，D 表示波长，即与钠元素的 D 线一致的波长，为（589.3±0.3）nm。

③ 旋光度：表示在指定温度条件下用与钠元素的 D 线相一致波长为（589.3±0.3）nm 的光线穿过厚度为 100mm 的精油而产生的偏振面。若在其他厚度测定时，其值应换算成 100mm 的值来表示。符号为 α_t，单位为千分弧度或角的度数。精油在溶液中的旋光度称为比旋光度 $[\alpha]$，即精油溶液的旋光度 α_t 与单位容积中精油的质量之比。

④ 冻点：是指当精油在过冷液态下释放其熔化潜热时所观察到的恒定温度或最高温度。

⑤ 酯值：是指中和 1g 精油中的酯在水解后释放出的酸所消耗的 KOH 的质量（mg）。

⑥ 酸值：是指中和 1g 精油中所含的游离酸时所需的 KOH 的质量（mg）。

精油质量鉴定指标还有许多，一般通过以上几项即可评价一种精油质量的好坏，如有必要，参考相关手册或国家标准。

8.4 挥发油的提取分离工艺

8.4.1 挥发油的提取

挥发油是医药工业、化妆品工业、食品工业的主要香料，但由于原料和产品的性质不同，其生产具有如下特点：①挥发油因根、茎、叶、花等部位不同，各地区生长地域不同，其成熟度不同，差异很大，一般不宜长期贮存（有些干果类如八角茴香、小茴香、豆蔻等除外），多采用新鲜原料。②一般挥发油用于调香香料，除考虑化学成分和物理常数外，在油的质量鉴别上，主要靠有实践经验的检验人员用鼻子来闻香气，特别是作香料使用，没有那些品香员的通过很难得到实际应用。③在调制香料时，往往需要多种香料混合使用，很少使用单一香料，因此，生产上品种要多样化。④由于挥发油原料来源广泛、种类繁多，除了具备生产技术外，还要求具有植物学、植物分类学、植物生理学、引种驯化等方面的知识和能力。

8.4.1.1 挥发油提取对原料的要求

（1）原料的采收　尽管各种原料不同、要求各异，但其共同的要求有以下几点。

根类：可用采伐木材后的树根，去掉泥土，如柏树根，可提取柏木油。

全草类：一般在植物生长旺盛季节或花蕾形成期采收，如薄荷、留兰香、薰衣草等。

叶类：要求叶生长旺盛，深绿色、青色，叶柄宜短，无枯黄叶及其他干枝等杂质和泥土等。

花类：要求新鲜、完整，最好是含苞待放时，往往代谢后含油量降低，如月见草花、玫瑰花。

皮类：要求树皮完整、洁净，不能腐朽、发霉，往往刮去外表死亡的树皮，如桂皮。

种子类：要求种子成熟度一致，有些种子未成熟与成熟后化学成分上有很大差异，如小茴香。但也有一些挥发油产品对原料的采收部位、季节、成熟度和预处理要求都有所不同，如下所述。

① 桂油对原料的采集要求。蒸制的桂油原料主要是桂叶、小枝和破碎的桂皮，又以桂叶为主，桂叶因采集的时间不同，又可分"剥叶"和"秋叶"两种。

"剥叶"：在每年 3～4 月份剥取桂皮的同时采摘树叶和小枝,一起干燥,用以蒸制"春油"。"剥叶"含油量较低,一般为 0.23%～0.26%,但油的质量最好;油中桂皮醛含量为 85%～96%,如贮存到秋天蒸制时油中桂皮醛含量可高达 90%以上。

"秋叶",在每年 8～12 月采叶,蒸制的油称为"秋油",含油量比"剥叶"高,可达 0.3%～0.4%,但油中桂皮醛含量较低,一般在 80%～86%。

无论是"剥叶"还是"秋叶",采收后都要贮藏一段时间,再行蒸馏,有利于提高桂皮醛的含量。

② 山苍子油原料的采集要求。山苍子的果实、叶、花、树皮均含有挥发油,在生产上有山苍子油、山苍子皮油、山苍子叶油和山苍子花油之分。山苍子果实 7～8 月成熟,当果实外皮呈青色,带有光泽,尚无皱纹,压破外皮有生姜香味,果核坚硬,核仁呈浅红色,带有微量浆液,这时柠檬醛含量与出油率最高,是最适采收期,过早、过迟都会使柠檬醛含量下降。采摘果实时要连同果柄一起采以起到疏松、通气作用,加快出油,缩短蒸馏时间。山苍子果实采摘后应及时加工,如果不能及时加工,应置阴凉通风处,每天翻动 2～3 次,防止发热变质,降低油的质量,最多保存 7～8 天。山苍子油因预处理及保存时间不同,出油率及含醛量均有所不同。

新鲜青色果实：出油率 4%～6%,含柠檬醛量 70%以上。

阴至半干果实：出油率 2.5%～3.3%,含柠檬醛量 55%～65%。

晒干果实：出油率 1.8%～2.8%,含柠檬醛量 45%～55%。

山苍子根、叶、树皮均可采收,洗净鲜蒸或阴干再蒸。雄株可采花蒸油,但含醛量低,具有特殊香味,可用于调香香料。

(2) 原料的保管与贮藏　含挥发油的原料原则上采后应立即蒸馏,以防霉烂变质影响油的质量。如果不能及时加工,可贮藏于干燥、阴凉、通风良好的仓库内,必要时可安装空调设备。但要注意气流不可过强,否则造成挥发油的挥发。如果库房温度过高,会使挥发油氧化、聚合树脂化。

花类原料在库内存放时,花层一般厚度不得超过 5～10cm,如果库内面积不足,可设花架充分利用空间或用花筛存放,库内温度不得高于 35℃。

鲜叶存放高度不得超过 10cm,室温以 20～30℃为宜,存放时间不得超过 2 天,在存放期使叶子散失一部分水分,使气孔扩大,有利于挥发油的提取。

皮和种子原料可根据挥发油的生产要求而定,采取不同措施贮存。

(3) 原料的粉碎　挥发油在植物体内多贮存于油囊、油室、油细胞或腺鳞和腺毛中,因此,在蒸馏前可根据原料情况进行破碎。叶类一般用机械切成丝。花类一般不需破碎,可直接蒸馏。果实和种子类必须粉碎成粗粉,或用滚压机压碎。根、茎及木质部用机械切成薄片或小段,或粉碎成粗粉。总之,粉碎的目的是暴露更多的油细胞,便于快速蒸馏。

8.4.1.2　挥发油的提取方法

挥发油的化学组成十分复杂,以萜类及其衍生物为主,也含有芳香族化合物,但它们的共同点是都具有挥发性,都可以随水蒸气一起蒸馏出来。因原料来源不同,原料的部位不同,方法也各异,所以可根据挥发油的不同性质来选择加工提取设备。常用的方法有水蒸气蒸馏法、浸提法、吸附法和压榨法四大类。

(1) 水蒸气蒸馏法　水蒸气蒸馏法根据设备不同,可分为间歇式水蒸气蒸馏法、连续式水蒸气蒸馏法两种,其蒸馏原理相同。

① 蒸馏原理。挥发油与水不相混合，但受热后，其挥发油的蒸气压与水的蒸气压总和在与大气压相等的情况下，溶液即沸腾，挥发油和水蒸气一起被蒸馏出来。在通常情况下，都可以在比挥发油沸点低的温度下与水同时馏出，再行分离，即可得到挥发油，例如：α-蒎烯是多种挥发油的组成成分，沸点为 155℃，当与水蒸气蒸馏时，在 60℃即可沸腾，与水同时蒸馏出来。一般先馏出来的组分多为沸点较低化合物，后馏出来的为高沸点部分。

② 蒸馏方法。水蒸气蒸馏的工艺条件：原料在蒸锅中的装载高度为 80%。有些原料在蒸后会膨胀，应装得适当低些；有些原料在蒸后迅速收缩，应装得适当高些。在蒸锅顶上要留有适当的水油混合蒸汽的盛气部位，以防料顶原料进入鹅颈和冷凝器。装料要装得均匀，对鲜花或干花一类的装料以松散为宜，对鲜叶一类的装料必须层层压实，对破碎后的粉粒状原料要装得均匀和松紧一致。按蒸锅容量计，常取 5%～10%的馏出速度，对含醛较多的精油如山苍子、香茅等应加快馏出速度。任何蒸馏方式，开始要慢，以后应逐渐增大，防止突然增大。在工业生产中按理论得率蒸出 90%～95%就作为蒸馏结束时间，组织松散、破碎的原料蒸馏时间短。在蒸馏过程中采用适当加压可缩短蒸馏时间。蒸馏开始后，首先从蒸锅、鹅颈和冷凝器中驱出不凝空气，驱出速度宜慢，水油混合蒸汽完全冷凝成馏出液，并继续在冷凝器中冷却，直至室温，再进入油水分离器分离。

挥发油的蒸馏方法可分间歇式和连续式两类。

间歇式水蒸气蒸馏：由于原料性质和设备不同，通常可分为水中蒸馏、水上蒸馏和蒸汽蒸馏三种类型。

连续式水蒸气蒸馏：随着挥发油用量越来越大，原料种植面积的扩大，现有的加工能力不能满足大工业生产的需要，如果增加间歇式的小蒸馏设备，会增加生产成本。此外挥发油生产季节性强，使用率低，增加设备的同时也会增大挥发油的损耗。同时间歇式蒸馏设备多是手工操作，劳动强度大，不符合现代化工业要求，采用连续式蒸馏设备就可以克服上述缺点。可利用机械方法投料和排渣，增大了原料投入数量，使挥发油产量不断提高。

连续式蒸汽蒸馏设备如图 8-6 所示。原料切碎后，由加料运输机(6)将原料送入加料斗(7)，经加料螺旋输送器 (2) 送入蒸馏塔内，通蒸汽进行蒸馏，馏出物经冷凝器 (5) 放入油水分离器，料渣从卸料螺旋输送器 (4) 卸出运走，分出的油即为成品。

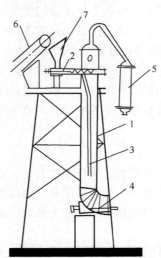

图 8-6　连续式蒸汽蒸馏设备

1—壳体；2—加料螺旋输送器；3—蒸汽管；4—卸料螺旋输送器；5—冷凝器；6—加料运输机；7—加料斗

连续式蒸汽蒸馏主要优点如下：

a. 操作过程机械化，减轻了加料和卸料的劳动强度，使工时消耗缩短到 1/5～1/3。

b. 加工原料的水量消耗减少到 1/4～1/5。

c. 挥发油得率高，一般可增加 0.08%～0.025%。

d. 与间歇式蒸馏法比较，挥发油品质高，几乎不需要重新精制。

e. 节省设备费用和日常修理费用，降低生产成本。

f. 改善了操作人员的工作条件。

本法主要缺点是耗电量大；一般 2t 原料需要消耗电能 8.7～17kW•h。

③ 精馏与精制。无论用哪种方法生产的挥发油，都需要符合国家标准和外销出口要求。初蒸馏的油虽然经油水分离器分离，还是粗制品须经检验鉴定，若不符合国家标准和外销出口要求，必须进一步精馏。精馏是采用精馏塔划温分馏，按其产品质量标准要求收集馏分。

有些挥发油经过精馏仍达不到要求时，必须再进一步精制。如桉叶油素达不到 80% 以上，必须采取冷冻精制，在 -40～-30℃ 进行方可达到要求。

（2）浸提法　利用挥发油能很好地溶解于某些挥发性溶剂中，从植物中提取挥发油，再蒸除溶剂，制得浸膏，这种方法称为浸渍法。某些花常采用这种方法来制备香料，如茉莉花、白兰花、晚香玉、栀子花、紫罗兰酮、桂花、金合欢、木兰花、月见草花、铃兰花、白丁香花、暴马子花等。

浸提法一般只适用于香花的加工，香花一般不采用蒸馏法加工，有些香树脂也可以采用此法提取浸膏，如赖百当膏、橡苔浸膏、枫香浸膏等。

常见的浸提方式：固定浸提、逆流浸提、转动浸提和搅拌浸提。

浸提、浓缩的工艺条件及有关因素如下所述。

① 原料的装载量：装载高度一般为浸提室的 70%，装载的原料要和溶剂有最大的接触面积，确保最好的传质效率，固定浸提最好分格装载。

② 溶剂比：溶剂应盖没料层，一般为 1:（4～5）。

③ 浸提温度：最常用的是室温，浸提温度适当提高，浸出率也会显著提高。浸提温度对溶剂渗透和精油扩散速率也有影响。

④ 浸提时间：达到理论得率的 80%～85%，即可完成浸提。

⑤ 蒸空浓缩：对含热敏性成分的浸提液，必须减压浓缩，真空度选择在 （600～630）×133.32Pa，加热温度保持在 35～40℃，在减压浓缩近一半时，以 120～150r/min 的速度进行搅拌为宜。至浓缩为粗膏状。

⑥ 净油的制备：在浸提过程中，大量植物蜡溶入溶剂，用 95% 以上乙醇除蜡，乙醇用量为浸膏量的 12～15 倍，在室温下过滤，除去的蜡要用乙醇洗至基本无香，滤液再在 0℃ 下冷冻 2～3h，减压过滤。除蜡后的溶液浓缩到原浸膏量的 3 倍，浓缩真空度为 （550～600）×133.32Pa，当乙醇蒸发完时，提高真空度到 700×133.32Pa。蒸发在水浴上进行，温度控制在 45～55℃，但有时要超过 65℃，浓缩过程中也要搅拌，以加快乙醇的蒸发，至净油中乙醇残留量不大于 0.5%。

（3）吸附法　在香料植物加工提油中，吸附法的应用远较蒸馏法、浸提法少。天然香料生产所应用的吸附多为物理吸附，被吸附上的精油不希望发生化学反应，也不希望发生极性吸附。物理吸附是由分子间引力所引起的，也就是范德华力。物理吸附无选择性，而且是可逆的。吸附为发热过程，即体系的熵减小，降低了界面自由能，是一个自动过程。吸附多为多分子吸附，吸附剂本身不发生变化。这样通过脱附，就能回收精油，而且精油的质量不会发生改变。常用的吸附剂有硅胶、活性炭等。

吸附法分三种：脂肪冷吸法、油脂温浸法、吹气吸附法。

① 脂肪冷吸法：先将脂肪基涂于方框的玻璃板的两面，随即将花蕾平铺于每框涂有脂肪基的玻璃板上，铺了花的框子应层层叠起，木框内玻璃板上的鲜花直接与脂肪基接触，脂肪基就起到吸附作用。每天更换一次鲜花，直至脂肪基中芳香物质基本上达到饱和时为止。然后将脂肪基从玻璃板上刮下，即得冷吸脂肪。

② 油脂温浸法：将鲜花浸在温热的精炼过的油脂中，经一定时间后更换鲜花，直至油脂中芳香物质达到饱和时为止，除去废花后，即得香花香脂。

③ 吹气吸附法：利用具有一定湿度的空气风量均匀地鼓入一格格盛装鲜花的花筛中，从花层中吹出的香气进入活性炭吸附层，香气被活性炭吸附达到饱和时，再用溶剂进行多次脱附，回收溶剂，即得精油。

吸附法通常用 3 份豚脂、2 份牛脂的混合物作为挥发油的吸收剂，先在面积为 50cm×50cm、厚度为 3mm 的玻璃板的两面涂上一层吸收剂，然后将涂好的玻璃板置于高 5cm 的木框中，在涂有吸附剂的面上铺一金属网，其上放一层新鲜花朵或花瓣，再置一涂好的玻璃板，重叠起来，花瓣被包在两层吸收剂之间，玻璃板上的两面都可以吸收挥发油，依照花的不同性质，放置一昼夜或更长的时间，除去花瓣，再换上新花瓣，如此，直至吸收剂达到饱和为止，刮下吸收剂，可直接作为香脂用于化妆品上，也可提取高级挥发油。

这种方法制得的挥发油品质较佳，多用于提制贵重的挥发油，如玫瑰油、茉莉花油等。此种方法可以保存花朵的新鲜和完整，在酶的作用下，还可以使花朵继续产生挥发油，所以产量高，质量好。

现在还有应用活性炭来吸收挥发油的，其方法是将花放置在大的容器中，通入空气或惰性气体（通常用 N_2），将饱和的挥发油气体导入装满活性炭的桶中，最后再从已被挥发油饱和的活性炭中用低沸点溶剂将挥发油提取出来。

实验室使用的吸附装置见图 8-7。操作如下：把含苞待放的鲜花蕾放入玻璃容器 C 中（可用真空干燥器改装），经净化处理并用氮吹干的树脂装进 D、E 和 B 三支吸附管中，当小型抽气泵启动后，调整抽气流量，并控制在 1～1.5 L/min。空气首先经过分别装有颗粒状活性炭和分子筛 5A 的净化塔 A 和 A′，再通过空白对照管 B 管，进入容器 C，净化空气将头香成分带进装有树脂 D 和 E 管内，同时被吸附于树脂表面，空气通过流量计 F 后，被抽气泵带出大气中。吸附时间一般为 12h 左右。吸附有头香的树脂，用少量精制溶剂（如乙醚、戊烷）洗脱，洗脱液在氮气流中小心浓缩即得。

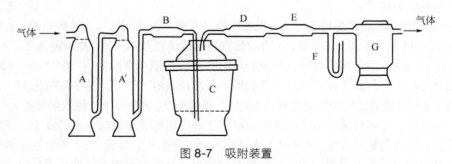

图 8-7 吸附装置

A，A′—空气净化塔；B，D，E—吸附管；C—贮料室；F—空气流量计；G—抽气泵

（4）压榨法　压榨法是从香料植物原料提取精油的传统方法，主要用于柑橘类精油的提取。柑橘类精油的化学成分都为热敏性物质，受热易氧化、变质，因此，柑橘精油的提取适用于冷压和冷磨法。

当油囊破裂后，精油虽会喷射而出，但仍有部分精油在油囊中，或已喷出的精油被果皮碎屑或海绵组织所吸收，所以在磨或压时，必须用循环喷淋水不断喷向被磨或被压物，把精油从植物原料中冲洗出来。由循环喷淋水从果皮上或碎皮上冲洗下来的油水混合液常带有果皮碎屑，为此要经过粗滤和细滤，滤液经高速离心机分离，才能获得精油。

柑橘类果皮中精油位于外果皮的表层，油囊直径一般可达 0.4～0.6mm，无管腺，周围无色壁，是由退化的细胞堆积包围而成。如果不经破碎，无论减压或常压油囊都不易破裂，精油不易蒸出。但橘皮放入水中浸泡一定时间后，使海绵体吸收大量水分，或者设法使海绵体萎缩，使其吸收精油的能力大大降低。此外油囊及其周围细胞中的蛋白胶体物质和盐类构成的高渗溶液有吸水作用，使大量的水分渗透到油囊内部和它的周围，油囊内压增加，当油囊破裂时，油液即喷出。过滤，离心分离得香精，该香精油有少量水分和蜡状物等杂质，放在 8℃低温静置 6 天，杂质与水就沉降下来，然后吸取上层澄清精油，再过滤，滤液即为香精油产品。

8.4.2　挥发油的分离

用水蒸气蒸馏法、浸提法、吸附法以及压榨法等制备的挥发油类都是混合物，要想得到单一成分就需要进一步分离。目前常用的方法有分馏法、化学法和色谱法，在实际应用中往往几种方法配合使用才能达到目的。

8.4.2.1　分馏法

利用萜类组成成分的碳原子数（相差 5 个）和官能团的不同，各成分之间的沸点有一定差距，也有一定规律性，一般单萜类沸点随双键的减少而降低，三烯>二烯>一烯。

含氧单萜的沸点，随着官能团极性增加而增高。醚<酮（醛）<醇<酸。酯与相应的醇沸点见表 8-1。含氧倍半萜的沸点更高，常压下蒸馏常被破坏，必须减压蒸馏。

分馏方法：一般采用分馏柱进行常压或减压蒸馏分馏，所得的每一馏分可能是混合物，不过含有的组分比较单纯，如需获得单一组分可进一步精馏或结合冷冻结晶法，常常得到单一成分。例如薄荷醇的提取分离即可用此法，收集 200～300℃馏分后再置 0℃时，薄荷醇就可以和薄荷酮分离。

表 8-1　萜类的沸点

萜　类	常压下沸点/℃
半萜类	130
单萜烯烃，双环一个双键	150～170
单萜烯烃，单环两个双键	170～180
单萜烯烃，链状三个双键	180～200
含氧单萜	200～230
倍半萜及其含氧物	250～300

8.4.2.2　化学法

化学法是根据各组成成分所含有的官能团或结构的不同，用化学方法逐一加以处理，达到分离目的。

（1）碱性成分的分离　将挥发油溶于乙醚中，用1% HCl或1% H_2SO_4萃取数次，分取酸水层，再碱化，用乙醚萃取，蒸去乙醚，即得碱性成分。

（2）酸性成分的分离　将挥发油的乙醚溶液用5%$NaHCO_3$溶液萃取，分取碱层，再加酸酸化，用乙醚萃取，蒸去乙醚，即得酸性成分。分离后的母液，再用2%NaOH溶液萃取，分取碱层，酸化后，用乙醚萃取，可得酸性或其他弱酸性成分。

（3）含羰基成分（中性成分）的分离　凡含有醛或酮基的化合物，用$NaHSO_3$或Girard试剂加成，使亲脂性成分转变为亲水性成分的加成物而分离。

① 亚硫酸氢钠法。分出酸碱性成分后的乙醚溶液，加30%左右的$NaHSO_3$溶液，低温短时间振摇萃取，也可用亚硫酸钠溶液加等摩尔量的醋酸来萃取，分取加成物（一般为结晶），加酸或加碱使加成物分解，即可得到原来的醛或酮，如桂皮醛与$NaHSO_3$加成生成二磺酸衍生物，加酸后可得原桂皮醛。

② Girard试剂反应　Girard试剂是指带有季铵基团的酰肼，常用的试剂是T和P，它们的结构如下：

$$X^-(CH_3)_3N^+—CH_2—CO—NH—NH_2$$

Girard试剂T

$$ \begin{array}{c} N^+—CH_2CONH—NH_2X^- \end{array} $$

Girard试剂P

分出酸碱后的中性部分加Girard试剂乙醇液，加入10%醋酸促进反应，加热回流，反应完成后加水稀释，用乙醚提取，分出水层，加酸酸化，再加热处理，即得原来的成分。

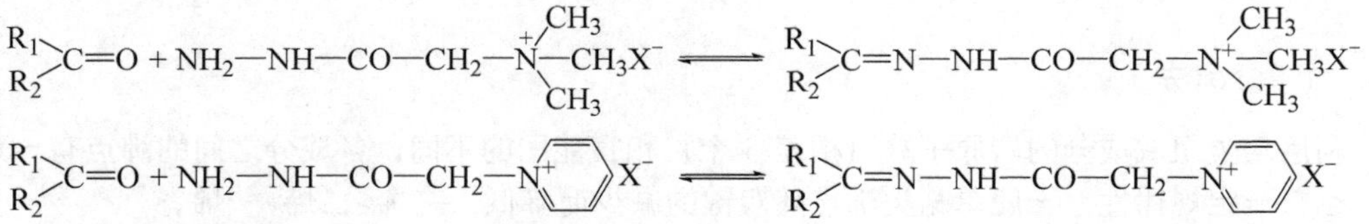

$$ \begin{array}{c} R_1 \\ R_2 \end{array}C=O + NH_2—NH—CO—CH_2—\overset{+}{\underset{CH_3}{\overset{CH_3}{N}}}—CH_3X^- \rightleftharpoons \begin{array}{c} R_1 \\ R_2 \end{array}C=N—NH—CO—CH_2—\overset{+}{\underset{CH_3}{\overset{CH_3}{N}}}—CH_3X^- $$

$$ \begin{array}{c} R_1 \\ R_2 \end{array}C=O + NH_2—NH—CO—CH_2—N^+X^- \rightleftharpoons \begin{array}{c} R_1 \\ R_2 \end{array}C=N—NH—CO—CH_2—N^+X^- $$

（4）醇类成分的分离　常用邻苯二甲酸酐或丙二酰氯等试剂使醇酰化，转为酸性成分，用$NaHCO_3$溶液提取，然后用皂化反应即可得到原来的醇，其过程如图8-8所示。

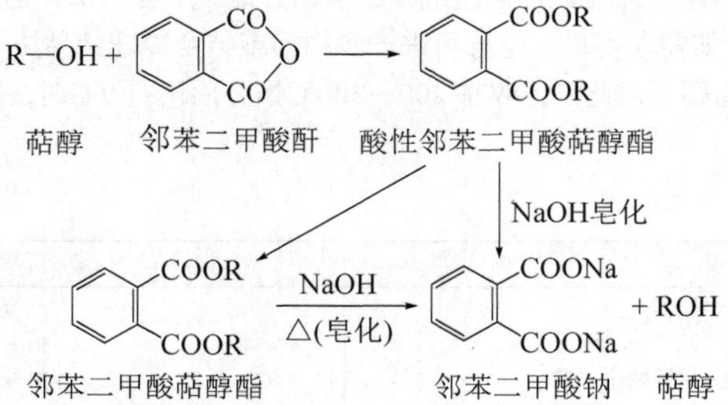

萜醇　　邻苯二甲酸酐　酸性邻苯二甲酸萜醇酯

NaOH皂化

邻苯二甲酸萜醇酯 $\xrightarrow[\triangle(皂化)]{NaOH}$ 邻苯二甲酸钠　萜醇 + ROH

图8-8　醇类成分的分离

醇类成分可通过与$CaCl_2$形成分子复合物结晶而分出；也可通过冷冻析脑法（如薄荷脑、龙脑等）来分离。

（5）其他成分的分离

① 酯类：可用精馏法和色谱法分离。

② 醚类：在挥发油中不多见，如桉叶油中的桉油精可与浓磷酸作用生成白色的磷酸盐结晶来实现分离。

③ 烯类：利用分子中的不饱和双键，制成苦味酸、三硝基苯、三硝基间苯二酚等加成物析出结晶，或利用 Br_2、HCl、HBr、NOCl 等试剂与双键加成，生成物为结晶性，借此可以分离。

8.4.2.3 色谱法

（1）薄层色谱法　挥发油中所含各类化合物的极性大小顺序为：烃<醚<酯<醛<醇、酚<酸。

吸附剂：硅胶 G 或中性氧化铝 G（活性Ⅱ～Ⅲ级）。

展开剂：分离极性较小的成分，可在正己烷或石油醚中加入一定量的乙酸乙酯，增大极性。此外，还可以使用其他展开剂，如苯、乙醚、四氯化碳、氯仿、乙酸乙酯，以及不同比例的混合展开剂。

① 烃类。

展开剂：己烷、石油醚或戊烷。R_f 由大到小顺序为：饱和烃>一烯烃>二烯烃>薁类>含氧化合物（在原点不动）。

显色剂：茴香醛-浓硫酸试剂，喷后 105℃烘烤。

② 含氧化合物。

展开剂：正己烷-乙酸乙酯（85：15）。各类化合物 R_f 值由大到小顺序为：烃类醚>酯>醛、酮>醇>酚>酸。

显色剂：5%香草醛的浓盐酸溶液或5%香草醛的浓硫酸溶液。分离具体化合物时可参照表 8-2。

表 8-2　分离各种化合物的展开剂和显色剂

化　合　物	展　开　剂	显　色　剂
单萜烯和倍半萜烯	① 正己烷； ② 环己烷； ③ 甲基环己烷	荧光素-溴
氧化物、环氧化合物和过氧化合物 醚类	① 苯 ② 氯仿 ③ 正己烷-乙醚（80：20）两次展开苯	① 香草醛-浓硫酸 ② 三氯化锑 ③ 过氧化物可用碘化钾-冰醋酸淀粉，香草醛-浓硫酸
酯类	① 正己烷-乙酸乙酯（85：15） ② 正己烷 ③ 不含醇的氯仿	荧光素-溴
酚类	苯	① 香草醛-浓硫酸 ② 五氯化锑 105℃烘 10min
醛类	① 苯 ② 苯-乙酸乙酯-冰醋酸（90：5：5） ③ 氯仿	邻联二茴香胺
酮类	① 苯 ② 苯-乙酸乙酯-冰醋酸（90：55） ③ 氯仿	① 邻联二茴香胺 ② 5%浓硝酸的浓硫酸溶液
醇类	① 正己烷-乙酸乙酯（85：15） ② 氯仿-乙酸乙酯（90：10） ③ 正己烷-异丙醚（50：50）	① 荧光素-溴 ② 磷钼酸乙醇溶液 ③ 香草醛-浓硫酸

对于萜类成分来说，由于异构体较多，往往由于双键位置或数目不同，有很多结构相近的

化合物，用一般薄层方法很难分离，可利用不同双键和 AgNO₃ 形成π络合物的难易来分离。例如以 2.5% AgNO₃ 水溶液代替水调糊制硅胶板，以二氯甲烷-氯仿-乙酸乙酯-正丙醇（10:10:1:1）为展开剂，对苦叶油醇、牻牛儿醇、香叶醇、愈创木醇、龙脑和雪松醇等萜醇类分离较好。显色剂可用 10%H₂SO₄ 喷雾，110℃加热，必要时加少许硝酸。或用香草醛-浓硫酸。如图 8-9 所示。

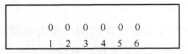

图 8-9　一些萜类在 2.5% AgNO₃ 制硅胶板上层析结果

1—苦橙叶醇；2—牻牛儿醇；3—香叶醇；4—愈创木醇；5—龙脑；6—雪松醇

（2）柱色谱法　吸附色谱和分配色谱均可用于挥发油成分的分离，其中以硅胶柱色谱或氧化铝柱色谱应用最多，一般方法是将挥发油溶于己烷中，加到柱的顶端，先以己烷或石油醚冲洗，萜类成分先被洗脱下来，再改用乙酸乙酯洗脱，可把含氧化合物洗脱下来，在洗脱过程中可逐渐增加溶剂的极性，分段收集，可将各类成分分开。

（3）气相色谱法　最常用的是气液色谱法（GLC），或程序升温气相色谱（TPGC）法，可将挥发油中单萜、倍半萜及它们的含氧衍生物一一分离。

固定相：有饱和烃润滑油、甲基硅酮、三氟丙基甲基硅酮等，一般应用聚乙二醇类不仅能够使烃类挥发油成分按照沸点差距分离，还能由于双键数目、位置以及其他分子结构的不同所表现出的极性差异，得到比较全面的分离。极性大的成分在极性固定相如聚乙二醇类中保留时间长。柱温：萜类在 130℃以下；倍半萜类在 170～180℃或再高一点温度；含氧的烃类（醇、醛、酮、酯、酚）一般要求 130～190℃。气相色谱不仅可以定性，也能进行含量测定。分离过程如图 8-10 所示。

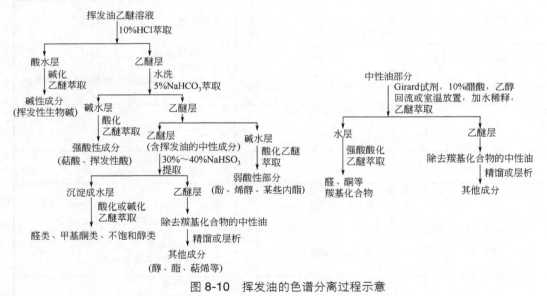

图 8-10　挥发油的色谱分离过程示意

8.5　挥发油和单体化合物提取实例：柏木油和柏木油醇提取

柏木各部位（枝、果、根、秆）都含有油分，但对同一树种，因树龄、产地条件、采伐季节的不同，其油分含量也有差异。

粗柏木油的提取方法有：水中蒸馏、水上蒸馏、蒸汽蒸馏。在此我们采用水上蒸馏进行粗柏木油提取，其特点是蒸汽永远是饱和的湿蒸汽，原料只与蒸汽接触而不与沸水接触。柏木油醇分子式 $C_{15}H_{26}O$，分子量 222.36。

（1）工艺流程 首先将柏木根人工破碎或人工砍片（圆盘锯切断，切片、破碎），然后蒸馏、冷凝、油水分离。在灶上安一只铁锅，铁锅上装一层透气板或网，再套上蒸馏桶（可用木器制作），桶中装实。可用竹制冷凝管，从桶的顶部或顶傍引出迁至水中。用直接火加热蒸馏锅中的水，水沸后产生的饱和低压蒸汽由原料而上，带着油分通过冷凝管冷却流入油水分离器中，经油水分离得粗柏木油。

（2）加工技术 柏木根在破碎之前，首先进行选料（要龄长、油心根）削片，破碎时必须沿木质的横截面切断，以破坏其油组织细胞。切好的木屑、木片最好在 40℃以下烘干后，再进行蒸馏提取。烘干的木屑可缩短蒸馏时间，节约燃料，同时可提高出油率。第一次蒸馏结束后，可将木屑烘干再进行第二次蒸馏，第二次提取出油率是第一次提取出油率的 1/3～1/2。

（3）原理 水上蒸馏提取粗柏木油的方法是使蒸汽同油分一起馏出，可降低柏木油沸点，从而防止因高温使油变质。蒸汽上升透过木屑细胞壁，木屑内部的油分必须暴露在木屑表面才能被蒸汽所带出，暴露在木屑表面的油分蒸走后，另一部分油分子又重新组合，自内向外渗透。同时水分自外向内渗入弥补内部油分损失，此过程周而复始，往复不断。

在蒸馏过程中，柏木油中的某些成分中部分酯类（有机酸及醇的化合物）在与水共存的情况下发生水解。这种反应对蒸馏的影响是一种可逆反应，当反应达到平衡时都是酯、水、酸、醇共存于这个体系，如水量甚大，则醇量亦随之增大，当原料的水解进行一定程度后，就会影响粗油得率。

蒸馏温度的高低，对油的品质有一定的影响。在蒸馏过程中，其温度时有变化。蒸馏开始时，被破碎的木屑表面上有许多油分，其中低沸点组分 α-蒎烯、β-蒎烯等最先挥发，其沸点通常为 150～165℃，此时温度稍低。油分逐渐减少而高沸点柏木醇等组分物质比例增大，其沸点通常在 292℃左右。温度逐渐升高，直至达到该压力下的饱和水蒸气温度为止。在高温下柏木油的成分易受热分解，为得到品质优良的产品，就必须在蒸馏时保持低温或将高温的时间尽量缩短。

（4）粗柏木油的成分及性状 粗柏木油呈淡黄色或棕红色黏稠液体，溶于乙醚、乙醇、汽油等，相对密度〔20℃〕0.948～0.954，由 19 种成分组成，已利用的达 7 种之多。占比例最大为烯和醇类，烯占 65%、醇占 25%左右。粗柏木油经精加工可得柏木脑（柏木醇）、柏木精油、柏木烯酮、甲基柏木醚等，是我国传统的出口商品之一。

（5）精制柏木精油和柏木脑 在粗柏木油中烯、醇占有较大比例，且沸点较高，所以通过减压精馏进行分离。精制柏木油、柏木脑工艺流程如图 8-11 所示。

① 精馏工艺。粗柏木油经 60℃蒸汽预热溶解，经空压机压入高位槽（60℃保温），通过转子流量计，计量进入预热器（130～150℃），到塔的中部进料，至加热容器中。塔身分两段：上段为精馏段；下段为提馏段。物料蒸发通过冷凝器到冷却器进一步冷却，由气相变液相，到分配槽进行分配，高沸点物质进入塔中加热容器釜中，低沸点物质进入储罐中，成为成品精油。

② 精馏要求。塔顶馏出物柏木精油含醇量应小于 6%而大于 3%，塔釜精馏残液含醇量应控制在 45%～65%，日产精油 1500kg，得率 92%。真空度为 720mmHg；塔顶温度为 100～130℃；塔釜温度为 160～180℃；塔身提馏段温度为 120～130℃；塔身精馏段温度为 80～100℃。

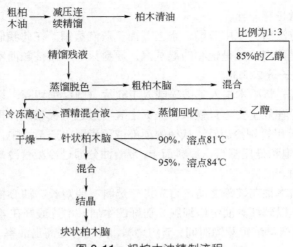

图 8-11　粗柏木油精制流程

③ 产品特征及用途。柏木精油呈淡黄色黏稠状液体，具有温和持久的柏木香气。广泛用于食品、烟草、肥皂、日用化妆品等，起着调香的作用，是一种有价值的消毒剂。相对密度（20℃）0.936～0.970；旋光度（20℃）−25°～60°；溶解度（90%乙醇中）1:（10～20）；沸点 262～263℃；分子式 $C_{15}H_{24}$；分子量 204。

第9章
生物碱的分类、性质及提取与分离

9.1 生物碱类概述

　　生物碱是生物体内一类含氮有机化合物的总称，它们有类似碱的性质，能和酸结合生成盐。大多数生物碱有比较复杂的环状结构，氮原子结在环内，这类化合物多有特殊而显著的生理作用，是一类较重要的植物化学成分。例如在医疗实践中常用来治疗痢疾的小檗碱（黄连素）、解除胃痉挛而能止痛的阿托品以及治疗高血压病的利血平等都属于生物碱类。但是也有例外，如治疗哮喘的麻黄碱属于芳胺衍生物，氮原子不在环上；治疗癫痫的胡椒碱（胡椒素）虽为含氮杂环的衍生物，但不易与酸结合成盐；抗癌有效的秋水仙碱几乎没有碱性，氮原子不在环上，习惯上仍包括在生物碱的范围内。

　　生物碱在植物中分布很广，据统计，最少一百几十个科的植物中均含有生物碱。大多数生物碱分布于双子叶植物中，防己科、茄科、罂粟科、豆科、夹竹桃科、毛茛科、小檗科等植物中普遍含有生物碱。在有些科中，差不多所有的植物都含有生物碱，而有些科只有少数几个属或若干种植物含有生物碱，且往往是科属亲缘关系相近的植物，尤其在同属植物中含有的生物碱会具有近似的化学结构。生物碱在植物体内往往集中在某一部分或某一器官。例如黄柏和金鸡纳树中生物碱集中在皮部；石蒜中生物碱集中在鳞茎；三颗针中生物碱集中在根部，尤以根皮中含量较高；白屈菜虽全草均含生物碱，但其根部的含量比花与叶部分要多些；麻黄碱主要含在麻黄的茎内，且以茎的髓部含量较高，其根部则不含麻黄碱。植物生长过程中，不同的条件，包括自然环境与生长季节，对生物碱含量都可能有显著影响，因此采原料时要注意产地和季节的选择。例如产在山西大同附近的麻黄，生物碱含量可高达1.6%左右，而有的地区很低。同时，秋末冬初时采集的麻黄草，含生物碱量也较高。

9.2 生物碱的分类

9.2.1 根据生物碱的生源分类

9.2.1.1 由苯丙氨酸、酪氨酸代谢衍生的生物碱

　　（1）苯胺组生物碱 该组生物碱结构上的特点是N在环外侧链上，为有机胺类化合物，最简单的例子是麻黄碱［图9-1（3）］。麻黄生物碱含于麻黄植物，其中麻黄碱有舒张平滑肌和利尿的作用，用于治疗哮喘病。苯胺组生物碱分布于裸子植物的麻黄科、红豆杉科的红豆杉属；被子植物的仙人掌科、忍冬科、卫矛科、藜科、豆科、百合科、罂粟科、禾本科、毛茛科、蔷

薇科、芸香科、茄科等科植物含量较丰富。

(2) 秋水仙碱组生物碱　秋水仙碱是该组的典型例子［图 9-1（4）］，N 亦在环外侧链上成酰胺结构，故碱性减弱，呈中性。秋水仙碱有抑制癌细胞的作用，但毒性太大，临床上难以应用。在植物遗传特性研究中，秋水仙碱用以加倍染色体。该组生物碱主要分布于百合科。青藤碱［图 9-1（9）］从青风藤（又名青藤）提取，主要作用是治疗风湿症。

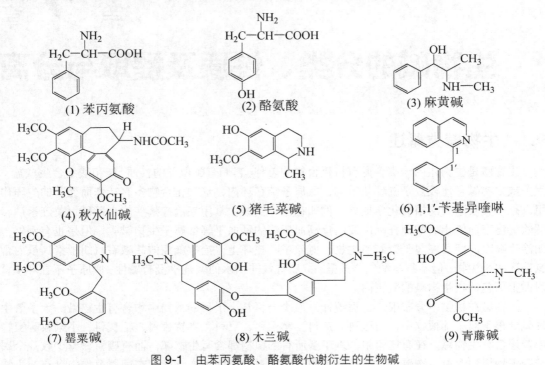

(1) 苯丙氨酸　　　　(2) 酪氨酸　　　　(3) 麻黄碱

(4) 秋水仙碱　　　(5) 猪毛菜碱　　　(6) 1,1′-苄基异喹啉

(7) 罂粟碱　　　　(8) 木兰碱　　　　(9) 青藤碱

图 9-1　由苯丙氨酸、酪氨酸代谢衍生的生物碱

(3) 简单异喹啉组　该组分子结构上 N 在环上，如猪毛菜碱［图 9-1（5）］。该组生物碱主要分布于藜科、豆科植物。

(4) 苄基异喹啉组　该组约有 60 余种生物碱，如罂粟碱［图 9-1（7）］，富含于下列各科植物：番荔枝科、小檗碱科、大戟科、莲叶梧桐科、樟科、木兰科、防己科、睡莲科、罂粟科、毛茛科、芸香科等。

(5) 双苄基异喹啉组　该组在结构上可视为两个苄基异喹啉组分子结合而成，如木兰碱［图 9-1（8）］。该组主要分布于比较原始的双子叶植物类群，如番荔枝科、马兜铃科、小檗科、黄杨科、莲叶梧桐科等。

9.2.1.2　由组氨酸衍生的生物碱

由组氨酸衍生的生物碱不多，化学结构属咪唑类。毛果芸香碱是其代表，它是强烈的发汗剂和缩瞳剂（图 9-2）。

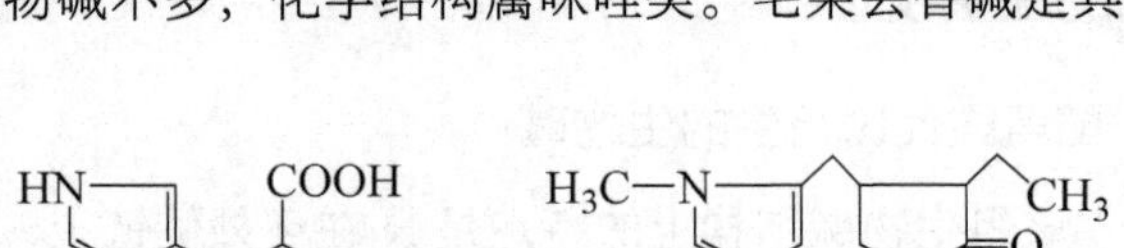

组氨酸　　　　　　　毛果芸香碱

图 9-2　由组氨酸衍生的生物碱

9.2.1.3 由鸟氨酸代谢衍生的生物碱

由鸟氨酸代谢衍生的生物碱主要有吡咯、吡咯里西啶、莨菪烷型生物碱等。

（1）吡咯组生物碱 该类生物碱是吡咯或吡咯结构的衍生物，如水苏碱［图9-3（3）］、古柯碱［图9-3（4）］、党参碱等。吡咯组生物碱主要分布于以下各科植物：菊科、十字花科、旋花科、古柯科、豆科、唇形科、兰科、茄科等。

（2）莨菪烷组生物碱 该组生物碱有一个托哌烷母核，一般以酯形式存在。它是由莨菪衍生的氨基醇与不同的有机酸缩合而成的酯，有40余种，其中1/2以上分布在茄科，少数分布于旋花科、古柯科、菊科等，如莨菪碱和东莨菪碱［图9-3（7），（8）］。

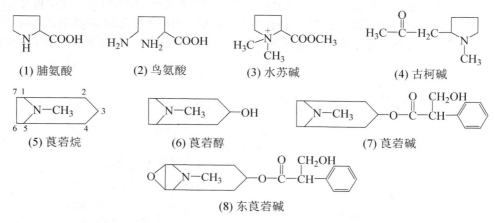

(1) 脯氨酸　　(2) 鸟氨酸　　(3) 水苏碱　　　　　(4) 古柯碱

(5) 莨菪烷　　　　(6) 莨菪醇　　　　　(7) 莨菪碱

(8) 东莨菪碱

图9-3　由鸟氨酸代谢衍生的生物碱

9.2.1.4 由邻氨基苯甲酸与鸟氨酸或赖氨酸代谢衍生的生物碱

邻氨基苯甲酸是色氨酸的代谢产物，其氨基连接在苯环上，严格地说它不属于氨基酸。这一类又分下列两组。

（1）喹唑啉组生物碱 该组生物碱种类不多，常见的有鸭嘴花碱和常山碱［图9-4（3），（4）］等，主要分布于爵床科、芸香科、虎耳草科、藜科、五加科、蒺藜科等。

（2）喹啉组生物碱 该组主要代表为奎宁［图9-4（5）］。

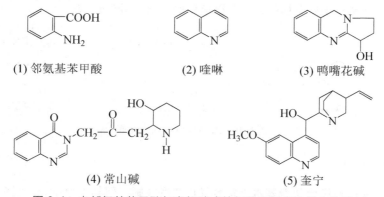

(1) 邻氨基苯甲酸　　　　(2) 喹啉　　　　　(3) 鸭嘴花碱

(4) 常山碱　　　　　　(5) 奎宁

图9-4　由邻氨基苯甲酸与鸟氨酸或赖氨酸代谢衍生的生物碱

9.2.1.5　由色氨酸衍生的生物碱

由色氨酸衍生的是一系列吲哚类生物碱。它们是由色氨酸脱羧，有的还要进一步环合而形成。这类生物碱超过 1000 种，结构复杂，类型很多，以下仅简要介绍。

（1）简单吲哚生物碱组　植物界除存在吲哚类生物碱外，还存在游离态吲哚，如水仙花中就有这类物质。芦竹碱［图 9-5（3）］存在于大麦中，是一种异株克生剂。大麦同其他植物特别是同禾本科植物竞争获胜的原因之一，是它的这种分泌物抑制了其他植物的正常生长。该类生物碱在以下各科植物中有分布：槭树科、漆树科、夹竹桃科、天南星科、藜科、胡颓子科、豆科、樟科、锦葵科、芭蕉科、禾本科等。

（2）伊菠因及老刺木精组　这类生物碱在夹竹桃科植物长春花中有分布，从中可分离出 60余种生物碱，其中长春碱［图 9-5（4）］和长春新碱可用于治疗霍奇金病、急性淋巴细胞性白血病、淋巴肉瘤、绒毛膜淋巴上皮细胞癌等恶性肿瘤，也是当今国际上应用最多的两个植物来源的抗癌药。

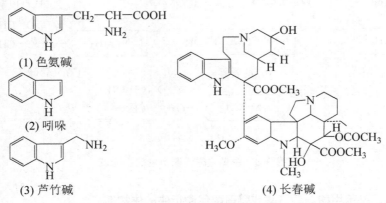

（1）色氨碱
（2）吲哚
（3）芦竹碱
（4）长春碱

图 9-5　由色氨酸衍生的生物碱

9.2.1.6　由赖氨酸衍生的生物碱

由赖氨酸衍生的生物碱主要是吡啶、哌啶及喹诺里西啶型。

9.2.1.7　由烟酸衍生的生物碱

这类生物碱的例子主要有烟碱、葫芦巴碱和蓖麻碱（图 9-6）等。

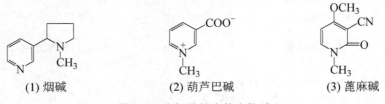

（1）烟碱
（2）葫芦巴碱
（3）蓖麻碱

图 9-6　由烟酸衍生的生物碱

9.2.1.8　萜类生物碱

这类生物碱从碳原子骨架看基本上符合异戊二烯法则，但其生源不一，是多源的。最简单的单萜类生物碱，如猕猴桃碱和肉苁蓉碱（图 9-7）等。

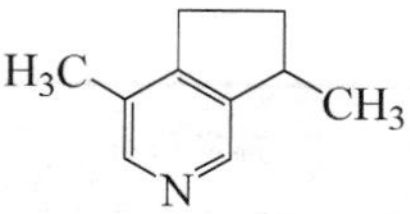

(1) 猕猴桃碱 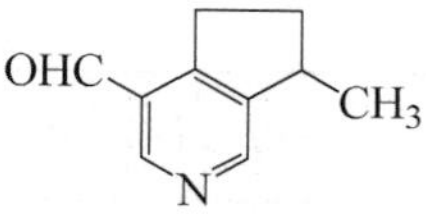　　　　　　　(2) 肉苁蓉碱

图 9-7　萜类生物碱

9.2.1.9　嘌呤类生物碱

嘌呤类化合物广泛分布于生物界，真菌含有香菇嘌呤，冬虫夏草含虫草碱等。高等植物中嘌呤分布更多，如咖啡因、可可豆碱（图 9-8）等。

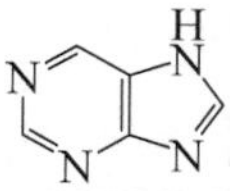

(1) 嘌呤 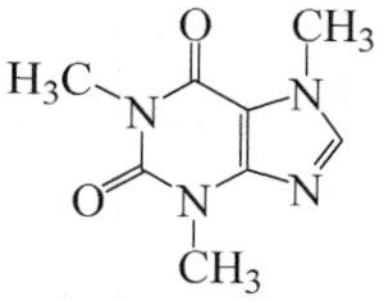　　　　　　　(2) 咖啡因 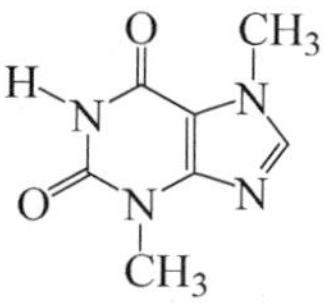　　　　　　　(3) 可可豆碱

图 9-8　嘌呤类生物碱

综上所述，从生物碱合成的生源来讲，生物碱主要由氨基酸衍生而来。这些氨基酸包括鸟氨酸、苯丙氨酸、酪氨酸、组氨酸、色氨酸、赖氨酸、脯氨酸以及邻氨基苯甲酸，此外烟酸、萜类和嘌呤也是某些生物碱合成的前体物质。

9.2.2　根据 N-杂环的结构来分类

生物碱还可以根据 N-杂环的结构进行分类，以表 9-1 作简单介绍。

表 9-1　生物碱 N-杂环的分类

生物碱类型	结构名称实例		植物来源	杂环合成的前体物
（1）吡咯烷环 　　　（2）莨菪烷	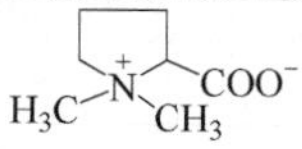	水苏碱	苜蓿	L-鸟氨酸
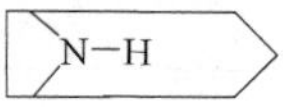	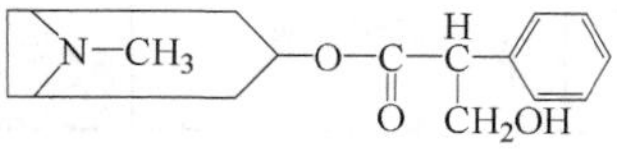	天仙子胺（颠茄碱）	颠茄、曼陀罗和其他茄科植物	L-鸟氨酸
哌啶 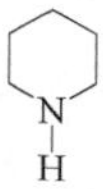	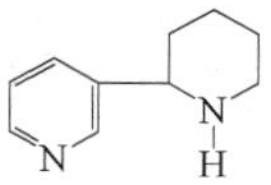	新烟碱	无叶假木贼、粉蓝烟草	鸟氨酸 L-赖氨酸
	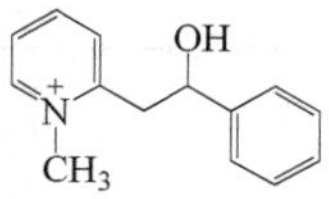	镇定胺	景天属诸种，如垂盆草	L-鸟氨酸 L-赖氨酸
	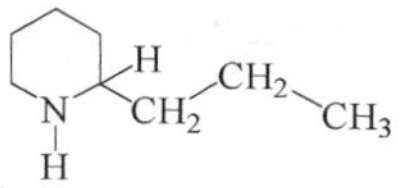	毒芹碱	芹叶钩吻	4×CH₃COOH 1 个 N 源

生物碱类型	结构名称实例		植物来源	杂环合成的前体物
吡啶		烟碱	烟草属诸种	L-天冬氨酸+1 个 3C 单位 L-赖氨酸
吡咯双环		倒裂碱	千里光属诸种，猪屎豆属诸种	L-鸟氨酸
菲并吲哚双环		娃儿藤碱	防哮喘娃儿藤	L-鸟氨酸
喹嗪啶		羽扇豆碱	黄金扇豆，金雀花	L-赖氨酸
喹啉		奎宁	金鸡纳属诸种	L-色氨酸
		白藓碱	白藓	邻氨基苯甲酸
异喹啉		吗啡	罂粟	L-酪氨酸
喹唑啉		鸭嘴花碱（骆驼蓬碱）	鸭嘴花，欧骆驼蓬	邻氨基苯甲酸
吲哚 （1）β-苄啉生物碱 （2）麦角灵生物碱 b		阿吗碱	育亨宾柯楠，蛇根木	L-色氨酸
		田麦角碱	麦角（麦真菌 C）	L-色氨酸

生物碱类型	结构名称实例		植物来源	杂环合成的前体物
二氢吲哚（甜菜拉因）	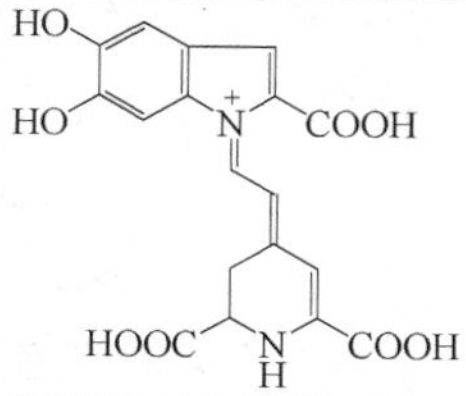	甜菜苷配基	红甜菜根和其他中央种子目	L-酪氨酸
咪唑	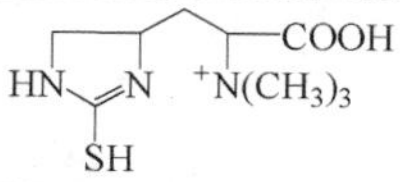	麦角硫因	粗糙链孢霉	L-组氨酸
吖啶 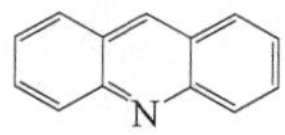	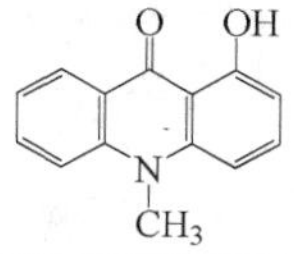	芸香吖啶酮	芸香	

9.3 生物碱的理化性质

生物碱的种类很多，已分离纯化并已知结构式的就有数千种，因此不可能对它们的性质一一加以介绍。但在种类繁多的生物碱中，已归纳出一些基本的共同性质，熟悉这些基本的共性，有利于进一步了解生物碱的特性。

9.3.1 形态

大多数生物碱均为结晶形固体，有一定的结晶形状，只有少数是非结晶形的粉末，如乌头中的乌头原碱。有少数在常温时为液体，例如得自八角枫须根中的毒藜碱（分子结构示于图 9-9），具有松弛横纹肌及镇痛作用，以及烟叶中的萘碱等，都是液体。液体生物碱除少数例外，分子中多不含氧原子。如果分子中有氧原子存在，也多结合成酯键，如槟榔中的槟榔碱。这些液态生物碱在常压下可以蒸馏，随水蒸气蒸馏而不被破坏。

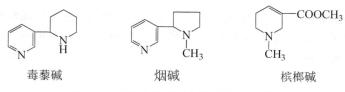

毒藜碱　　　　烟碱　　　　槟榔碱

图 9-9　几种非结晶形生物碱的分子结构

9.3.2 颜色

生物碱一般是无色或白色的化合物，只有少数有色，例如小檗碱和萝芙木中的蛇根碱（serpentine）为黄色。很可能是由于它们都成共轭状态的季铵碱的缘故。假若将小檗碱经硫酸和锌粉的还原反应，生成四氢小檗碱，失去原有共轭状态季铵碱的结构部分，即转为无色。还有一些不是季铵碱的生物碱，也具有颜色，例如一叶萩碱或称叶底珠碱（securinine）是淡黄色结晶体，但其盐类则无色，可能由于其分子中氮原子上的孤电子对能与环内双键产生跨环共轭的缘故（图9-10）。

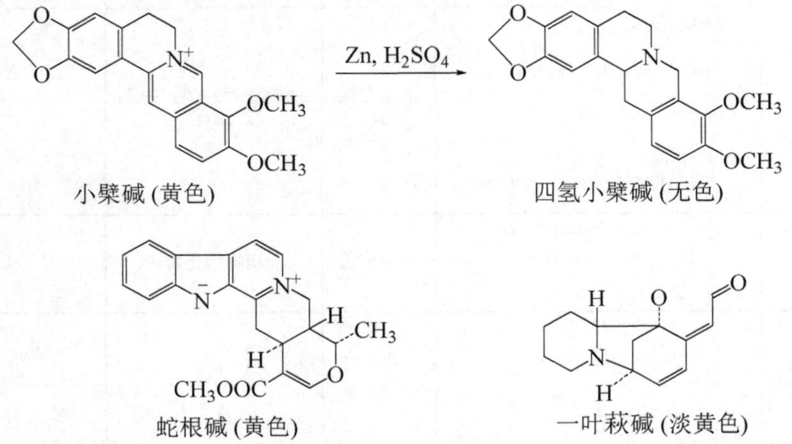

图 9-10　几种具有颜色生物碱的分子结构

9.3.3　旋光性

大多数生物碱分子有手性碳原子，有光学活性，且多数为左旋光性，只有少数生物碱分子中没有手性碳原子，例如存在于延胡索、白屈菜中的原托品碱（分子结构示于图9-11）无不对称中枢，无旋光性。莨菪碱的旋光性易因外消旋化而消失，转为消旋莨菪碱（即阿托品）。游离的莨菪碱呈左旋光性，而与酸结合成盐后即转为右旋光性。旋光性可因溶剂而有较大的差别。

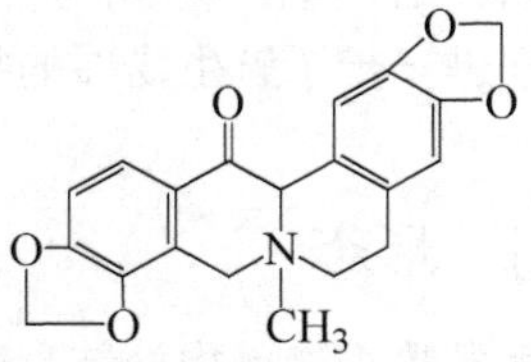

图 9-11　原托品碱的分子结构

9.3.4　酸碱性

大多数生物碱呈碱性反应，能使红色石蕊试纸变蓝。生物碱之所以能显碱性，是因为它们的分子中包含氮原子，这些氮原子与氨分子中的氮原子一样有一孤对电子，对质子有一定程度的亲和力，因而表现出碱性。

$$\underset{}{\text{—N:}}\text{（生物碱）} + HCl \longrightarrow \left[\underset{}{\text{—N:H}} \right]^+ Cl^-\text{（生物碱盐）}$$

生物碱的碱性强弱，直接与其分子结构，特别是氮原子的结合状态和其化学环境有很大的关系。例如萝芙木中含有的数十种生物碱，按其碱性的强弱可以分为三类。第一类属强碱性，是黄色的季铵衍生物，如蛇根碱等，由于属于季铵衍生物，离子化程度大，使氮原子具有似金属性，所以呈强碱性。第二类属中等强度的碱性，如阿马林碱等。第三类碱性更弱，如利血平。如图9-12所示。

阿马林碱和利血平都不是季铵衍生物，所以碱性才比蛇根碱弱。它们的分子中都含有两个氮原子，利血平的 N_1 是属于芳香性的吲哚，N_1 上的孤电子对参与共轭体系，由于共轭效应的影响，N_1 上的电荷密度小，不易释放出电子，所以碱性很弱，甚至还可能吸收电子，表现出酸的性质。N_4 因受 C_{20}—C_{19} 竖键障碍的影响，碱性也较弱。阿马林碱的 N_1 状态与利血平就有显著的不同。首先它属于二氢吲哚的衍生物，芳香性减弱了，只有苯环对它有共轭效应的影响，与利血平相比，显然阿马林碱的 N_1 比利血平的 N_1 释放电子的可能性要大。阿马林碱的 N_4，系醇胺的结构，若异构化成季铵型，可表现强碱性。但由于 N_4 处在稠环的桥头，难异构化成季铵型，又由于羟基的诱导效应，故不可能表现强碱性质，而只呈现弱碱性。这些可能就是阿马林碱的碱性比利血平强的原因。蛇根碱分子中，N_4 的 α、β 位有双键，N_4 上孤电子对参与了共轭体系，当双键发生位移时，N_4 可形成季铵型（图 9-13），N_1 原子就作为 N 季铵的电子受体，因此碱性最强。在新番木鳖碱分子中，虽也有此种结构（N 的 α、β 位有双键），但由于 N 处在稠环的"桥头"（图 9-13），张力较大，要使双键移位形成季铵型较为困难。但由于双键的吸电子诱导效应的影响，碱性减弱，因此新番木鳖碱的碱性反而较番木鳖碱（士的宁）为低。又如某些醇胺型生物碱分子中具有 α-羟胺结构，能异构化成季铵型，一般表现为强碱性，例如小檗碱就是其中一例，属于强碱性生物碱。

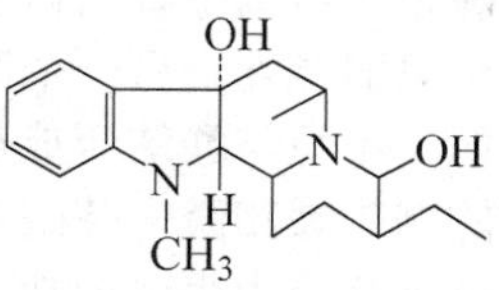

阿马林碱pK_a=8.15 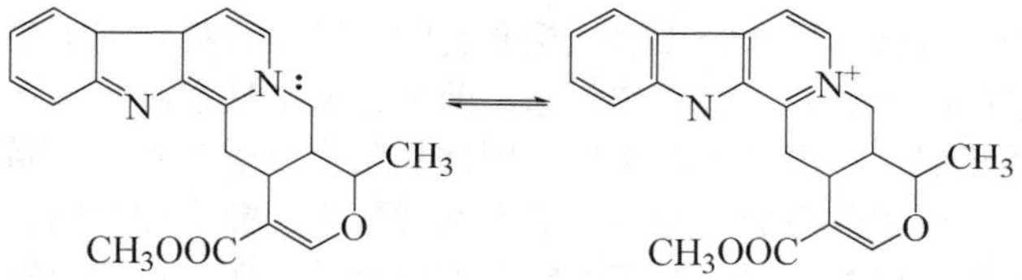　　蛇根碱pK_a=10.8

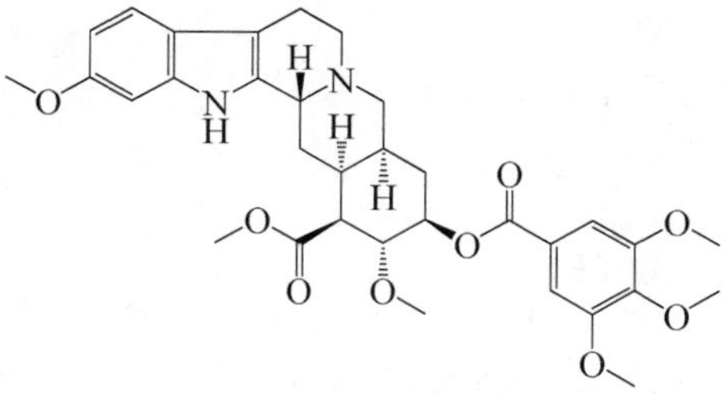

利血平pK_a=6.6 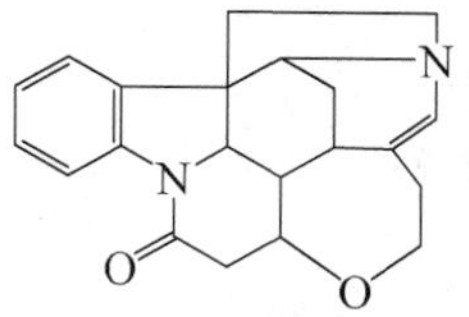　　新番木鳖碱pK_a=3.8 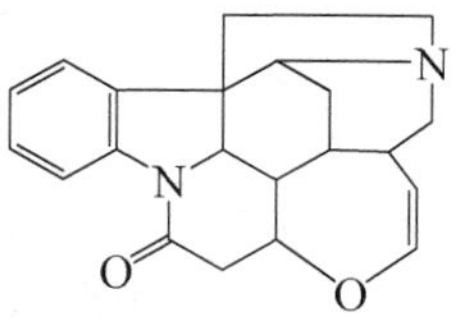　　番木鳖碱pK_a=8.20

图 9-12　几种不同强度碱性生物碱的分子结构特征

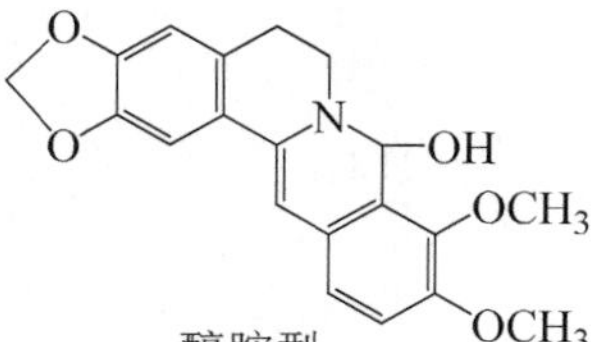

醇胺型 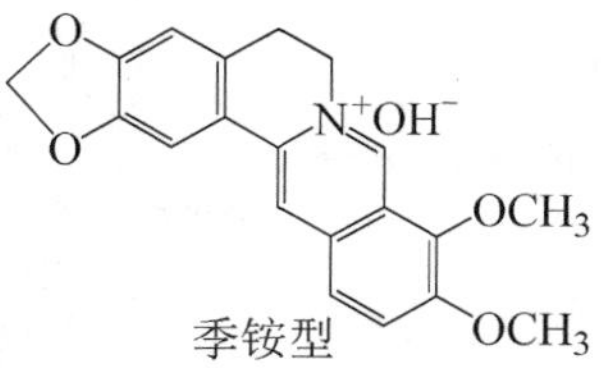　　季铵型 小檗碱 pK_a=11.53　　醛型

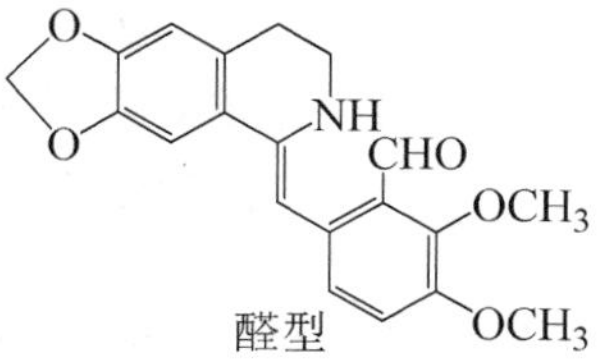

图 9-13　不同类型生物碱的分子结构特征

由于大多数生物碱为氮的杂环衍生物，所以立体效应往往也是影响生物碱的碱性强弱的重要方面。例如苦参中的主要生物碱苦参碱，具有比较强的碱性，它的分子中有两个氮原子，N_{16}

呈酰胺状态，几乎没有碱性，N₁属叔胺（分子结构示于图 9-14），三价都结在环上，由于它的立体构型便于接受质子，减弱了立体效应的影响，所以碱性比较强。又如在东莨菪碱的分子中，由于三元氧环的存在，氮原子的孤电子对产生显著的立体效应（加强空间位阻），使氮原子不容易给出电子，所以使碱性减弱。

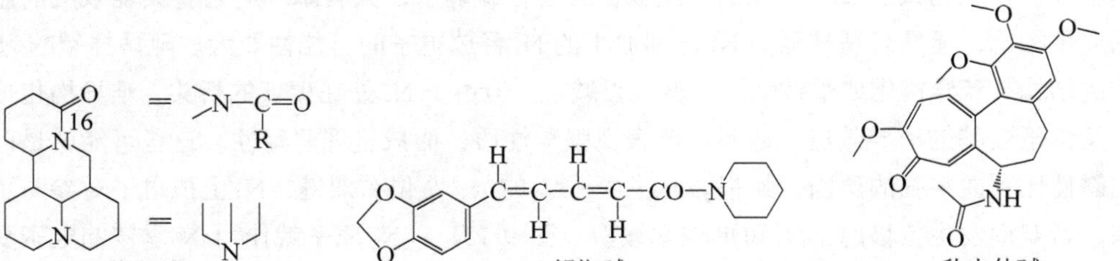

图 9-14　几种含酰胺基团的生物碱

　　如果氮原子与羧酸缩合成酰胺状态，则几乎完全消失碱性，也不妨应用共轭效应来解释，如苦参碱分子中 N 就是这种状态。胡椒碱和秋水仙碱都近于中性，也是由于它们分子中的氮原子呈酰胺状态的缘故。

　　又如咖啡碱、茶碱和可可豆碱的结构中（图 9-15），虽含有较多氮原子，但由于都是黄嘌呤（可看作是咪唑和嘧啶相并合的二环化合物）的衍生物，咖啡碱是三甲基嘌呤的衍生物，分子中两个氮原子呈酰胺状态，两个氮原子处在咪唑环上，其中一个呈弱碱性，另一个则不但碱性极弱，且更近于弱酸性，因此从整个分子来看咖啡碱的碱性很弱，不易与酸结合成盐，结合后所成的盐亦极不稳定，溶于水或醇中，能立即分解，转为游离的咖啡碱和酸。茶碱和可可豆碱是二甲基黄嘌呤的衍生物，不但碱性很弱，还能溶解在氢氧化钠水溶液中生成钠盐，表现为两性化合物的性质。

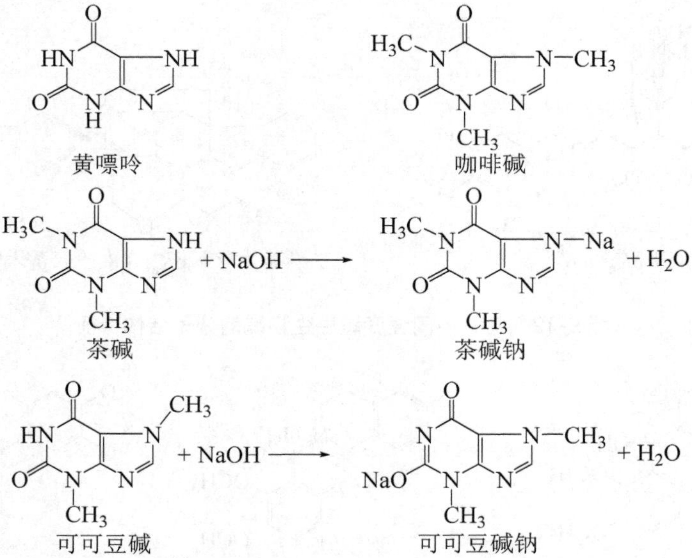

图 9-15　几种黄嘌呤衍生生物碱的分子结构

　　有些生物碱的分子中带有酚性羟基或羧基，则具有酸碱两性反应，既能与碱反应，又能与酸反应而生成盐，例如与小檗碱共存于三颗针中的药根碱和槟榔中含有的槟榔次碱，前者带有酚羟基，后者带有羧基（图 9-16）。

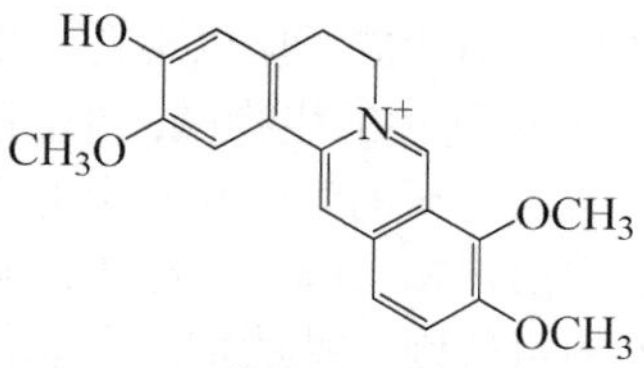

药根碱

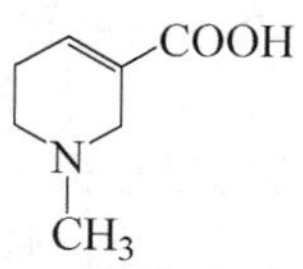

槟榔次碱

图 9-16　两种具有酚羟基或羧基结构的生物碱

上述例子充分说明，生物碱的碱性强弱，不但与杂环结构中 N 原子结合的状态有关。也与 N 原子所处的化学环境有关，如是否有电性效应、立体效应以及其他取代基团与分子内氢键等因素的影响，但要从分子整体性全面来考虑。

9.3.5　溶解性

大多数游离生物碱均不溶或难溶于水，能溶于氯仿、乙醚、丙酮、醇或苯等有机溶剂。碱性的生物碱还能溶解在酸性水溶液中生成盐。也就是说生物碱盐类尤其是无机酸盐和小分子的有机酸盐多易溶于水，可以离子化，生成带正电荷的生物碱阳离子，不溶或难溶于常见的有机溶剂。不同的酸与不同的生物碱结合生成盐，也会具有不同的溶解度。例如多数生物碱与大分子有机酸结合成的盐，往往要比小分子有机酸盐或无机酸盐在水中的溶解度小。生物碱的无机酸盐虽然易溶于水，但溶解度的大小也可能有区别，一般含氧酸如硫酸、磷酸等的盐在水中溶解度比较大，少数化合物的盐酸盐、氢碘酸盐则可能难溶于水，盐酸小檗碱就是例子，难溶于水。

碱性弱的生物碱只能与强酸结合成盐，而且这种盐往往不稳定，还可能表现出游离生物碱的性质。例如弱碱性的利血平，溶解在醋酸水溶液中，生成的盐很不稳定，如果于这种醋酸的酸性溶液中加氯仿振摇提取，游离的利血平就能从酸性水溶液转溶到氯仿层中。

有一些生物碱由于特有的分子结构，能表现出特有的溶解度。例如麻黄碱属于芳烃胺衍生物，分子比较小，故能溶于水，也能溶于有机溶剂。所有季铵类生物碱，由于碱性强，离子化程度大，亲水性强，则比较容易溶于水，水溶性生物碱多数指季铵碱。少数生物碱虽不属于季铵类，在水中也可能有较大的溶解度。例如苦参碱和氧化苦参碱均较易溶于水。但氧化苦参碱分子中的氧原子是通过半极性配位键与 N 原子共享一对电子的，与生物碱盐类有一定的相似，极性较大，因此在水中的溶解度更大于苦参碱，在有机溶剂中则溶解度比苦参碱小。

兼有酸碱两性的生物碱，则既能溶于酸性水溶液，又能溶于碱性水溶液，在常见的有机溶剂中的溶解度也可能与只有碱性的生物碱不同。例如游离的槟榔碱（分子结构示于图 9-17），带有羧基，亲水性比较强，易溶于水或稀乙醇，几乎不溶于亲脂性有机溶剂，包括氯仿、乙醚和无水乙醇等。如果将其分子中的羧基甲酯化转为槟榔碱，只呈碱性不显酸性，就能恢复碱性生物碱的功能，易溶于无水乙醇、氯仿或乙醚中，可是槟榔碱也

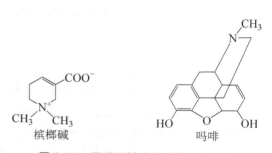

槟榔碱　　　　　　　吗啡

图 9-17　两种两性生物碱的分子结构

易溶于水，似乎与其分子中亲酯性基团酯状结构不相适应。所以现在多采用季铵式的结构来代表槟榔碱，借以解释在水中的溶解度。吗啡也是酸碱两性的生物碱，由于带有酚羟基而有酸性，酸性比较弱，亲水性小，加之分子比较复杂，所以游离的吗啡在水中的溶解度很小，在亲脂性有机溶剂包括氯仿中溶解度也很小，只有在醇类溶剂如乙醇、戊醇中溶解度才比较大。同样，将吗啡分子中的酚羟基甲基化，转为只有碱性的可待因，就能增加在氯仿等亲脂性有机溶剂中的溶解度。

另外，有少数生物碱盐类却能溶于氯仿中，如盐酸奎宁（分子结构示于图 9-18）。在奎宁分子中，有两个呈碱性的氮原子，是二价盐，与酸结合能形成中性、酸性两大类型的盐。当一分子奎宁与二分子盐酸结合，奎宁分子中的两个氮原子均被盐酸中和，从结构上来看，似乎属中性盐，但是由于盐酸是强酸，奎宁是比较弱的碱，当它们结合时，仍然表现微酸性反应，所以称为酸性盐酸奎宁或二盐酸奎宁。若一分子奎宁与一分子盐酸结合，仅喹核碱部分的氮原子被中和，喹啉环部分的氮原子仍为游离的叔胺基，呈弱碱性，从结构式来看，应属于碱式盐，

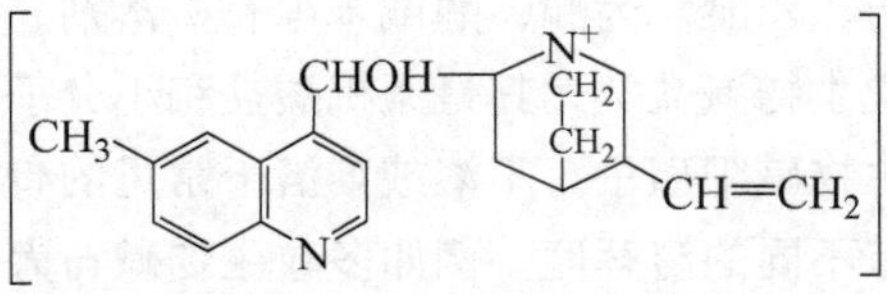

图 9-18　盐酸奎宁的分子结构

事实上，显近中性，所以称为中性盐酸奎宁或简称盐酸奎宁，此种盐酸奎宁在水中溶解度（1:16）比二盐酸奎宁（1:0.6）小。在氯仿中盐酸奎宁溶解度（1:1）却比二盐酸奎宁（微溶）大得多。这可能是盐酸奎宁分子中保留有游离的叔胺基，仍然有与游离生物碱相似的性质，因此表现在氯仿中有较大的溶解度。

某些含有内酯结构的生物碱，于氢氧化钠溶液中加热，方可使内酯环开环形成钠盐而溶于水中，但也要注意特殊的例子。如喜树碱（camptothecine）和去氧喜树碱（deoxycamptothecine）系吲哚里西啶的衍生物，结构中均有一个内酯环（图 9-19）。喜树碱室温条件下就能与氢氧化钠溶液反应，开环生成钠盐而溶于水，但去氧喜树碱需于80℃加热，才能使内酯开环形成钠盐而溶于水，说明它们内酯环稳定性是有差别的，这可能是由于喜树碱分子中 20 位有一羟基取代（图 9-19），可与内酯环上羰基产生分子内氢键，使内酯环稳定性降低，因而易于开环。

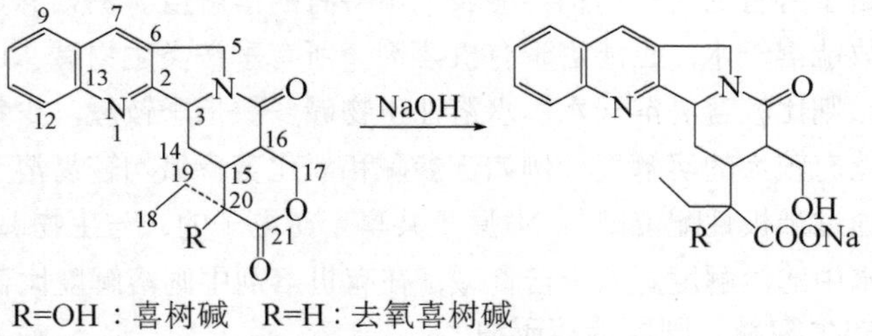

R=OH：喜树碱　R=H：去氧喜树碱

图 9-19　喜树碱和去氧喜树碱的分子结构

9.3.6　沉淀反应

大多数生物碱都可能与数种或某种生物碱沉淀试剂反应生成沉淀，此反应通常在酸性水溶液中进行，利用这种沉淀反应，不但可以预试某些中草药中是否有生物碱的存在，亦可用于检查提取是否完全，也可借此沉淀以精制生物碱，并能因沉淀的颜色、形态等不同而有助于生物碱的鉴定。但须注意的是：如直接采用酸浸液提中草药，虽有沉淀生成，但不能判断有无生物碱存在。因为蛋白质及鞣质等物质也可生成沉淀，往往需要排除这些干扰，才能得到比较可靠

的结果。排除非生物碱类成分的干扰，一般可以利用游离生物碱及生物碱盐类溶解度的特点，便于氯仿及碱性水溶液两相间萃取精制，氯仿层含游离生物碱，再将生物碱转溶于酸水中，生物碱转为盐溶于水中，加入生物碱沉淀剂检查生物碱。但季铵型水溶性生物碱，则需将萃取溶剂改为乙酸乙酯、正丁醇或氯仿中加入一定比例的乙醇，才能将季铵型生物碱自水中提取出来。较简易的方法是应用薄层色谱或纸色谱手段，以适当的溶剂系统展开后，再喷洒可以显色的生物碱沉淀试剂，观察有无生物碱斑点。生物碱沉淀试剂的种类很多，大多为重金属盐类、分子量较大的复盐或某些酸类试剂，其中较为常用的有以下几种，见表 9-2。

表 9-2　常用的生物碱沉淀试剂

试剂名称	试剂主要组成	与生物碱反应产物	备注
碘-碘化钾（Wagner 试剂）	$KI\text{-}I_2$	多生成棕色或褐色沉淀（$B\cdot I_2\cdot HI$）	
碘化铋钾（Dragendorff 试剂）	$BiI_3\cdot KI$	多生成红棕色沉淀（$B\cdot BiI_3\cdot HI$）	
碘化汞钾（Mayer 试剂）	$HgI_2\cdot 2KI$	生成类白色沉淀，若加过量试剂，沉淀又被溶解（$B\cdot HgI_2\cdot 2HI$）	
碘化铂钾（Iodoplatinate）	$PtI_4\cdot 2KI$	因生物碱性质不同，可产生各种不同颜色的沉淀（$B\cdot PtI_4\cdot 2HI$）	
磷钼酸（Sonnen schein 试剂）	$H_3PO_4\cdot 12MoO_3$	白色至黄褐色无定形沉淀，加氨水转变成蓝色（$3B\cdot H_3PO_4\cdot 12MoO_3\cdot 2H_2O$）	
磷钨酸（Scheibler 试剂）	$H_3PO_4\cdot 12WO_3$	白色至褐色无定形沉淀（$3B\cdot H_3PO_4\cdot 12WO_3\cdot 2H_2O$）	
氯化金（3%）（Auric chloride）	H_2AuCl_4	黄色晶形沉淀（$B_2\cdot HAuCl_4$ 或 $B_2\cdot 4HCl\cdot 3AuCl_3$）	
氯化铂（10%）（Platinic chloride）	H_2PtCl_6	白色晶形沉淀（$B_2\cdot H_2PtCl_6$ 或 $B\cdot H_2PtCl_6$）	
硅钨酸（Bertrand 试剂）	$SiO_2\cdot 12WO_3$	淡黄色或灰白色沉淀 $4B\cdot SiO_2\cdot 12WO_3\cdot 2H_2O$	
苦味酸（Hager 试剂）		生成晶形沉淀	必须在中性溶液中反应
三硝基间苯二酚（三硝基雷琐辛）		生成黄色晶形沉淀	
苦酮酸			
硫氰酸铬铵试剂（雷氏铵盐，Ammonium reineckate）	$NH_4^+\,[Cr(NH_3)_2(SCN)_4]^-$	生成难溶性复盐，往往有一定晶形、熔点或分解点 $BH^+\,[Cr(NH_3)_2(SCN)_4]^-$	

注：B 代表生物碱分子（一元盐基）。

有少数生物碱与某些沉淀试剂并不能产生沉淀，如麻黄碱。而且不同的生物碱对这些试剂的灵敏度也不一样。

9.3.7　显色反应

生物碱多能与一些试剂反应产生不同的颜色，可用以检识生物碱。能使生物碱显色的试剂称为生物碱显色试剂，种类比较多。常用的有 Mandelin 试剂，为 1%钒酸铵的浓硫酸溶液，与莨菪碱反应显红色，与吗啡反应显棕色，与士的宁反应则显蓝紫色。Frohde 试剂为 1%钼酸钠或钼酸铵的浓硫酸溶液，能与多种生物碱反应产生不同的颜色，例如与吗啡反应立即显紫色，逐渐转变为棕绿色，而和利血平反应立即显黄色，约 2min 后转为蓝色。此试剂与蛋白质也能反应而显色，应用时宜注意区别。Macquis 试剂为浓硫酸中含有少量甲醛，能与某些生物碱反应显特殊的颜色，例如与吗啡反应显紫红色，与可待因显蓝色。

此外尚有纯浓硫酸、含有少量硝酸的浓硫酸、硫酸和糖、硫酸和重铬酸钾、硝酸等，均可作生物碱显色试剂。它们的反应机理还不够清楚，很可能由于氧化反应、脱水反应、缩合反应或兼有氧化、脱水或缩合等反应。生物碱与酸性染料如溴麝香草酚蓝、溴甲酚绿等，在一定 pH 的缓冲液中也可形成复合物而显色，此种复合物定量地被氯仿等有机溶剂提出而用于比色测定，是应用广泛的一种测定微量生物碱的方法，个别生物碱还因其特殊的组成或结构，可与不同的试剂反应，生成特有的颜色。

9.3.8　与碘甲烷反应

大多数生物碱易与碘化烷类特别是碘甲烷反应，生成结晶形状的产物，有一定的理化常数，常用于个别生物碱的鉴定，也能供生物碱类的降解研究，借以测定其结构式。

9.4　生物碱的提取工艺特性

生物碱类化合物大多数是与有机酸（如苹果酸、酒石酸等）结合成盐存在于植物中，有些则与一些特殊的酸结合，如吗啡与罂粟酸（图 9-20）、乌头碱与乌头酸相结合。有少数生物碱如小檗碱与盐酸结合成盐，存在于黄连中。而延胡索中的某些季铵生物碱则与盐酸、硝酸或氢溴酸结合成盐。个别生物碱由于碱性弱或很弱，不易或不能和酸结合生成稳定的盐，从而可能以游离碱的形式存在于植物组织中。还有少数生物碱分子中存在酯键或苷键，为酯生物碱或苷生物碱等。因此，提取生物碱时，首先应该考虑到生物碱在植物组织中的各种存在状态以及生物碱的特性，以便选择合适的溶剂进行提取。

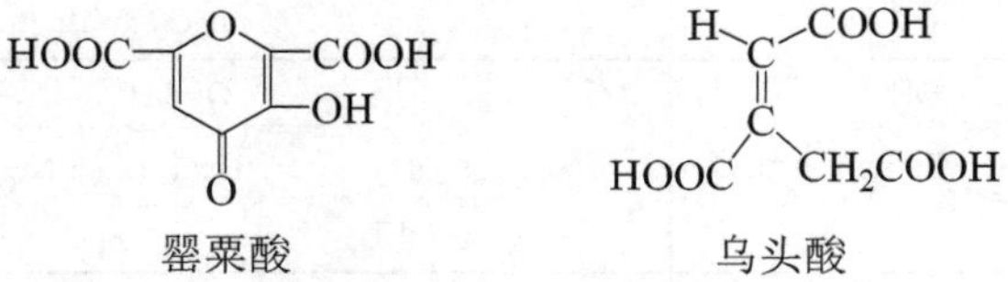

图 9-20　罂粟酸与乌头酸的分子结构

9.4.1　总生物碱的提取

提取生物碱，除个别情况下遇到挥发性生物碱可采用水蒸气蒸馏法提取外，一般生物碱的提取都采用溶剂提取法。根据溶剂的性质，可归纳为以下三类。

9.4.1.1 酸水提取法

一般用酸如 0.1%～1%盐酸、硫酸或醋酸等提取，能使植物中的生物碱转为盐类，大大提高生物碱在水中的溶解度，从而易于提尽生物碱。酸水提取法一般多采用渗滤法或冷浸法，很少需要加热。但酸水提取法，提取液体积较大，浓缩费事，由原料中提出的水溶性杂质亦较多，可能有皂苷、蛋白质、糖类、鞣质、水溶性色素等。为了避免大量提取液的浓缩以及除去这些水溶性杂质，往往需要结合下述方法，进行后一步的提取。

（1）离子交换法　离子交换法是基于生物碱与酸成盐在水中解离成离子，当酸水提取液通过阳离子交换树脂时，生物碱能被树脂吸附，一些不能离子化的杂质则随溶液流出，借以分离，然后用碱液或氨液处理树脂，溶剂洗脱，就可得到游离的总生物碱。若直接用酸液洗脱，则可得到总生物碱盐类。用以交换生物碱的离子交换树脂多为磺酸型聚苯乙烯树脂，交联度希望低一些，一般以 3%～6%交联度为宜。如果应用高交联度的大孔树脂，则不利于大分子生物碱的交换。

（2）沉淀法

① 利用游离生物碱难溶于水而产生沉淀，例如于蝙蝠葛根茎的酸性水提取液中加碳酸钠碱化，水不溶或难溶性生物碱盐即沉淀析出，可与水溶性生物碱及杂质分离。

② 利用生成难溶于水的生物碱盐而沉淀。如加盐酸于三颗针的 1%硫酸水提取液中，盐酸黄连素即沉淀析出。

③ 利用盐析而沉淀。工业上由黄藤中提取掌叶防己碱就是应用盐析法。于黄藤的 1%硫酸水溶液中加碱碱化至 pH=9，再加氯化钠使溶液达饱和状态，放置后，析出粗制掌叶防己碱。

④ 利用生成雷氏复盐而沉淀。季铵类生物碱极易溶于水，用碱化或盐析的方法一般不易得到沉淀。又由于它在有机溶剂中溶解度不大，亦不便应用溶剂提纯法，而常用雷氏铵盐（$NH_4[C_r(NH_3)_2(SCN)_4]$）为沉淀试剂，使与生物碱结合为雷氏复盐，难溶于水而沉淀析出。操作时多在生物碱和弱酸性水溶液中进行，滤出生成的沉淀，用少量水洗涤后，溶于丙酮，滤除不溶物，滴加饱和硫酸银水溶液到溶液中至不再有沉淀生成为止。如此生成的沉淀为雷氏银盐，而生物碱即转为硫酸盐留在溶液中。滤除沉淀，滤液中加入适量氯化钡溶液，进行复分解反应，析出硫酸钡沉淀，生物碱则转为盐酸盐，过滤，回收滤液中的丙酮，就能得到较纯洁的生物碱盐酸盐。

$$2B^+[Cr(NH_3)_2(SCN)_4]^- + Ag_2SO_4 \longrightarrow (B^+)_2SO_4^{2-} + 2Ag[Cr(NH_3)_2(SCN)_4]\downarrow$$

雷氏生物碱复盐　　　　　　　　　　$\big\downarrow BaCl_2$

$$2B^+Cl^- \text{（生物碱氯化物）} + BaSO_4\downarrow$$

（B代表季铵生物碱）

或将雷氏生物碱复盐的丙酮溶液通过氯离子型阴离子交换树脂柱，也能得生物碱的氯化物。如粉防己中提取轮环藤酚碱就是一例。

$$R^+Cl^- + B^+[Cr(NH_3)_2(SCN)_4]^- \longrightarrow B^+Cl^- + R[Cr(NH_3)_2(SCN)_4]$$

（阴离子交换树脂）

9.4.1.2 醇提取法

乙醇和甲醇都是亲水性的溶剂，分子比较小，容易透入植物组织。游离的生物碱和其盐都可以溶解在乙醇或甲醇中。大量生产多用乙醇，常用95%乙醇，也有用较稀的乙醇。甲醇的提取效果与乙醇类似，但挥发性更大，着火点低，毒性比乙醇强，不宜大量生产应用。也可用酸性醇作溶剂。可加热回流提取2～3次，或按渗滤法室温提取，回收提取液或渗滤液中的醇，就能得到含生物碱的浸膏。

醇类为溶剂提取时，水溶性杂质比酸水提取法少，但含有较多量的脂溶性杂质，尤其是树脂类物质。因此回收醇后得到浸膏，必须加足量水稀释（中性醇提取时，应加适量酸水，使生物碱成盐能溶于水），以析出树脂类杂质，过滤除去，水液碱化，再以氯仿提出总生物碱（但大部分季铵型水溶性生物碱仍留于水母液中）。

9.4.1.3 有机溶剂提取法

一般将植物粉加碱水湿润（常用石灰乳、10%氨水或碳酸钠的水溶液），使原料中有的生物碱全部游离，然后用氯仿、二氯乙烷、苯等有机溶剂按浸渍法或连续回流提取法以提出总生物碱。某些弱碱性的生物碱，它们不易与有机酸结合成稳定的盐，提取时原料可不事先加碱水处理，只以少量水使药粉稍微湿润就可直接用有机溶剂提取。少量水的存在，能够解除生物碱与原料组织间的吸附现象，促进生物碱在溶剂中的溶解，有利于提取，但水量过多，就不利于有机溶剂的提取。例如由催吐萝芙木根中提取利血平、自长春花中提取长春碱，都不需要事先加碱水处理，直接用苯提取。此法的优点在于溶剂选择作用比醇强，提出的水溶性杂质很少，产品纯度高。缺点是溶剂昂贵，提取时间较长，不安全，有毒性，易着火。

上述三类溶剂提取所得到的生物碱应是总生物碱。若纯度不高，可再将生物碱粗品溶于稀酸，必要时过滤，除去脂溶性杂质，滤液碱化，用有机溶剂如氯仿提取生物碱，亲水性杂质仍留在水溶液中，再用稀酸从有机溶剂中提取，如此反复提取，可以达到纯制的目的。或者将生物碱粗品的稀酸水溶液，先加氯仿或乙醚振摇洗涤，以除去油脂、树脂和其他非生物碱类的亲脂性杂质，生物碱因和酸结合成盐而溶于水溶液中，然后碱化水溶液，再用氯仿萃取游离生物碱，也达到同样的目的。

9.4.2 生物碱的分离

在一种植物中，往往是多种结构相似的生物碱共同存在，因此上述方法所提取到的几乎都是生物碱混合物，称为总生物碱，需要加以分离和精制。

分离混合生物碱的方法，是按照生物碱的理化性质设计的，一般如下所述。

（1）利用游离生物碱的溶解度不同而进行混合生物碱的分离　具体的方法可以多种多样。例如自苦参总生物碱中分离氧化苦参碱。氧化苦参碱的亲水性比苦参中其他生物碱都强，在乙醚中溶解度很小。当将苦参生物碱溶于少量氯仿中，加入约十倍量的乙醚，氧化苦参碱沉淀析出，其他生物碱仍留于溶液中。如果在混合生物碱中某一种生物碱含量最多，可以选择合适的溶剂进行重结晶或多次重结晶也能达到分离的目的。含量多的成分应先结晶出来，其他生物碱在溶剂中溶解度较大仍留在溶液中。这是最常用的方法，几乎所有的生物碱都可以用重结晶法精制。例如将农吉利总生物碱自乙醇中重结晶，就方便地得到抗癌有效的单一生物碱野百合碱。

（2）利用生物碱盐类的溶解度不同进行分离　许多生物碱的盐比其游离碱易于结晶，故常利用生物碱各种盐类在不同溶剂中的溶解度不同而达到分离。例如麻黄碱和伪麻黄碱的分离，就是利用它们的草酸盐在水中溶解度的不同，草酸麻黄碱在水中的溶解度比草酸伪麻黄碱小，能够先行结晶析出，草酸伪麻黄碱则留在母液中。士的宁和马钱子碱的分离也采用了类似的方法。士的宁的盐酸盐在水中的溶解度较盐酸马钱子碱小，可以先结晶出来，与留在母液中的盐酸马钱子碱分离。而士的宁的硫酸盐在水中的溶解度则比硫酸马钱子碱大，如果将它们的硫酸盐在水中重结晶，硫酸马钱子碱能结晶出来，与母液中的硫酸士的宁分离。催吐萝芙木弱碱性生物碱中分离利血平，则利用利血平的硫氰酸盐难溶于甲醇与容易结晶的性质，以和其他生物碱分离。

（3）利用生物碱的碱性强弱不同进行混合生物碱的分离　例如莨菪碱和东莨菪碱的分离、山莨菪碱和樟柳碱的分离，都是于混合生物碱盐类的水溶液中先加弱碱碱化，使碱性弱的生物碱游离，碱性较强的生物碱仍为盐的结合状态，前者易溶于有机溶剂，后者易溶于水，分离比较方便。又如自催吐萝芙木根中分离生物碱，也是利用其中生物碱碱性强弱不同而进行的。首先将总生物碱溶于 1mol/L HCl，用氯仿萃取，弱碱性生物碱如利血平、利血胺等虽在盐酸溶液中，也可被氯仿提出，回收氯仿，就得到弱碱性的生物碱。酸液加氨水中和至 pH=8，再用氯仿提取，此时中等碱性的生物碱如阿马林碱等可被氯仿提出。强碱性生物碱仍与盐酸结合成盐而留在水溶液中，需再加氨水中和至 pH=9，用氯仿提取，方能得到强碱性生物碱。另外，也可将总生物碱溶于有机溶剂，以不同 pH 的稀酸液（由高至低）萃取，称 pH 的梯度萃取，可使生物碱依碱性不同，由强至弱依次被萃取出来而达分离。不过在不同 pH 情况下提出的生物碱可能仍是混合物，可以再结合其他分离方法如结晶法、层离法等做进一步分离。

（4）利用生物碱分子中带有功能团不同，用化学反应而进行分离　例如苦参碱分子中的酰胺键，于氢氧化钾的乙醇溶液中加热，能因皂化反应而生成苦参碱酸钾，增大了水溶性，易和不能皂化的其他生物碱分离。吗啡是阿片中含酚羟基的主要生物碱，可溶于氢氧化钠水溶液生成钠盐，此时于氢氧化钠水溶液中加氯仿萃取，即提出没有酚羟基的生物碱，吗啡仍留于水溶液中。

（5）色谱法　氧化铝吸附柱色谱法能适用于混合生物碱的分离，如长春碱和醛基长春碱（长春新碱）的分离。硅胶分配柱色谱分离亦适用于某些混合生物碱的分离，例如三尖杉酯碱和高三尖杉酯碱的分离。离子交换色谱法也可用于混合生物碱的分离，例如麻黄碱与伪麻黄碱，当交换在阳离子交换树脂上，用盐酸冲洗时，麻黄碱的碱性较弱，先被洗出，伪麻黄碱后被洗出，达到分离。

① 吸附色谱法。生物碱的吸附色谱常用氧化铝为吸附剂，是将生物碱混合物溶于非极性比较强的有机溶剂如氯仿、苯或乙醚中，加到氧化铝吸附柱上，则大多数生物碱被吸附，与一些杂质分离，生物碱的性质不相同，因而在氧化铝吸附柱上吸附强度也不会相等，洗脱时，混合生物碱分离。如长春碱和长春新碱的分离。

② 分配色谱。吸附色谱法对结构十分相近的化合物不能达到满意的分离效果，可采用分配色谱法。例如，三尖杉中抗癌生物碱三尖杉酯碱和高三尖杉酯碱，二者结构仅差一个—CH₂—。因高三尖杉酯碱结构中多一个—CH₂—；所以亲脂性稍大于三尖杉酯碱，而先被洗脱下来。具体操作是用硅胶（100～160 目）为支持剂，预先加等量 pH=5 的缓冲液，充分研和均匀，再以氯仿搅拌成糊状，湿法装柱，被分离的氯仿混合加到柱上端，用 pH=5 的缓冲液（饱和的氯仿液）洗脱，收集各流出部分，用薄层色谱法［以硅胶 G 为吸附剂，pH=5 缓冲液饱和的氯仿-甲醇（9∶1）为展开剂，碘蒸气显色］鉴别流出液组成，色谱分离为三个部分，首先洗脱的是高三尖杉酯碱，后洗脱的是三尖杉酯碱，中间部分是二者的混合物。

凝胶色谱一般使生物碱按分子大小得到分离。例如，自长叶长春花中提得的总生物碱，经 Sephadex LH-20 分离，用氯仿-甲醇（3∶7）洗脱，二聚吲哚类生物碱分子量大，先被洗出，单

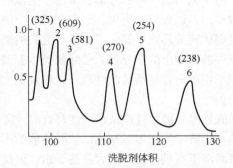

图 9-21　几种生物碱的色谱分离谱图

（Sephadex LH，20 cm×30cm 色谱柱，96%乙醇作为溶剂，样品为 3mL，溶液内含生物碱量各为 0.7～2.0mg，流速 1.0 mL/min）

吲哚类生物碱随后洗出，使两类生物碱得以分离。但麦角生物碱（含六种生物碱）在 Sephadex LH-20 的分离中，当用 96%乙醇为溶剂和洗脱剂时，六种生物碱虽能达到分离，但并不是完全按照分子筛的规律进行分离的（分离结果见图 9-21），这可能是由于麦角新碱（分子量 325）的分子中仅有一个芳香苯环（分子结构示于图 9-22），凝胶对它的吸附性能较弱，麦角克碱（分子量 609）、麦角异胺（分子量 581）分子中均含有两个苯环，吸附性较强，因此麦角新碱首先被洗出。如果改用丙酮或二甲基甲酰胺作溶剂，代替 96%乙醇，凝胶吸附性能消失，六种生物碱完全依分子量大小规律先后被洗脱。

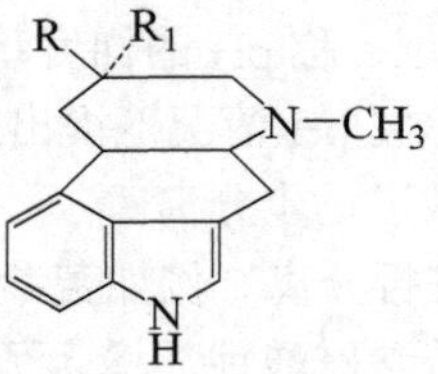

a. 麦角新碱　R=H　R_1= —C—NH—CH—CH$_2$OH

b. 麦角克碱　R=H

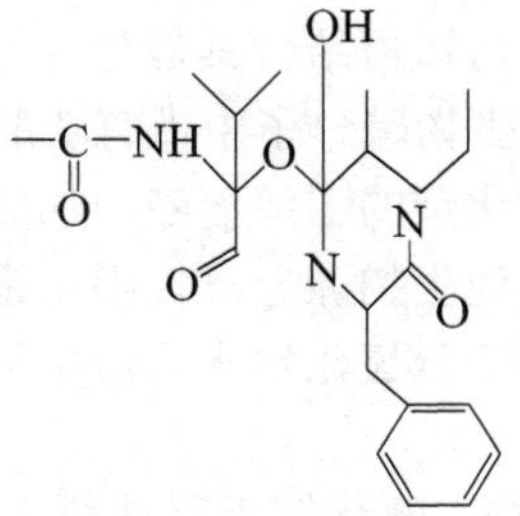

c. 麦角异胺　R=H

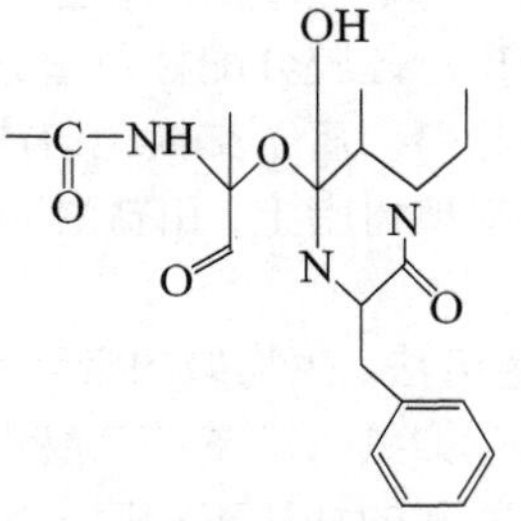

d. 狼尾草麦角碱　R=OH　R_1= —CH$_2$OH

e. 野麦角碱　R=H　R_1= —CH$_2$OH

f. 田麦角碱　R=H　R_1= —CH$_3$

图 9-22　六种生物碱的分子结构

③ 薄层色谱。

吸附剂：碱性或中性氧化铝。

展开剂：强碱性生物碱用苯或氯仿加石油醚或己烷，中等强度碱性生物碱可用苯或氯仿，弱碱性生物碱可在苯或氯仿中增加一定比例的乙醇、甲醇或丙酮组成的混合溶剂系统。

硅胶 G 硬板：一般采用碱性硅胶。因硅胶本身是酸性吸附剂，若想获得碱性硅胶，就需要在制板时加入适量的碱性物质，才能得到单一而集中的色点。加碱的方法有两种：一种是在湿法铺板时加进一定量的 NaOH 溶液，使薄层变成碱性；另一种是在展开剂中加入碱性溶液如乙二胺。

如果应用分配色谱时，则多在纤维素或硅胶薄层上以甲酰胺为固定相，氯仿或苯（以固定相饱和过）为移动相，适用于分离混合生物碱，特别是一些结构很相近的混合生物碱的分离。而用吸附色谱不易完全分离时，可以得到满意的结果。

④ 纸色谱。

a. 生物碱以解离的形式色谱分离。如果样品中生物碱一部分可解离成离子，另一部分则以游离状态（分子状态）存在，由于两者的亲脂性不同，游离生物碱 R_f 值大，解离成离子状态的生物碱 R_f 值小一些，或者有带尾现象产生，要想克服这种现象就需要调节展开剂溶剂系统的 pH 值，使其呈一定程度的酸性，保证在层析过程中全部样品都能离子化，没有分子状态生物碱存在。由于离子化的生物碱亲水性较强，所以要求溶剂系统的极性也要大一些，常用的方法有以下三种。

在展开剂中加入一定比例的酸进行色谱分离，如正丁醇-醋酸-水（5:1:4 或 4:1:5 或 7:1:2 等），有时候也可用盐酸代替醋酸。

用一定 pH 的缓冲纸色谱法分离时（如图 9-23 所示），滤纸需要预先用一定 pH 的缓冲剂处理，也能保证在分离过程中生物碱全部离子化，展开剂也需要相应地增大极性。

生物碱需要在什么 pH 下达到最理想的分离，需要预先用不同 pH 滤纸进行探索，其方法如下：取一张长方形滤纸，用铅笔先划好许多线条，每一条涂上一定 pH 的缓冲液，在同一展开剂中展开，求其最适 pH。

展开剂：水饱和的氯仿；显色剂：碘化铋钾试剂。

上述色谱结果表明最适的 pH 值为 5.4～5.7。用同样方法求得，莨菪碱和东莨菪碱分离的最适 pH 为 6.5。

多层缓冲纸色谱法：采用分区依次递减 pH 值的缓冲液处理的滤纸条进行分离，如 pH 值为 4.2～6.4，制成多带缓冲纸。缓冲带的宽度一般为 1～2cm，两缓冲层之间相隔为 1cm，缓冲带 pH 由点线开始，向上依 0.2 之差逐渐递减。

这种方法除能保证分离过程中生物碱完全离子化外，也有利于生物碱依碱性的强弱差别达到分离目的，同时有助于了解生物碱的碱性强弱。

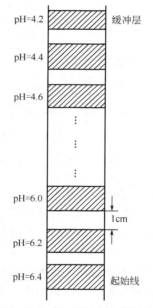

图 9-23　多层缓冲纸色谱示意

b. 生物碱未解离态（分子状态）的色谱分离。如果在色谱分离时，展开剂呈强碱性时，样品中的生物碱不能解离成离子，呈分子状态，可以产生单一集中的色点。由于生物碱呈分子状态，所以溶剂系统也要求亲脂性大一些。在实际应用中，多为非水性的亲水性色谱法，常将甲酰胺加到滤纸上代替水作为固定相，以亲脂性溶剂如苯、氯仿或乙酸乙酯（以甲酰胺饱和过）为流动相，既可以缩短操作时间，又可以得到满意的结果。生物碱的薄层色谱和纸色谱常用的显色剂是碘化铋钾试剂或碘化铂钾试剂。前者在多数情况下显橙红色；后者可因生物碱的不同显不同颜色。

薄层色谱和纸色谱法不仅可以用来检查生物碱，也能供生物碱识别。但需要有标准品对照，在同一条件下展开才有意义，至少在三种不同的展开剂中展开完全与标准品 R_f 相一致时，才能给予较正确的结论。也可以将样品和已知的对照同时作色谱，如果二者是同一化合物，则应得到一个色点，而且色点不变形。

9.5 生物碱提取实例：以原小檗碱型为主要成分的总生物碱提取及分离

所谓原小檗碱型生物碱，是异喹啉类生物碱中的一类生物碱。这类生物碱还可分成季铵型和叔胺型，其常见结构见图 9-24 和表 9-3。

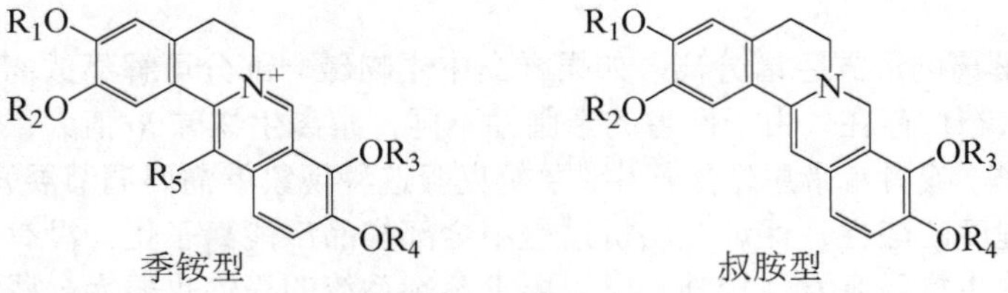

图 9-24　原小檗碱型生物碱的分子结构特征

表 9-3　原小檗碱型生物碱的结构

季铵碱	R_1	R_2	R_3	R_4	R_5
小檗碱	CH_3		CH_3	CH_3	H
巴马丁	CH_3	CH_3	CH_3	CH_3	H
黄连碱	CH_3		CH_3		H
甲基黄连碱	CH_3		CH_3		CH_3
药根碱	H	CH_3	CH_3	CH_3	H
表小檗碱	CH_3	CH_3	CH_3		H

黄连是毛茛科植物的根茎，是一种重要的中药。黄连有清热燥湿、清心除烦、泻火解毒的功效。黄连的有效成分主要是生物碱，已经分离出的生物碱中主要有小檗碱、巴马丁、黄连碱、甲基黄连碱、药根碱、表小檗碱、木蓝碱等，其中以小檗碱含量最高，可达 10%左右，而且以盐酸盐的状态存在于黄连中。

小檗碱具有明显的抗菌作用，对痢疾杆菌、葡萄球菌和链球菌有显著的抑制作用。近代实验研究表明，小檗碱、黄连碱、巴马丁、药根碱等原小檗碱型生物碱都有明显的抗炎作用。

小檗碱在自然界分布很广，如毛茛科的黄连属和唐松草属，防己科的古山龙属，芸香科，小檗科的小檗属和十大功劳属中均有存在。目前生产小檗碱的原料是三颗针或古山龙的根皮。小檗碱已制成各种制剂用于临床，如黄连素片、黄连素注射液、三黄片（小檗碱、黄芩、大黄）及双黄片（小檗、黄芩）等。

9.5.1　三颗针中生物碱的提取

三颗针是小檗属植物，其根、根皮或茎皮民间广泛用作黄连和黄柏的代用品，制药工业上用于提制黄连素。

我国产的小檗属植物种类很多，在 200 种左右，以西南和西北地区蕴藏量最大。

三颗针中的生物碱成分属异喹啉衍生物，与黄连、黄柏相似，均以小檗碱为主要成分。三颗针根约含 2%以上的生物碱，随品种和产地不同，含量差异较大，这些生物碱主要集中在根皮中。承德产的细叶小檗根含小檗碱约 1%、小檗胺约 0.8%、药根碱约 0.16%、掌叶防己碱约0.1%等，而日本产黄芦木茎部中则以小檗胺含量最高，达 6%。

小檗碱、药根碱和掌叶防己碱均为季铵衍生物，属于原小檗碱型。小檗胺为叔胺衍生物，属于双苯甲基异喹啉型。原小檗碱型的季铵衍生物为强碱性的水溶性生物碱。小檗碱能缓缓溶解于水中，在冷乙醇中溶解度不大，但易溶于热水或热乙醇，微溶或不溶于苯、氯仿或丙酮。与酸结合成盐时失去一分子水。其碳酸盐类在水中的溶解度一般比较小，硝酸盐极难溶于水，盐酸盐也微溶于冷水，较易溶于沸水，硫酸盐、枸橼酸盐的溶解度比较大。小檗碱具有 α-羟胺结构，能表现为下列三种互变的结构形式，其中以季铵式状态最稳定，可离子化，碱性强，亲水性强，能溶于水，难溶于有机溶剂。醇式或醛式状态的小檗碱具生物碱的通性，亲脂性强，难溶于水，易溶于有机溶剂。不过此两种形式特别是醛式很不稳定，容易转变为季铵式，所以游离小檗碱中醛式和醇式结构的含量很少。当游离小檗碱遇到酸，首先促进其中部分的醇式和醛式状态转变为碱性较强的季铵式，产生 OH⁻，中和酸中的氢离子，脱去水，生成由酸根离子直接与氮素结合的盐，此种盐在水中的溶解度反而比游离小檗碱小。药根碱和掌叶防己碱的性质与小檗碱相似，但是它们的盐酸盐在水中的溶解度比盐酸小檗碱大，能借此相互分离。药根碱的分子中有一定游离的酚羟基，呈两性，能溶于氢氧化钠水溶液与掌叶防己碱分离。

用水或稀乙醇结晶出的小檗碱是黄色长针状结晶体，熔点 145℃，在 100℃干燥时能失去分子结晶水转棕黄色。硫酸小檗碱的水溶液中精确加入定量的氢氧化钡，使小檗碱游离，此时溶液呈棕红色，强碱性，是离子化程度最大的季铵式小檗碱，称之为氢氧化小檗季铵碱，再于此棕红色溶液中加入过量的氢氧化钠，则季铵碱的离子化程度受到抑制，并部分转变为醛式或醇式小檗碱，从而溶液的颜色也转为棕色或黄色。

游离的小檗碱容易和 1 分子丙酮或 1 分子氯仿或 1.5 分子苯结合为黄色结晶体的缩合加成产物。尤其是丙酮加成物，一般称为丙酮小檗碱，难溶于水，容易析出黄色结晶性沉淀，常作为鉴别小檗碱的反应（取盐酸小檗碱少许，加水加热溶解，加氢氧化钠试液 2 滴，再加丙酮数滴，放置，即产生黄色丙酮小檗碱）。

盐酸掌叶防己碱是黄色针状结晶体，易溶于热水或乙醇，在冷水中的溶解度也比盐酸小檗碱大，也作药用，抗菌性能和黄连素相似，可作黄连素代替品。草药黄藤中含有多量掌叶防己碱，是提制掌叶防己碱的主要原料，所以盐酸掌叶防己碱又称为大黄藤素。

盐酸药根碱是黄色针状结晶体，熔点 206℃。

小檗胺是叔胺衍生物，有中等强度的碱性，在石油醚中结晶，熔点 197～210℃，极难溶于水，可溶于乙醇、氯仿、乙醚或石油醚，$[\alpha]_D^{20} = +114.6°$。小檗胺有降血压作用，并能利胆和刺激胆红素的分泌。小檗胺分子中有两个叔氮基和一个酚羟基，都易于和碘甲烷反应生成甲基衍生物，在中性甲醇溶液中生成双季铵碘化物。在有氢氧化钾存在时，酚羟基同时被甲基化转为甲氧基，它们都有明显的肌肉松弛作用。小檗胺的双季铵碘化物，分子中不含游离的酚羟基，不易结晶，呈冻胶状，毒性较大，后者即异粉防己碱双季铵碘化物，呈白色结晶，熔点 242℃，$[\alpha]_D^{20} = -50.88° < H_2O$，能溶于水，毒性较小，现暂时命名为"檗肌松"。从三颗针中生产小檗碱的工艺流程如图 9-25 所示。

9.5.2 黄连中小檗碱的提取

黄连的乙醇提取液浓缩后加盐酸使生物碱形成盐酸盐，溶解度小的盐酸小檗碱即自溶液中析出。酸性母液中含有其他生物碱，将它们转变为硫酸盐，因甲基黄连碱硫酸盐在醇中溶解度较小而析出。母液中的巴马丁、药根碱则利用它们的氢碘酸盐溶解性能不同而分离。或者它们还原为四氢化物再分离，流程如下。①小檗碱和甲基黄连素分离（图 9-26）；②巴马丁和药根碱分离（图 9-27）。

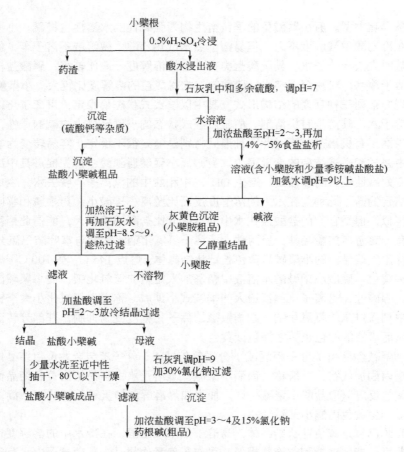

图 9-25　从三颗针中生产小檗碱的工艺流程

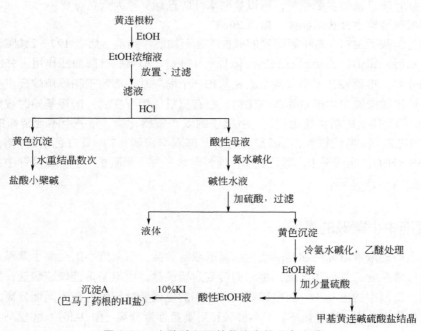

图 9-26　小檗碱和甲基黄连素的分离流程

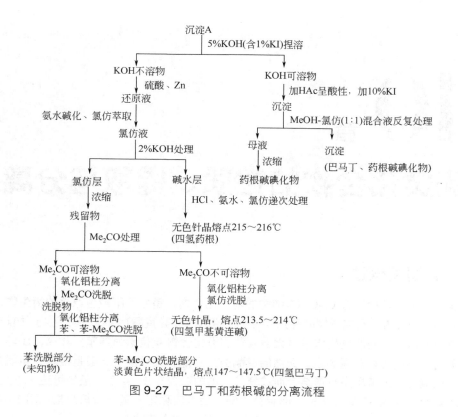

图 9-27　巴马丁和药根碱的分离流程

9.5.3　黄柏中盐酸小檗碱的提取

黄柏性寒味苦，能清热去火，用于急性细菌性痢疾、急性胃肠炎等细菌性炎症。黄柏的有效成分以小檗碱为主，民间也有用黄柏作为提取盐酸小檗碱的原料。由于黄柏中含有大量的黏液质，故用石灰乳法，使原料中的黏液质和石灰乳生成难溶性钙盐而不溶于水，借此将小檗碱游离出来，溶于水中，克服了因黏液质存在所引起的过滤困难。工艺流程如图 9-28 所示。

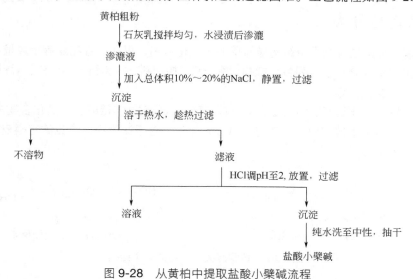

图 9-28　从黄柏中提取盐酸小檗碱流程

第**10**章
黄酮类化合物的性质、提取与分离

10.1　黄酮类概述

黄酮类化合物是指具有 C_6-C_3-C_6 结构的酚类化合物，是色原酮或色原烷的衍生物，它可成为 2-苯基衍生物（如黄酮或黄酮醇等）、3-苯基衍生物（如异黄酮）、4-苯基衍生物（如新黄酮）；再根据中间吡喃环不同的氧化水平（大多数黄酮类化合物 4 位碳为羰基）和 A，B 环上连接取代基的不同，形成各种黄酮类型。天然的黄酮类几乎都有取代基，一般是羟基、甲氧基及异戊烯基等。在植物体内黄酮多与糖结合而成糖苷，糖的数目有 1～4 个，最多可达 17 个。与糖的连接方式有 O-键苷和 C-键苷两种，前者易水解，后者较稳定，黄酮母核结构见图 10-1。

此外，还有复合的黄酮类化合物，如黄酮与木脂体结合成的黄酮木脂体，黄酮与生物碱结合的黄酮生物碱等，前者如水飞蓟素、异水飞蓟素；后者如存在于桑科榕属中的榕碱等。有时由于异戊烯基侧链与邻位羟基缩合，而结合成六元环、七元环或八元环，如桑科桂木属含的环氧木波罗素等。

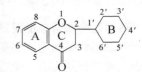

图 10-1　黄酮母核结构

10.2　结构与分类

（1）黄酮　黄酮是黄酮类中结构最简单的一类化合物，仅在报春花属等少数植物中发现。黄酮及其衍生物主要分布于下列各科植物：爵床科、槭树科、漆树科、伞形科、菊科、紫葳科、大戟科、豆科、龙胆科等。

（2）黄酮醇类　黄酮醇的结构是在 C_3 有羟基取代或连接 O-链糖。这类化合物主要分布于双子叶植物特别是木本植物中，经常与花色苷元伴生，含于花瓣中，常见的有槲皮素、山奈酚及杨梅素等（图 10-2）。

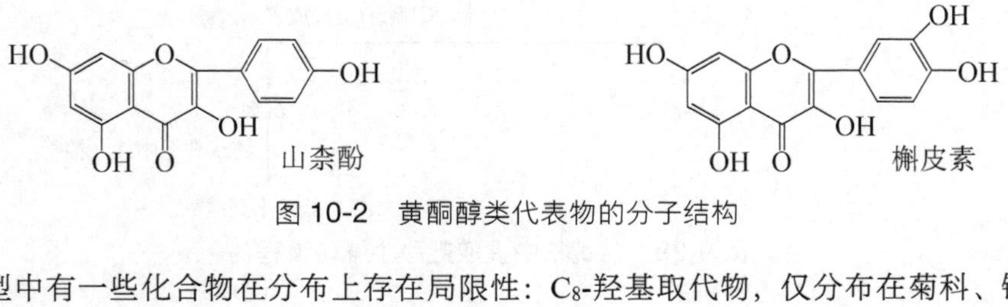

图 10-2　黄酮醇类代表物的分子结构

该类型中有一些化合物在分布上存在局限性：C_8-羟基取代物，仅分布在菊科、锦葵科和大戟科；呋喃黄酮醇如水黄皮素、水黄皮次素等仅存在于豆科中；B 环上无取代基的如高良姜素，似乎是姜科山姜属的特征；一些多甲氧基的黄酮醇如蜜茱萸素、蜜茱萸亭，仅存在于芸香科蜜茱萸属；5-甲氧基黄酮醇大量分布于杜鹃花科，以及胡桃科、樟科、豆科、使君子科、白花丹科及玄参科等。

总体而言，黄酮醇类在下列各科植物中有分布：石蒜科、漆树科、伞形科、夹竹桃科、五加科、萝藦科、菊科等。

（3）二氢黄酮类及二氢黄酮醇类　这两类化合物的特点是：吡喃环 C2-C3，双键解开，使之加入二氢。这两类化合物主要分布于豆科、芸香科、菊科和桃金娘科；B 环无取代的如山姜素、山姜素醇，多存在于姜科植物；甲基取代的如杜鹃素、荚果蕨素，多分布于鹃花科，在蕨类植物贯众属、夹果蕨属中也有发现，具有代表性的二氢黄酮类化合物的分子结构见图 10-3。

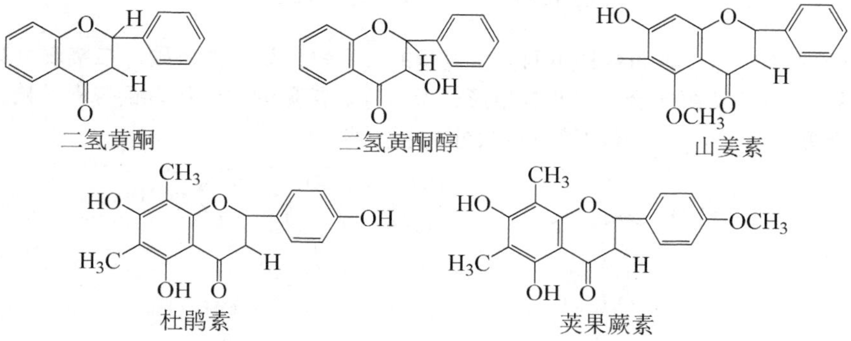

图 10-3　几种二氢黄酮类化合物的分子结构

（4）异黄酮类　这类化合物的特点是，分子结构中 B 环连在吡喃环 C3 上，主要分布在被子植物的豆科、蔷薇科和鸢尾科中，如大豆素和尼鸢尾素（图 10-4）。

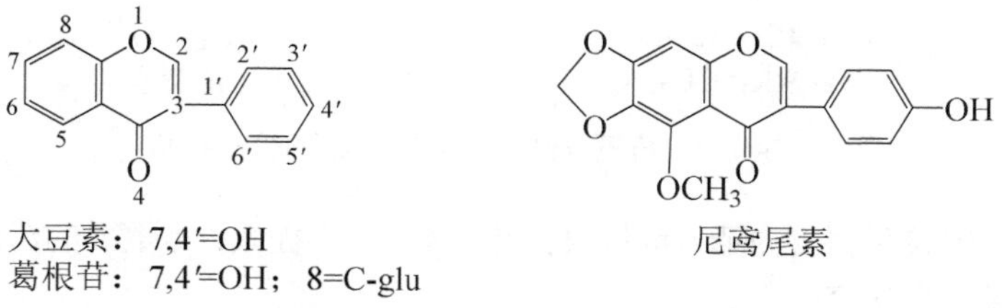

大豆素：7,4′=OH
葛根苷：7,4′=OH；8=C-glu

尼鸢尾素

图 10-4　异黄酮类化合物的分子结构

大豆苷元、大豆苷和葛根素，是野葛中所含的三种活性成分，它们属于异黄酮类物质，其中大豆苷有较强的抗急性心肌出血作用，大豆苷元对治疗心绞痛有一定疗效。过去认为这些活性单体只能从葛根提取，近来报道在葛藤中含量亦丰富。葛藤与葛根比较，大豆苷元含量是 3.3 倍，大豆苷是 5.5 倍，而葛根素却低 74%，不过两者总异黄酮含量基本一致（7.5%～7.8%）。这说明葛藤可以代替葛根使用，有利于野生植物资源的保护与利用。

（5）二氢异黄酮类　这类化合物结构上的特点是，C2-C3 加 H 形成单键，B 环连在 C3 上（图 10-5）。这类化合物主要分布于豆科植物，个别存在于蔷薇科樱桃属植物。主要代表物质有鱼藤酮类，有强烈杀虫和毒鱼作用；紫檀素，有抗癌、抗真菌活性作用。此外，与二氢异黄酮有近似结构的异黄烷，也多分布于豆科植物。

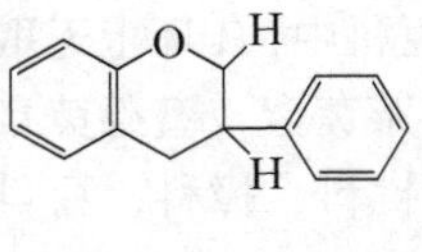

二氢黄烷 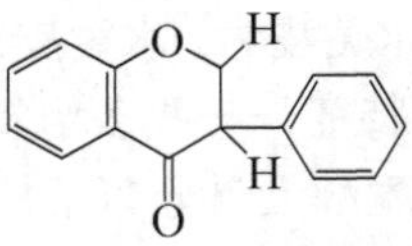　　　　　　　　　　二氢异黄酮

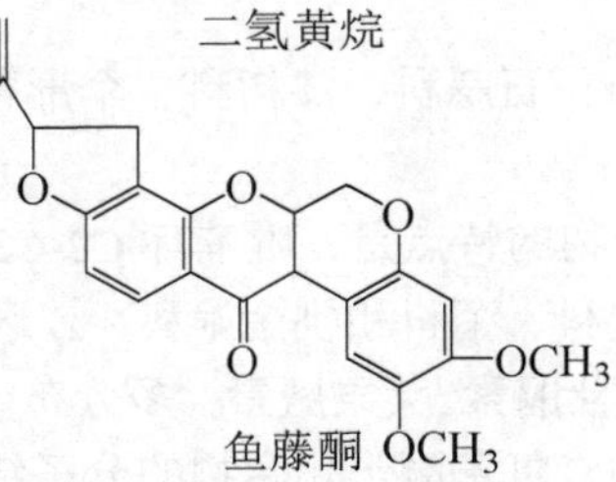

鱼藤酮 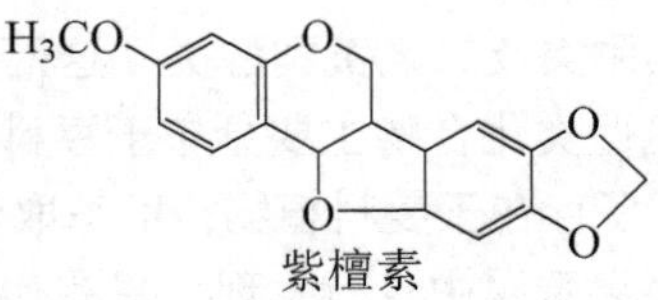　　　　　　　　　　紫檀素

图 10-5　二氢异黄酮的分子结构

（6）双黄酮类　这一类为各种不同类型黄酮的二聚物，如二聚黄酮、二聚双氢黄酮、一分子双氢黄酮与一分子黄酮聚合，以及其他形式聚合等。常见的化合物有银杏素、桧黄素、柏黄素、穗花黄素等（图 10-6），其中穗花黄素分布最普遍。

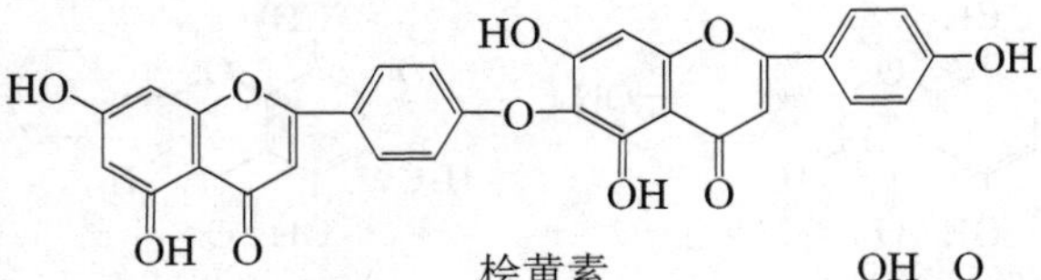

桧黄素

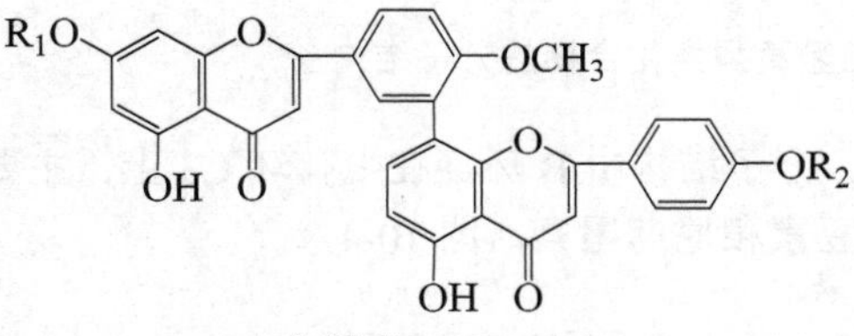

白果素 $R_1=R_2=H$
银杏素 $R_1=CH_3$, $R_2=H$

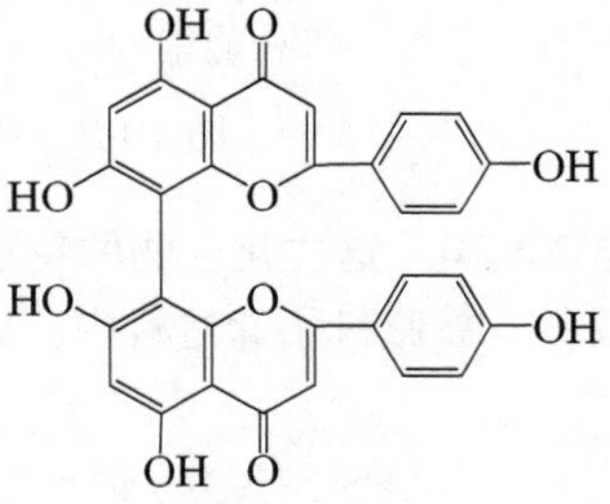

柏黄素

图 10-6　双黄酮类几个代表化合物的分子结构

白果素和银杏素统称银杏内酯，可从银杏叶、皮、根中提取，是重要的药用成分。近年来，银杏的开发利用是一个研究热点。

双黄酮类主要分布于裸子植物中，被子植物仅在藤黄科与忍冬科中分布。双黄酮的药理作用是多方面的，如解痉、扩张外周血管、抗 PGE、抑制 CGEP 及 CAMP，抑制肝癌细胞等。因此，寻找双黄酮类的资源有比较重要的实践意义。

（7）查耳酮类　查耳酮类结构上的特点是不形成 C 环。该类化合物主要分布在一些原始类群中，但菊科植物红花含醌式红花苷属此类。查耳酮与醌式红花苷的分子结构见图 10-7。查耳酮化合物在以下植物类群中有分布：苔藓类和蕨类的部分属，被子植物的爵床科、番荔枝科、豆科。

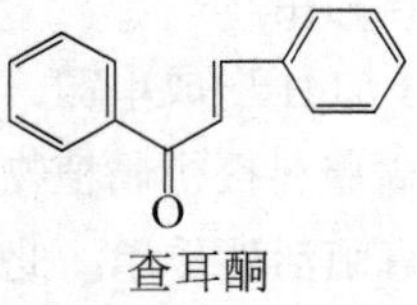

查耳酮 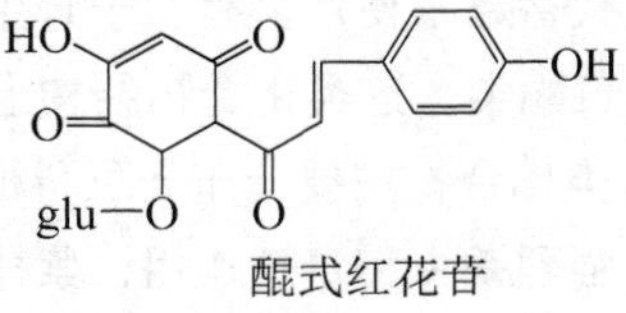　　　　　　　　　　醌式红花苷

图 10-7　查耳酮与醌式红花苷的分子结构

（8）橙酮类　这类物质结构上可视为黄酮类的异构体，多呈金黄色。菊科植物硫黄菊含有的硫黄菊素可作为这一类的代表物质。一些橙酮类化合物有抗过敏作用，拟阿司匹林样有止痛、抗炎、抗血小板凝聚作用。据初步统计，天然存在的橙酮类有数十种，多分布在菊科、玄参科、苦苣苔科、莎草科、番荔枝科，苔藓类和蕨类的个别属也有分布（图10-8）。

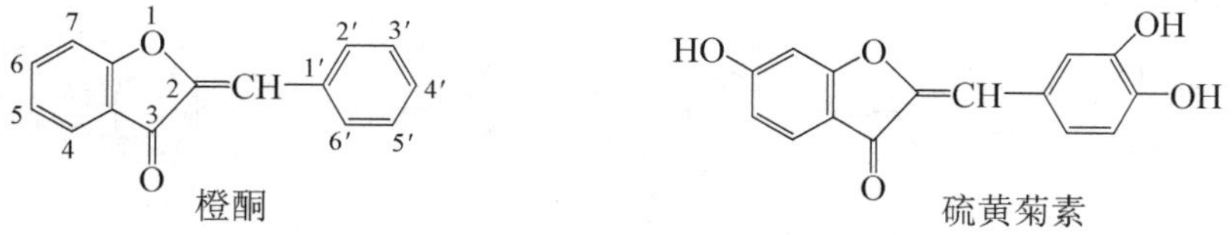

图 10-8　橙酮基本结构及其代表硫黄菊素的分子结构

（9）口山酮类　这类化合物又称苯并色原酮或双苯吡酮。它虽不是典型的黄酮结构，但其性质、分离方法和生理作用等均与黄酮类近似，故列入此类。自然界中已发现的20余种口山酮，都有—OH、—OCH$_3$取代。它们大多是游离的，有的以苷的形式存在，有氧键苷，也有碳键苷。芒果苷和异芒果苷是碳键葡萄糖，叫酮苷（图10-9）。

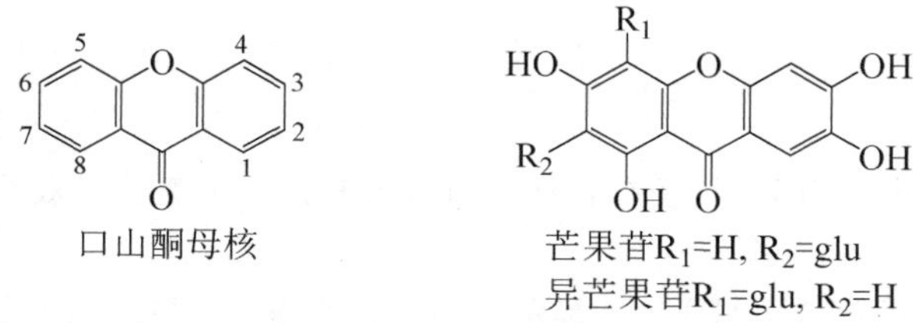

芒果苷 R_1=H, R_2=glu
异芒果苷 R_1=glu, R_2=H

图 10-9　口山酮母核及芒果苷的分子结构

口山酮类在真菌、地衣、蕨类等低等植物中有发现，但集中分布在被子植物的金丝桃科、龙胆科、桑科、漆树科、豆科、远志科、大风子科等；单子叶植物的百合科和鸢尾科也有分布。

（10）新酮类　新酮类的结构特点是苯基B环连接在C上，有时C可以为羰基，形成香豆素类或醌式化合物。新酮类主要分布于豆科黄檀族植物。南美茜草科植物中含有5,2′,5′-三羟基-7-甲氧基-4-苯基香豆素（图10-10），有抗癌、抗糖尿病的功能。

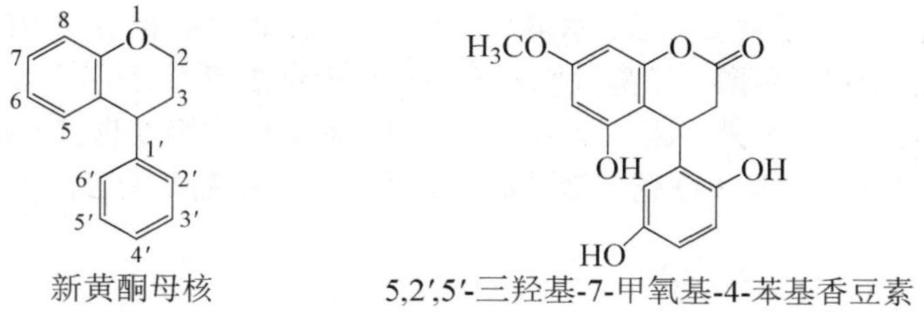

新黄酮母核　　5,2′,5′-三羟基-7-甲氧基-4-苯基香豆素

图 10-10　新黄酮母核及代表化合物的分子结构

10.3　黄酮类物质的理化性质

10.3.1　性状

① 黄酮类化合物多为结晶性固体，少数（如黄酮苷类）为无定形粉末。

② 游离的苷元中，除二氢黄酮、二氢黄酮醇、黄烷及黄烷醇有旋光性外，其余则无。苷类由于在结构中引入糖分子，故均有旋光性，且多为左旋。黄酮类化合物的颜色与分子中是否存在交叉共轭体系及助色团（—OH、—OCH$_3$ 等）的数目以及取代位置有关。以黄酮来说，其色原酮部分原本无色，但在 2-位引入苯环后，即形成交叉共轭体系，而且通过电子转移使共轭链延长，因而表现出颜色。

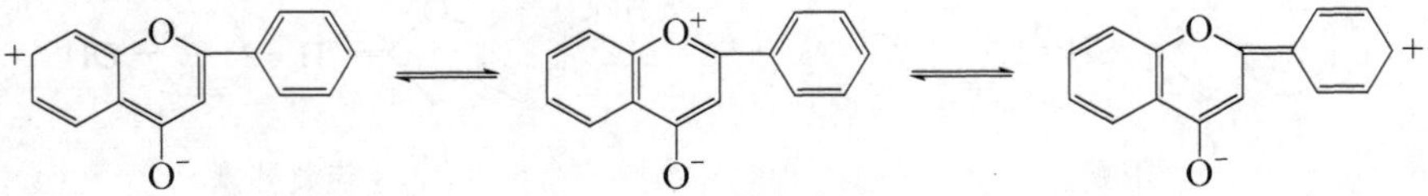

一般来说，黄酮、黄酮醇及其苷类多显灰黄-黄色，查耳酮为黄-橙黄色，而二氢黄酮、二氢黄酮醇、异黄酮类，因不组成交叉共轭体系或共轭很少，故不显色（二氢黄酮及二氢黄酮醇）或显微黄色（异黄酮）。显然，在上述黄酮、黄酮醇分子中，尤其在 7-位及 4'-位引入—OH、—OCH$_3$ 等供电基后，则因促进电子移位、重排，而使化合物的颜色加深。但—OH、—OCH$_3$引到其他位置则影响较小。花色苷及其苷元的颜色随 pH 不同而改变，一般显红（pH<7）、紫（pH=8.5）、蓝（pH>8.5）等颜色。

10.3.2 溶解性

黄酮类化合物的溶解度因结构及存在状态（苷或苷元、单糖苷、双糖苷或三糖苷）不同而有很大差异。

① 一般游离苷元难溶或不溶于水，易溶于甲醇、乙醇、乙酸乙酯、乙醚等有机溶剂及稀碱液中，其中黄酮、黄酮醇、查耳酮等平面型分子，因堆砌较紧密，分子间引力较大，故更难溶于水，而二氢黄酮及二氢黄酮醇等，因系非平面型分子（图 10-11），故排列不紧密，分子间引力降低，有利于水分子进入，因而对水的溶解度稍大。至于花色苷元（花青素）类虽也为平面型结构，但因以离子形式存在，具有盐的通性，故亲水性较强，水溶度较大。

② 黄酮苷元引入羟基数越多，将增加在水中的溶解度；而羟基经甲基化后，则增加在有机溶剂中的溶解度。例如，一般黄酮类化合物不溶于石油醚中，故可与脂溶性杂质分开，但川陈皮素（5，6，7，8，3'，4'-六甲氧基黄酮）却可溶于石油醚。

③ 黄酮类化合物在羟基糖苷化后，水溶度即相应加大，而在有机溶剂中的溶解度则相应减小。黄酮苷一般易溶于水、甲醇、乙醇等强极性溶剂；但难溶或不溶于苯、氯仿等有机溶剂。糖链越长，则水溶度越大。另外，糖的结合位置不同，对苷的水溶度也有一定影响。如棉黄素（分子结构示于图 10-12），其 3-O 葡萄糖苷的水溶度大于 7-O 葡萄糖苷。

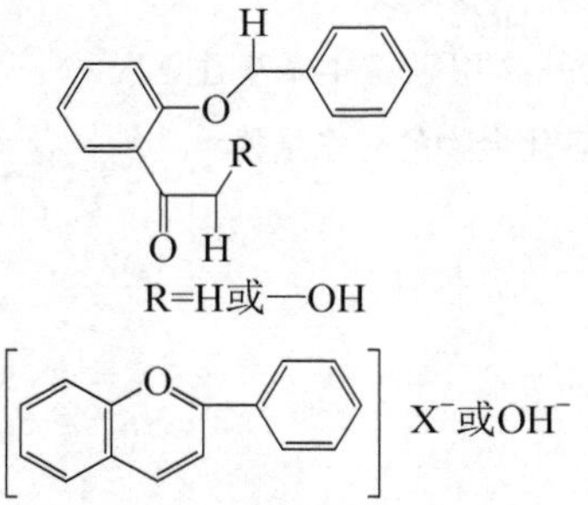

图 10-11 非平面型黄酮分子的结构

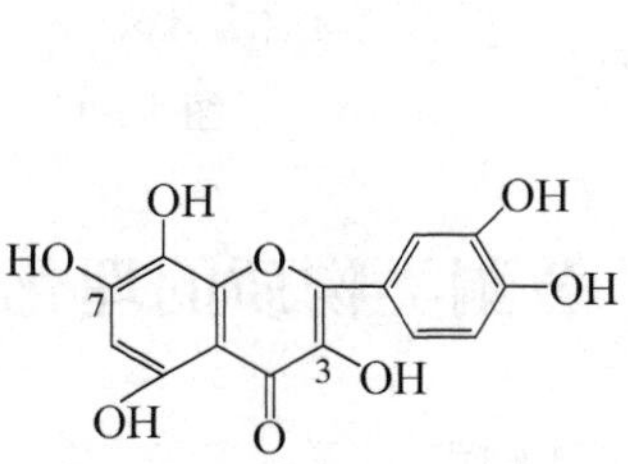

图 10-12 棉黄素的分子结构

10.3.3 酸碱性

① 酸性：黄酮类化合物因分子中多有酚羟基，故显酸性，可溶于碱性水溶液、吡啶、甲酰胺及二甲基甲酰胺中。由于酚羟基数目及位置不同，酸性强弱也不同，以黄酮为例，其酚羟基酸性强弱顺序依次为：7, 4′, -二羟基>7-或4′-羟基>一般酚羟基>5-羟基。此性质可用于提取、分离及鉴定工作。例如 C_7-OH 因为处于 $\diagdown$C ═O 的对位，在 p-π 共轭效应的影响下，酸性较强，可溶于碳酸钠水溶液中，据此可用以鉴定。

② 碱性：黄酮类化合物分子中 γ-吡喃酮环上的1-位氧原子，因有未共用的电子对，故表现微弱的碱性，可与强无机酸，如浓硫酸、盐酸等生成𬭩盐，但生成的𬭩盐极不稳定，加水后即可分解。黄酮类化合物溶于浓硫酸中生成的𬭩盐，常常表现特殊的颜色，可用于鉴别。某些甲氧基黄酮类溶于浓盐酸中显深黄色，且可与生物碱沉淀试剂生成沉淀。

10.3.4 显色反应

黄酮类化合物的显色反应多与分子中的酚羟基及 γ-吡喃酮环有关。

10.3.4.1 还原试验

① 镁粉-盐酸反应：一些黄酮类化合物，如黄酮醇、二氢黄酮及二氢黄酮醇类，在镁粉-盐酸作用下，易被氢化还原，迅速生成红-紫红色（个别也有绿-蓝色者），反应过程（以槲皮素为例）如下：将样品溶于甲醇或乙醇，加入少数镁粉振摇，滴加几滴浓盐酸，1～2min 内（必要时微热）即出现颜色。多数黄酮醇、二氢黄酮及二氢黄酮醇类化合物显红-紫红色，少数显紫-蓝色。且 C-2 位所连接的苯环（B 环）上有—OH 或—OCH₃ 取代时，颜色即随之加深。但查耳酮、橙酮、儿茶素类则不显反应。异黄酮有可能产生正反应。

② 锌粉-盐酸反应：如用锌粉-盐酸代替镁粉-盐酸作还原显色剂，则可以区别二氢黄酮醇、黄酮醇及两者的-3-O-糖苷。通常，仅二氢黄酮醇及黄酮醇-3-O-糖苷显红-紫红色，另两类则不显色。

③ 钠汞合金反应：将植物样品的乙醇提取液加钠汞合金，放置数分钟至数小时或加热，过滤，滤液用盐酸酸化，呈黄红至洋红色。黄酮、黄酮醇和二氢黄酮醇类化合物均呈正反应。

④ 四氢硼钠（钾）反应：NaBH₄ 是对于二氢黄酮类化合物专属性较高的一种还原剂。与二氢黄酮类化合物产生红-紫色。若 A 环与 B 环有一个以上—OH 或—OCH₃ 取代时，颜色即随之加深。

方法：取样品 1～2mg 溶于甲醇，加 NaBH₄ 10mg，然后滴加 1%盐酸呈红-紫红色。

此反应也可以在滤纸上进行。化学反应如图 10-13 所示。

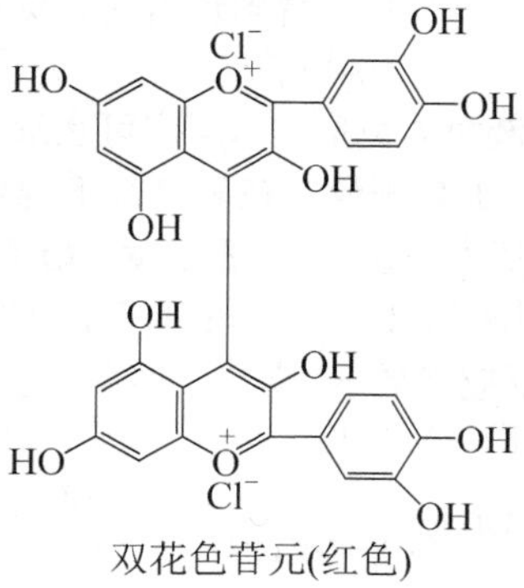

双花色苷元(红色)

图 10-13

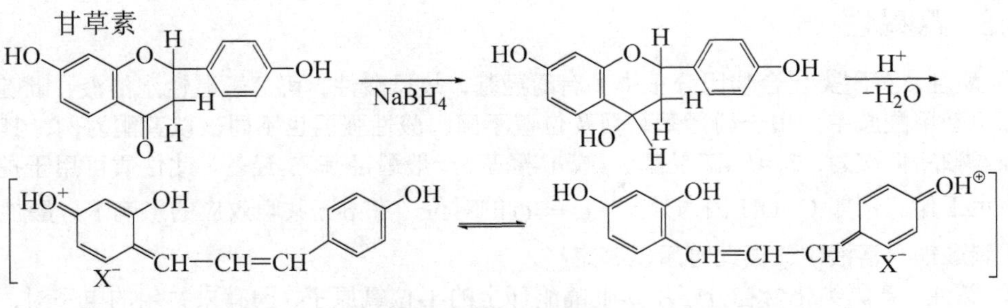

图 10-13 硼氢化钠对二氢黄酮类化合物的还原反应

10.3.4.2 与金属盐类试剂的络合反应

黄酮类化合物分子结构中多有下列结构，故常可与铝盐、铅盐、锆盐、镁盐等试剂反应，生成有色络合物。

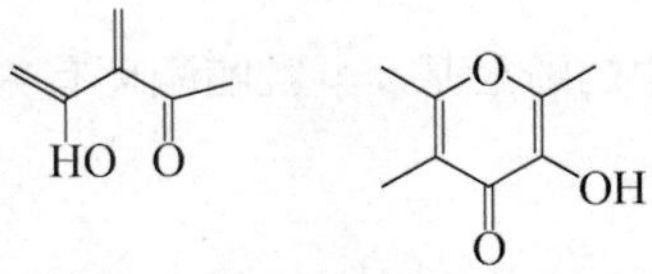

① 铝盐：常用试剂为 1%三氯化铝或硝酸铝溶液。生成的络合物为黄色（$\lambda_{\max} = 415$nm），并有荧光，可用于定性及定量分析。

② 铅盐：常用 1%醋酸铅及碱式醋酸铅水溶液。可生成黄-红色沉淀。黄酮类化合物与铅盐生成沉淀的色泽，因羟基数目及位置不同而异。其中，醋酸铅只能与分子中具有邻二酚羟基或兼有 3-OH、4-酮基或 5-OH、4-酮基结构的化合物作用，但碱式醋酸铅的沉淀效果要大得多。一般酚类化合物均可与之沉淀，据此不仅可用于鉴定，也可用于提取及分离。

③ 锆盐：多用 2%氯氧化锆甲醇溶液，可用于鉴别黄酮类化合物分子中 C3-OH 或 C5-OH 的存在。两种情况都可生成黄色锆络合物，但二者对酸的稳定性不同 ［其中 C3-OH、4-酮基络合物的稳定性>5-OH、4-酮基络合物（二氢黄酮醇除外，二氢黄酮醇 C3-OH、4-酮基络合物不稳定）］，可按下法区别（锆-枸橼酸反应）：在样品溶液中加入 2%氯氧化锆的甲醇溶液，如显黄色反应表示可能有 C3-OH 或 C5-OH 存在。如再加入 2%枸橼酸的甲醇溶液，黄色不褪表示有 C3-OH；如黄色褪去，加水稀释后转为无色，表示无 C3-OH，但有 C5-OH。上述反应也可在纸上进行，得到锆盐络合物呈黄绿色，并带荧光。其结构如图 10-14 所示。

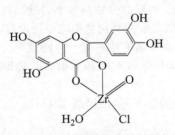
图 10-14 黄酮-锆络合物的结构

④ 镁盐：常用醋酸镁甲醇溶液为显色剂，本反应可在纸上进行。试验时在滤纸上滴加一滴供试液，喷以醋酸镁的甲醇溶液，加热干燥，在紫外灯下观察。二氢黄酮、二氢黄酮醇类可显天蓝色荧光，若具有 C5-OH，色泽更为明显。而黄酮、黄酮醇及异黄酮类等则显黄—橙黄—褐色。

⑤ 氯化锶（$SrCl_2$）在氨性甲醇溶液中，可与分子中具有邻二酚羟基结构的黄酮类化合物生成绿色—棕色乃至黑色沉淀，反应式如下：

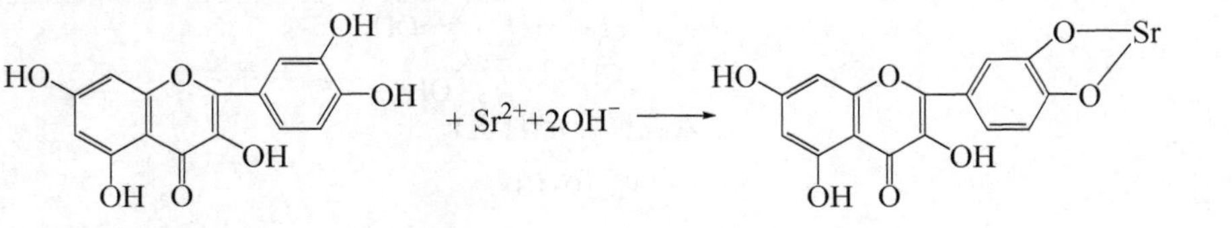

$+ Sr^{2+} + 2OH^- \longrightarrow$

试验时，取约 1mg 检品，置小试管中，加入 1mL 甲醇使溶解（必要时可在水浴上加热），加入 0.01mol/L 氯化锶的甲醇溶液 3 滴，再加氨蒸气饱和的甲醇溶液 3 滴，注意观察有无沉淀生成。

⑥ 三氯化铁反应：三氯化铁为常用的酚类显色剂。多数黄酮类化合物因分子中含有酚羟基，故可产生正反应，生成绿、蓝、黑、紫等颜色。

10.3.4.3 硼酸显色反应

黄酮类化合物分子中有下列结构时，在无机酸或有机酸存在条件下，可与硼酸反应，生成亮黄色。显然，5-羟基黄酮及 2-羟基查耳酮类化合物可以满足上列要求，故可与其他类型区别，一般在草酸存在下，显黄色并带绿色荧光；但在枸橼酸丙酸存在条件下，则只是黄色而无荧光。

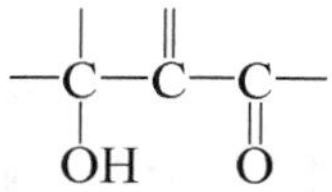

$$-\overset{|}{\underset{\underset{OH}{|}}{C}}-\overset{|}{\underset{}{C}}=\overset{|}{\underset{\underset{O}{\|}}{C}}-$$

10.3.4.4 碱性试剂显色反应

在日光及紫外光下，通过纸斑反应观察样品用碱性试剂处理后的变色情况，对于鉴别黄酮类化合物有一定的意义。其中，用氨蒸气处理后变色，置空气中随即褪去，但碳酸钠水溶液则不然。

此外，利用对碱性试剂的反应还可帮助鉴别分子中某些结构特征。例如：

① 二氢黄酮类易在碱液中开环，转变成相应的异构体（如图 10-15 所示），即查耳酮类化合物，显橙—黄色。

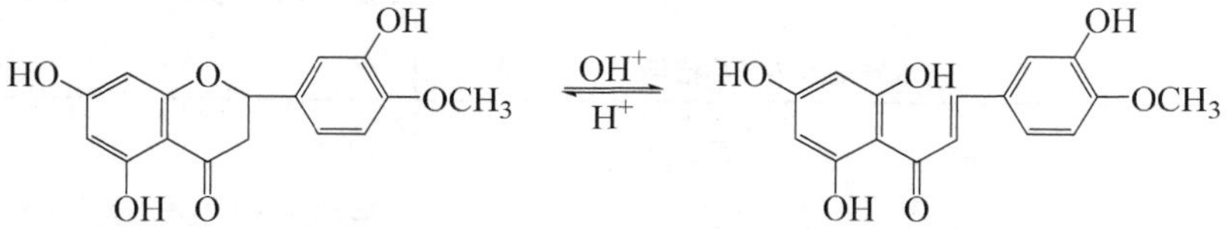

图 10-15 黄酮化合物的结构互变

② 黄酮醇类在碱液中先呈黄色，通入空气后变为棕色，据此可与黄酮类区别。

③ 黄酮类化合物分子中有邻二酚羟基取代或 3,4'-二羟基取代时，在碱液中不稳定，很快氧化，由黄色→深红色→绿棕色沉淀。

10.4 黄酮类化合物的生理活性及应用

黄酮类化合物的种类和数量较多，其中不少部分具有多方面的生理活性，已引起国内外广泛重视，研究与应用进度快。这里只介绍其主要作用与应用。

10.4.1 医药方面的应用

黄酮类化合物主要用于医药方面，其生理作用主要有以下几点。

① 治疗心血管疾病：许多化合物对心血管系统有明显活性，如芦丁、橙皮苷、香叶木苷等，有似维生素的作用，能降低血管脆性及异常的通透性，从而作为防治高血压及动脉硬化的辅助治疗剂。

② 治疗冠心病和活血化瘀：这类药物都含有黄酮类成分，如梅皮素、葛根素等。

③ 降血脂和降胆固醇：有些黄酮类成分有降血脂和降胆固醇作用，如木樨草素等。

④ 保肝作用：从水飞蓟种子中提取的多种黄酮木酯体，如水飞蓟素、异水飞蓟素及次水飞蓟素等，有明显的保肝作用，用以治疗急性和慢性肝炎、肝硬化及中毒性肝损伤等，商品"益肝宁"即为其制品。

⑤ 抗菌消炎：木樨草素、黄芩苷、黄芩素等有较好的抗菌消炎作用。芦丁及其衍生物曲克芦丁，以及二氢槲皮素等都具有一定的抗菌消炎作用。

⑥ 解痉作用：异甘草素、大豆素等有解痉作用。

⑦ 雌激素作用：染料木素、金雀异黄素、大豆素等具有雌激素作用。

⑧ 抗病毒作用：槲皮素、二氢槲皮素、桑色素、山柰酚等有抗病毒的作用。

10.4.2　食品工业方面的应用

黄酮类化合物除主要用于医药工业外，在食品工业中也有广泛用途。如天然黄色素、抗氧剂、甜味剂中都有黄酮成分。总之，黄酮类化合物是用途十分广泛的天然植物次级代谢产物。

含有黄酮类的常用中药较多，现将主要含有黄酮类的常用中药列于表 10-1。

表 10-1　含有黄酮类的常用中药

分类	药名	原植物及主要黄酮成分	
黄酮类	金银花	木犀草素 7-葡萄糖苷	忍冬的花蕾或初开的花含木犀草素，木犀草素 7-葡萄糖苷另含肌醇、皂苷等
	桑白皮	桑素	桑的根皮含桑素、桑色烯等，另含鞣质、黏液质等
	芫花	芹菜素	芫花的花蕾含芫花素、芹菜素，另含芫酸酯萜等
	野菊花	刺槐素7-O-β-D吡喃半乳糖苷	野菊的头状花序，含刺槐素 7-O-β-D 吡喃半乳糖苷、野菊花苷、矢车菊苷，另含挥发油、野菊花内酯、苦味素等
	木蝴蝶	木蝴蝶苷A	木蝴蝶的成熟种子含木蝴蝶苷 A、苷 B，白杨素，黄酮苷元，千层纸素苷等，另含脂肪油等
	黄芩	黄芩的根，含黄芩素、黄芩苷、汉黄芩素、汉黄芩苷、千层纸素、千层纸素苷等	
双氢黄酮类	橘红	橙皮苷	橘及其栽培变种的果皮，含橙皮苷 5-O-去甲蜜橘素、5-O-酸橙黄素，另含挥发油等

分类	药名	原植物及主要黄酮成分	
双氢黄酮类	枳实	 柚皮苷	酸橙及其栽培变种或甜橙幼果的果皮,含橙皮苷、柚皮苷、野漆树苷、忍冬苷,另含挥发油等
	甘草	 甘草苷	甘草和光果甘草的根及根茎; 含甘草苷、甘草苷元、异苷草苷、异苷草苷元、新苷草苷等,光果苷草还含光果苷草苷、异光果苷草苷以及三萜皂苷等
黄酮醇类	淫羊藿	 淫羊藿苷	淫羊藿的地上部分,含淫羊薇苷,叶尚含挥发油等
	蒲黄	 香蒲新苷	东方蒲黄的花粉,含香蒲新苷、山奈酚-3-O-(2G-α-L-鼠李糖基)-α-L-鼠李糖(1→6)-β-D-葡萄糖苷、异鼠李素-3-O-α-鼠李糖(1→+2)-β-D-葡萄糖苷、山奈酚-3-O-鼠李糖基葡萄糖苷、槲皮素-3-O-α-L-鼠李糖(1→2)-β-D-葡萄糖苷
	槐米	槐米的花蕾,含芸香苷、槲皮素等,另含皂苷	
查耳酮类	补骨脂	 补骨脂查耳酮	补骨脂的成熟果实,含补骨脂查耳酮、异补骨脂查耳酮、补骨脂色烯查耳酮、补骨脂双氢黄酮、异补骨脂双氢黄酮、新补骨脂异黄酮、补骨脂异黄酮等。另含香豆素、挥发油等
	红花	红花的花,含红花苷、异红花苷、红花黄色素等,另含脂肪油	
异黄酮类	葛根	葛根的根,含大豆素、大豆苷、葛根素、大豆素 4',7-葡萄糖苷,4',6-二乙酰葛根素与葛根素 7-木糖苷	
	黄芪	 刺芒柄花素	
	射干	 洋鸢尾素	

10.5 黄酮类化合物的提取分离工艺特性

10.5.1 提取

黄酮类化合物在植物体中,因存在部位不同,其结合状态也不完全一样,在花、果等组织中,一般多以糖苷的形式存在,而在木质部坚硬的组织中,则多以游离苷元存在。

黄酮糖苷类以及极性稍大的苷元（如羟基黄酮、双黄酮、橙酮、查耳酮等），一般可用丙酮、乙酸乙酯、乙醇、水或某些极性较大的混合溶剂进行提取，其中常用的是甲醇-水（1:1）或甲醇。为了避免在提取过程中黄酮糖苷类发生水解，可先使酶钝化。下面介绍的方法可用于黄酮类化合物及其糖苷类的初步提取及粗提取物的精制处理。

① 乙醇提取法：乙醇或甲醇是最常用的黄酮类化合物提取溶剂，高浓度的醇（如90%～95%）适宜于提取苷元，60%左右浓度的醇适宜于提取苷类，提取的次数一般是2～4次，可用加热抽提法或冷浸法。

② 系统溶剂提取法：用极性由小到大的溶剂依次提取，例如，先用石油醚或己烷脱脂，然后用苯提取多甲氧基黄酮或含异戊烯基、甲基的黄酮。氯仿、乙醚、乙酸乙酯可以提取出大多数游离的黄酮类化合物；丙酮、乙醇、甲醇-水（1:1）可以提取出多羟基黄酮、双黄酮、查耳酮、噢呫等化合物；烯醇、沸水可以提取出苷类；1%HCl可以提取出花色素类。

③ 溶剂萃取法：用水或不同浓度的醇提取得到的浸出物成分复杂，往往不能直接析出黄酮类化合物，须尽量蒸去溶剂，使成糖浆状或浓液状，然后用不同极性的溶剂相继萃取，可使苷与苷元（或使极性与非极性苷元）分离；利用黄酮类化合物与杂质的极性不同，选用不同溶剂进行萃取可达到精制纯化的目的。例如，植物叶子的醇浸液，可用石油醚处理，以便除去叶绿素、胡萝卜素等脂溶性色素，而某些粗提取物水溶液则可加入多倍量浓醇，以沉淀除去蛋白质、多糖类等水溶性杂质。

④ 碱提取酸沉淀法：黄酮苷类虽有一定极性，可溶于水，易溶于碱性水，但却难溶于酸性水，故可用碱性水提取，再向其中加入酸，黄酮类即可沉淀析出。如芦丁、橙皮苷、黄芩苷的提取都是采用该法。

10.5.2　分离

黄酮类化合物的分离，包括黄酮类化合物与非黄酮类化合物的分离以及黄酮类化合物的单体分离，前者采用的方法上面已做了介绍，后者主要用色谱方法进行分离。

黄酮类化合物的分离主要为：①依据极性大小不同，利用吸附（各种吸附柱-硅胶、氧化铝、聚酰胺等）或分配（如分配柱色谱及逆流分配等）等原理进行分离；②依据酸性强弱不同，利用梯度 pH 萃取法进行分离；③依据分子大小不同，利用葡聚糖凝胶分子筛进行分离；④依据分子中某些特殊结构，利用金属盐络合能力不同等特点进行分离。

现介绍几种常用的分离方法。

（1）梯度 pH 萃取法　该分离方法适合于酸性强弱不同的黄酮苷元的分离。根据黄酮酚羟基数目及位置不同其酸性强弱也不同的性质，可以将混合物溶于有机溶剂（如乙醚）后，依次用 5% NaHCO₃（萃取出 7，4'-二羟基黄酮）、5% Na₂CO₃（萃取出 7-羟基黄酮或 4'-羟基黄酮）、0.2% NaOH（萃取出有一般酚羟基黄酮）、4% NaOH（萃取出 5-羟基黄酮）萃取而使之分离，一般规律大致如下：

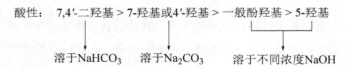

（2）柱色谱法　分离黄酮类化合物，常用的吸附剂或载体有硅胶、聚酰胺及纤维素粉等，也有用氧化铝、氧化镁及硅藻土的。

① 硅胶柱色谱。应用范围广泛，主要适用于分离异黄酮、二氢黄酮、二氢黄酮醇及高度甲基化（或乙酰化）的黄酮或黄酮醇类。

硅胶柱上各种溶剂的洗脱能力依次为：石油醚<四氯化碳<苯<氯仿（不含乙醇）<乙醚<乙酸乙酯<吡啶<丙酮<正丙醇<乙醇<甲醇<水。

供试硅胶中混存的微量金属离子，应预先用浓盐酸处理除去以免干扰分离效果。

② 聚酰胺柱色谱。对黄酮类化合物柱色谱分离来说，聚酰胺是较为理想的吸附剂，与纤维素粉比较，其吸附容量较大，分离能力也较强。聚酰胺柱色谱可用于分离各种类型的黄酮类化合物，包括糖苷及苷元、查耳酮与二氢黄酮等。

色谱分离用的聚酰胺主要有聚己内酰胺型、亚甲基三胺己二盐酸型及聚乙烯吡咯烷酮型三种。它们都是通过分子中的酰胺基与黄酮类化合物分子上的酚羟基形成氢键缔合而产生吸附作用，其吸附强度主要取决于黄酮类化合物分子中羟基的数目与位置及溶剂与黄酮类化合物或与聚酰胺之间形成氢键缔合能力的大小，溶剂分子与聚酰胺对黄酮类化合物形成氢键缔合的能力越强，则聚酰胺对黄酮类酚性物的吸附作用将越弱。各种溶剂在聚酰胺柱上的洗脱能力由弱至强排列为：

水→甲醇→丙酮→NaOH 水溶液→甲酰胺→二甲基甲酰胺→尿素水溶液。

黄酮类化合物从聚酰胺柱上洗脱时有下列规律。

a.苷元相同，洗脱先后顺序一般是：参糖苷>双糖苷>单糖苷>苷元。

b.母核上增加羟基，洗脱速度即相应减缓。以异黄酮为例，按洗脱时流出先后顺序为：4-赝野靛黄苷（无酚羟基）>毛蕊异黄酮（含一个酚羟基）>大豆素（含两个酚羟基）>金雀异黄酮（含三个酚羟基）>奥洛波尔（Orobol，含四个酚羟基）。

c.不同类型黄酮化合物，流出顺序一般是：异黄酮>二氢黄酮醇>黄酮>黄酮醇。

d.分子中芳香核、共轭双键多者则吸附能力强，故查耳酮往往比相应的二氢黄酮难以洗脱。

上述规律也适于黄酮类化合物在聚酰胺薄层上的过程。

聚酰胺柱色谱往往存在流速较慢及一些低分子杂质（酰胺的低聚物等）混合的问题，通常流速问题可以通过预先过筛除去细粉或与硅藻土混合制粒予以克服；而低分子杂质的干扰，可在装柱时用 5%甲醇或 10%盐酸预洗除去。

③ 葡聚糖凝胶（Sephadex Gel）柱色谱。对于黄酮类化合物的分离，主要用两种型号的凝胶：Sephadex-G 型及 Sephadex-LH20 型，后者为羟丙基化的葡聚糖凝胶。

葡聚糖凝胶分离黄酮类化合物的机制是：分离游离黄酮时，主要靠吸附作用，由吸附力的强弱不同加以分离。凝胶对黄酮类化合物的吸附程度取决于游离酚羟基的数目；分离黄酮苷时，分子筛的属性起主导作用，在洗脱时，黄酮苷类大体上是按分子量由大到小的顺序流出柱体。葡聚糖凝胶柱色谱中常用的洗脱剂有：碱性水溶液（如 0.1mol/L NH$_4$OH），含盐水溶液（0.5mol/L NaCl 等）；醇及含水醇，如甲醇、甲醇-水（不同比例）、1-丁醇-甲醇（3:1）、乙醇等；其他溶剂，如含水丙酮、甲醇-氯仿等。

10.6　黄酮类物质提取实例：从葛根中提取总黄酮

葛根为豆科葛属植物野葛（Pueraria lobata）或甘葛藤（Pueraria thomsonii）的干燥根，有解痉退热、生津止渴、透疹、升阳止泻等功能。葛根中含有异黄酮衍生物，含量可达 10%～24%。

含量与葛根质量有关，霉坏后，黄酮的含量可下降 4.7%。药理试验证明，葛根总黄酮能增加冠状动脉血流量，降低心肌耗氧量，对脑血管有一定扩张作用，其中大豆素具有一定解痉作用，葛根素有一定的退热镇痛作用。从葛根中已分离出的异黄酮衍生物有大豆素、大豆苷、大豆素4',7-二葡萄糖苷，葛根素（图 10-16）。此外尚有葛根素 7-木糖苷，4',6-二乙酰葛根素等。前三者为葛根的主要成分。

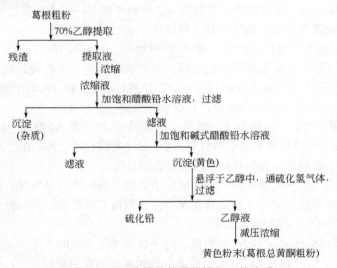

大豆素　R=R'=H
大豆苷　R=葡萄糖　R'=H
大豆素　R=R'=葡萄糖

图 10-16　从葛根提取的异黄酮类物质

大豆苷为无色针晶，熔点 239～240℃。易溶于甲醇、热水。大豆素为无色针晶，265℃升华，320℃分解。

葛根总黄酮的提取工艺流程如图 10-17 所示。

流程中葛根总黄酮与杂质的分离是利用葛根中异黄酮衍生物的结构中没有邻二酚羟基或羧基，不能与醋酸铅溶液生成铅螯合物沉淀，只有碱式醋酸铅才能使之沉淀，而部分杂质能被醋酸铅沉淀，从而分离得到葛根总黄酮。

```
                        葛根粗粉
                          │70%乙醇提取
              ┌───────────┴───────────┐
            残渣                     提取液
                                       │浓缩
                                     浓缩液
                                       │加饱和醋酸铅水溶液，过滤
                      ┌────────────────┴────────────┐
                    沉淀                           滤液
                   （杂质）                          │加饱和碱式醋酸铅水溶液
                              ┌───────────────────────┴──────────┐
                            滤液                              沉淀(黄色)
                                                                 │悬浮于乙醇中，通硫化氢气体，
                                                                 │过滤
                                              ┌──────────────────┴──────────┐
                                            硫化铅                        乙醇液
                                                                           │减压浓缩
                                                                 黄色粉末(葛根总黄酮粗粉)
```

图 10-17　葛根总黄酮的提取工艺流程

第 **11** 章

萜类化合物的性质、提取与分离

11.1 萜类化合物概述

萜类化合物是一大类含有异戊二烯基本结构单元的烃类衍生物，其中多数为具有不饱和键的含氧化合物。也就是说凡是由戊二烯或者异戊烷以多种方式结合，分子式符合 $(C_5H_8)_n$ 通式的烃类及其衍生物都可称为萜类化合物。

萜类化合物根据碳原子数分类，详见表 11-1。

表 11-1 萜类化合物根据碳原子数分类

n	碳原子数	类别	存在形式
1	5	半萜	植物叶（微量游离状态）或者黄酮类物质侧链
2	10	单萜	挥发油
3	15	倍半萜	挥发油
4	20	二萜	苦味物质、树脂
5	25	二倍半萜	海绵、地衣成分，昆虫代谢物。较为罕见
6	30	三萜	苦味物质、树脂、皂苷
8	40	四萜	胡萝卜素类植物色素
n	$7.5×10^3 \sim 3×10^5$	多聚萜	橡胶、杜仲胶

萜类化合物在自然界分布极广，是天然有机物中最多的一类化合物。目前已知的萜类化合物已达 22000 多个。

11.1.1 单萜

单萜（monoterpenes）类化合物具有 10 个碳原子，可为链状亦可为环状结构。单萜在常温下一般是挥发性液体，沸点 140～200℃，多为香料、医药、食品和化妆品工业的原料。有的单萜与糖结合成苷，则不具挥发性。单萜类化合物广泛存在于高等植物中，多分布于樟科、松科、伞形科、姜科、芸香科、桃金娘科、唇形科、菊科。根据碳架可将单萜分为链状、单环、双环和三环四个大类。

（1）链状单萜和单环单萜 链状单萜如芳香醇，单环单萜如薄荷醇，其结构如图 11-1 所示。链状单萜多为香精成分，种类众多。

(2) 环烯醚萜类　环烯醚萜类为一类苦味物质，主要存在于龙胆科、玄参科、茜草科、唇形科植物中。许多药用植物含有环烯醚萜，具有多种生理活性，如保肝利胆、抑菌、降血脂、降血糖、杀虫等。这类成分已达数百种。环烯醚萜类主要代表有栀子苷、肉苁蓉苷、梓醇等，其结构如图 11-2 所示。

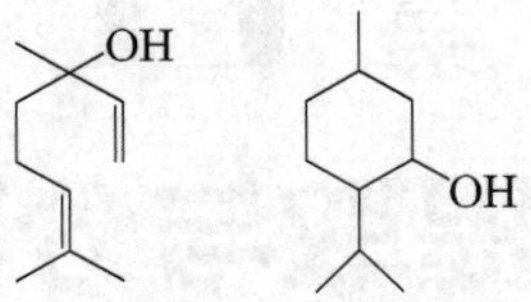

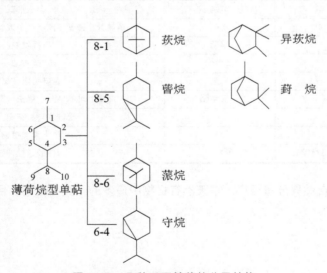

芳香醇　薄荷醇

图 11-1　两种单萜的分子结构

栀子苷　肉苁蓉苷　梓醇

图 11-2　几种环烯醚萜的分子结构

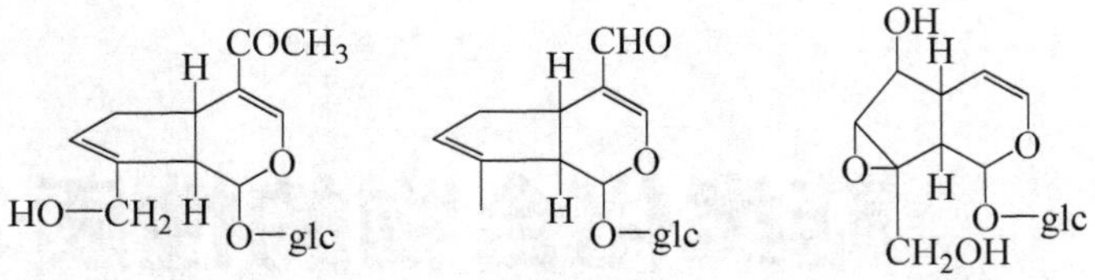

栀子苷是茜草科植物栀子的主要成分，大花栀子果肉中栀子苷含量高达 6%，为常用清热泻火中药，其苷元具有显著的促胆汁分泌作用。肉苁蓉为列当科植物，所含肉苁蓉苷具有益精补肾功效。梓醇存在于北玄参植物地黄中，可能是地黄降血糖作用的活性成分。

11.1.2　双环单萜

双环单萜约有 15 种碳骨架，较常见的有莰烷、蒈烷、蒎烷、守烷、异莰烷和葑烷六种类型，其结构如图 11-3 所示。

图 11-3　几种双环单萜的分子结构

由图 11-3 可知，双环单萜类可视为薄荷烷型单萜在不同位置间发生分子内环合所形成的衍生物。其中以莰烷和蒎烷衍生物的双环单萜在自然界分布最为广泛。如蒎烯、樟脑、芍药苷（其结构示于图 11-4）。蒎烯是松节油的主要成分。芍药苷是芍药、牡丹等毛茛科芍药属植物中普遍存在的单萜类苦味成分，具有扩张冠状动脉、增加冠脉血流量、对抗包性心肌缺血、抑制血小板凝聚及降低血压以及消炎镇痛等多种生理功能。樟脑主要含于樟科植物油中，其他如姜科、菊科、伞形科植物亦含有。樟脑有防腐杀菌作用。

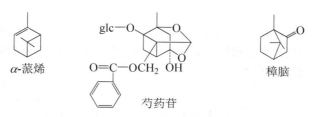

α-蒎烯　　　　　　芍药苷　　　　　　　樟脑

图 11-4　几种双环单萜衍生物的分子结构

11.1.3　倍半萜类

（1）青蒿素　青蒿素是倍半萜的过氧化物，具有新颖的变形倍半萜骨架和过氧键（如图 11-5 所示）。

青蒿素

蒿甲醚　R=β-OCH$_3$
青蒿琥酯　R=α-O-C-CH$_2$-CH$_2$COOH
还原青蒿素　R=OH

α-山道年

图 11-5　几种倍半萜烯的分子结构

青蒿素是我国科学家历经 20 年研究工作，研发出的具有自主知识产权的抗疟新药，联合国对此给予了高度重视和积极支持。青蒿素对各种类型疟疾均有良好疗效，并且吸收迅速，副作用小，其缺点是水溶性和油溶性不佳。但是，青蒿素的衍生物——蒿甲醚油溶性增大，青蒿琥酯水溶性增强，可分别生产出油剂和水剂，其疗效较青蒿素增加 10～30 倍。

青蒿素仅存在于青蒿（又名黄花蒿）中。青蒿为一年生草本植物，分布广泛，资源丰富。青蒿素在青蒿的叶和花中含量较高（0.1%～0.6%），盛花期和花蕾期的嫩枝叶含量最高。青蒿素为无色针晶，熔点 156～157℃，对热不稳定。

（2）山道年　山道年为倍半萜内酯，分 α-山道年、β-山道年和伪山道年等类型，均有驱蛔虫作用，其中以 α-山道年的作用最强（分子结构见图 11-5），但都有毒副作用。我国已以山道年为主要成分的驱蛔虫药品。山道年是从菊科植物山道年蒿、滨蒿等几种艾属植物中提取得到的。

11.1.4　双环二萜类

穿心莲内酯可以作为这一类的例子。它存在于爵床科穿心莲属植物穿心莲中。中成药穿心莲对咽喉炎、胃肠炎、急性菌痢、感冒发热疗效显著，其主要成分就是穿心莲内酯（结构见图 11-6）。

穿心莲内酯为无色棱晶（丙酮重结晶），熔点 230～232℃，易溶于丙酮、甲醇、乙醇，难溶于水、石油醚和苯。

图 11-6　穿心莲内酯的
分子结构

11.1.5　三环二萜类

（1）丹参酮　丹参酮类化合物结构上属三环二萜类，从中药丹参中提取。几种三环二萜类化合物的分子结构如图11-7所示。

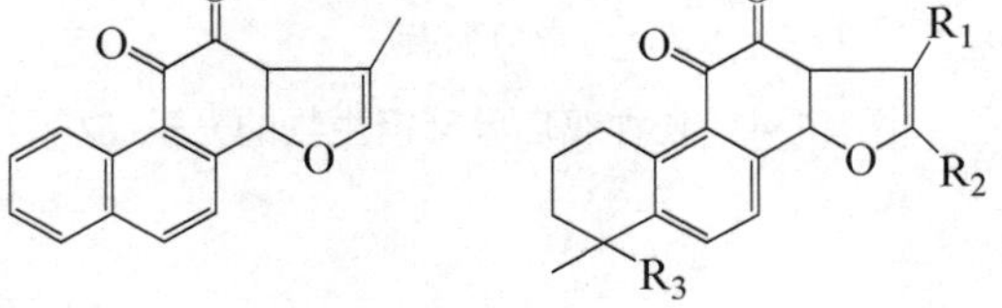

	R_1	R_2	R_3
丹参酮ⅡA	CH_3	H	CH_3
丹参酮ⅡA磺酸钠	CH_3	SO_3Na	CH_3
丹参酮ⅡB	CH_3	H	CH_2OH
紫丹参甲素	CH_2OH	H	CH_3

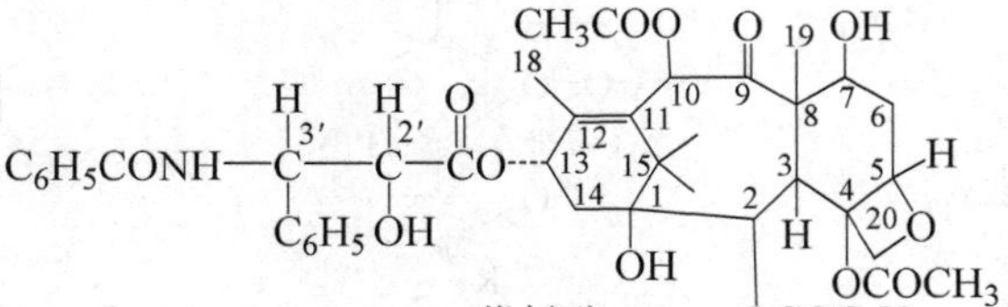

紫杉醇

图 11-7　几种三环二萜类化合物的分子结构

丹参酮类化合物的功效是活血化瘀，其中的代表性成分有丹参酮Ⅰ，此外还有丹参酮ⅡA、丹参酮ⅡB、隐丹参酮等二十多种成分。其中一些成分有抗结核菌作用；丹参酮ⅡA 的磺酸化钠产物治疗冠心病、心绞痛效果显著，副作用小；云南产紫丹参甲素及其丁酸单酯均有较强的抗肿瘤活性、耐缺氧作用与抗菌消炎作用。

（2）紫杉醇　紫杉醇又名红豆杉醇，属三环二萜类化合物。其结构式见图11-7。

紫杉醇存在于红豆杉科红豆杉属植物短叶红豆杉、浆果红豆杉、东北红豆杉、西藏红豆杉、云南红豆杉等乔木的树皮、枝叶中，其主要功效为具有强抗癌活性，是目前抗癌新药研发的热点。

紫杉醇含量极低，树皮的最高含量一般在万分之一以下，为保护资源，正在研究用生物技术培养与生产紫杉醇。

11.1.6　四环二萜类

冬凌草甲素，属四环二萜类化合物。其结构式见图11-8。

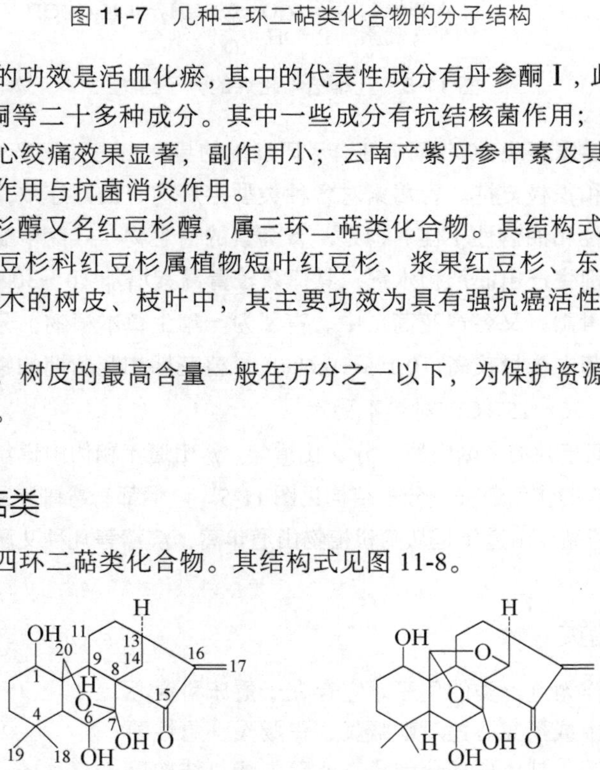

冬凌草甲素　　　　　　　　冬凌草乙素

图 11-8　两种四环二萜类化合物的分子结构

冬凌草素存在于唇形科香茶菜属的一些具有抗癌活性的植物，如冬凌草、日本香茶菜、延命草中，冬凌草甲素、冬凌草乙素及延命草素等，对癌细胞均具有较强的抑制作用。

11.1.7 多萜类——橡胶和杜仲胶

橡胶是顺-1,4-多聚异戊烯，分子量 $1 \times 10^5 \sim 4 \times 10^6$，变化范围大，相当于 $1500 \sim 60000$ 个异戊烯残基的多聚体。

杜仲胶属古塔胶，是一种反-1,4-多聚异戊烯，分子量比橡胶低。除杜仲含古塔胶外，墨西哥和美国沙漠中生长的灌木银胶菊，马来西亚生长的山榄科胶木属多种植物也含古塔胶。古塔胶的乳汁不易流动，采取古塔胶要损伤树木，易造成资源枯竭。古塔胶具有热塑性，在 65℃ 以下呈坚韧无弹性的固体，而在 65℃ 以上则变得柔软、易变形，但仍无弹性。

从图 11-9 可知，天然橡胶是顺式聚异戊烯，每个单元上的两个亚甲基（—CH₂）在双键轴方向同侧；而杜仲胶为反式聚异戊烯，两个亚甲基在双键轴的异侧。

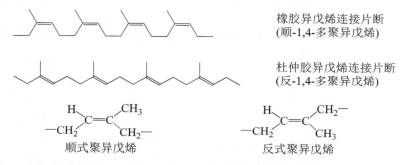

橡胶异戊烯连接片断
(顺-1,4-多聚异戊烯)

杜仲胶异戊烯连接片断
(反-1,4-多聚异戊烯)

顺式聚异戊烯　　　　　　　反式聚异戊烯

图 11-9　天然橡胶及杜仲胶的分子结构

结构上的差异导致了性能上的差异；橡胶在常温下有弹性，是由于顺式胶团在常温下为无定形线团之故；杜仲胶在常温下是结晶态，所以无弹性。

近年来，我国学者严瑞芳已经很好地解决了杜仲胶改性成弹性体问题，为杜仲的综合开发，特别是杜仲胶的开发利用开辟了广阔的前景。

11.2　萜类的重要理化性质

萜类化合物一般均难溶于水，易溶于亲脂性的有机溶剂。低分子量和含功能基少的萜类常温下多呈液体或低熔点的固体，具有挥发性，能随水蒸气蒸馏。如单萜和部分倍半萜，随分子量的增加，功能基的增多，化合物的挥发性降低，熔、沸点相应增高。如部分含较多功能基的倍半萜和二萜、三萜等，它们多为具有高沸点的液体或结晶固体。

由于各种萜类化合物的分子中都具有相似的结构部分和共同的功能基，所以它们有许多共同的性质。例如，它们的分子中绝大多数都包含双键、共轭双键、碳甲基—C—CH₃、偕碳二甲基—C—(CH₃)₂、亚异丙烯基＝C—(CH₃)₂ 以及活泼性的氢原子等。这些都有助于波谱鉴定。存在的功能基除有利于进行红外光谱鉴定外，其所表现的共同化学反应尚可提供各种化学方法对萜类成分进行鉴别和提取分离。

11.2.1 加成反应

萜类化合物分子中的不饱和键可以同卤素、卤化氢以及亚硝酰氯发生加成反应。其加成产物往往是结晶性的，这不但可供识别萜类化合物分子中不饱和键的存在和不饱和程度，还可借助加成产物具有完好结晶的特点进行鉴别和分离提纯。例如，柠檬烯与氯化氢的加成，得到的产物柠檬烯二氢氯化物是结晶固体。

许多不饱和萜类化合物还能与亚硝酰氯发生加成反应生成氯化亚硝基。该试剂称为 Tilden 试剂，操作的顺序是将不饱和的萜类成分加入亚硝酸异戊酯中，冷却后加入浓盐酸混合振摇，然后再加入少量乙醇、冰乙醇或冰乙酸即有结晶加成物析出。

生成的氯化亚硝基衍生物多呈蓝色或蓝绿色的固体。因此可用于不饱和萜类成分的分离与鉴定。形成的氯化亚硝基衍生物还可进一步与伯胺或仲胺（常见六氢吡啶）缩合生成亚硝基胺类。后者具有完好的结晶和一定的物理常数，在鉴定萜类成分上颇有价值。

具有共轭双键的萜类化合物可以发生 Diels-Alder 反应，如与顺丁烯二酸酐的加成产物是晶体。可用来鉴定不饱和萜类成分的结构，确定双键是否处于共轭状态。

但某些萜类成分的双键并非处于共轭状态，也往往能与顺丁烯二酸酐反应形成加成产物。这种现象可能是由于在此反应条件下，其中一个双键发生位移形成了共轭双键。故作为结构鉴定时应进一步用其他方法（如紫外吸收光谱）区别此种情况。如果原萜类成分没有显著的紫外吸收峰，则说明双键不处于共轭状态。

11.2.2　氧化反应

氧化反应是用化学方法研究萜类成分结构经常使用的重要手段之一。进行控制氧化，经常能够得到一系列预知的氧化降解产物。根据对这些产物的进一步分析，可推知原萜类成分中双键所处的位置进而推断该成分的碳架结构。常用的氧化剂有臭氧、铬酸、四乙酸铅和二氧化硒等。其中以臭氧的应用最为广泛。臭氧的氧化过程首先是形成中间体臭氧化物，有时得到的臭氧化物本身就是结晶固体。当用水分解或用催化氢化法还原后，臭氧化物发生裂解，在原双键的两边碳上形成醛基，所得醛基化合物是易于鉴定的。据此再推定原化合物的结构。

例如，月桂烯经臭氧氧化后，得到一分子α-羰基戊二醛、一分子丙酮和两分子甲醛。

11.2.3 脱氢反应

脱氢反应也是一个有价值的化学降解方法，特别是在早期研究萜类化合物的母核时具有重要意义。在脱氢反应中，萜类成分的环状结构经常能顺利地脱氢而转变为芳环结构，所得芳烃衍生物容易通过合成的方法加以鉴定。

脱氢反应通常是在惰性气流的保护下，在 200～300℃用铂黑或钯催化剂，使萜类成分与适当的脱氢剂如硫或硒共热而实现。

例如，从桉叶油中得到的桉叶醇是一个双环倍半萜叔醇。经脱氢反应得到少一个碳原子的产物芘（即 1-甲基-7-异丙基萘）。说明桉叶醇含有一个角甲基，在脱氢芳构化形成芘的碳架结构时成为甲烷失去，同时说明 β-桉叶醇具有芘型的基本碳架。

在一些情况下，脱氢反应往往还能导致环合反应的发生。例如，姜油烯在脱氢反应中得到的产物是萘型苄（1-甲基-4-异丙基萘）。

11.2.4 分子重排

萜类化合物中，特别是双环萜在发生加成、消除或亲核取代反应时，常常发生碳架的改变，产生 Wagner Meerwein 重排。例如，异龙脑在硫酸的作用下脱水或氯化异龙脑在碱性条件下脱氯化氢时，都发生碳架的改变，得到的产物都是莰烯。

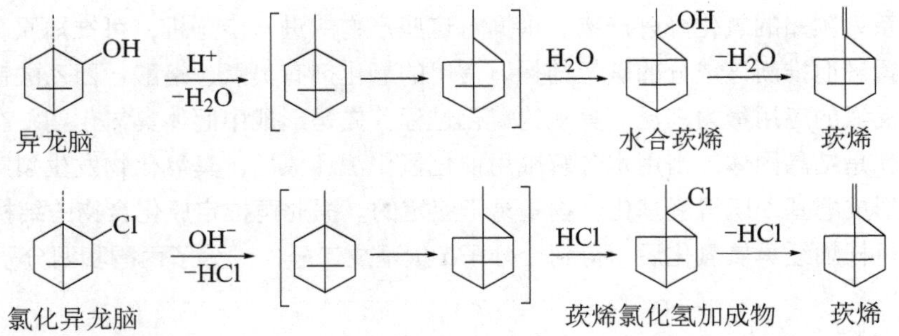

反之，莰烯与氯化氢加成时，也发生分子重排，最终得到的产物是氯化异龙脑。

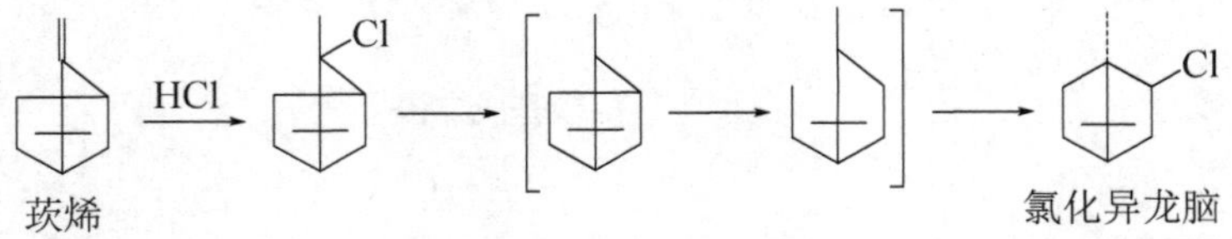

同样 α-蒎烯与氯化氢加成的产物也不是蒎烯的氯化氢加成物，而得到的是氯化龙脑。

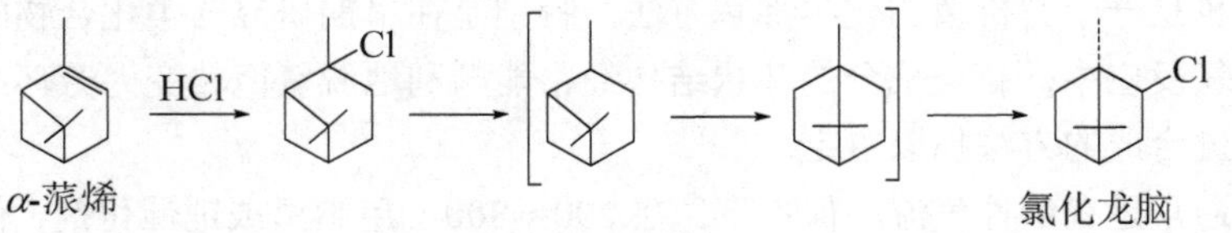

因此，在制药工业中常用松节油的 α-蒎烯为原料，在低温下（−10℃）通入干燥的氯化氢，经水合制得氯化龙脑。氯化龙脑再在碱性条件下脱氯化氢而得到莰烯、异龙脑，后者以硝酸氧化为樟脑。其间经过几次 Wagner Meerwein 重排。以上各步的反应过程简要表示如下：

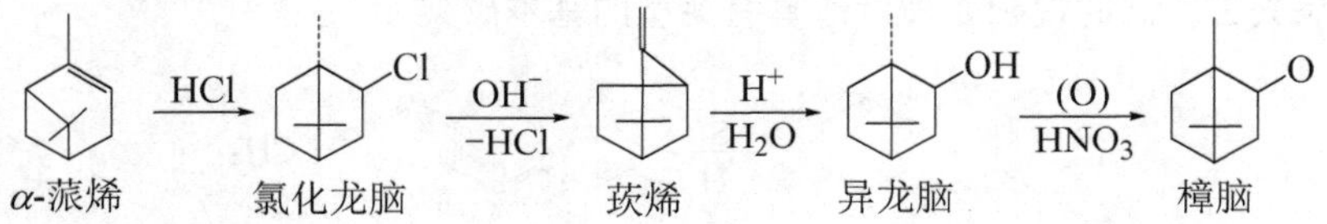

11.3　萜类化合物提取分离工艺及实例：甜菊糖苷的提取分离

甜菊糖苷又称甜菊苷，系由多年生菊科草本植物甜叶菊中提取、精制而得的天然甜味剂。甜叶菊原产巴拉圭，自古以来当地人就将其作为甜茶饮用。甜菊糖苷的分子式为 $C_{38}H_{60}O_{18}$，分子量为 805，化学结构是四环双萜苷，是一种白色无嗅的结晶体或粉末，熔点：198～202℃，比旋光度 $[\alpha]_D^{20} = -39.3$（5.7%水溶液），易溶于水和乙醇，且精制程度愈高，在水中的溶解速度愈慢。无论是粉剂或溶液，对光和热都稳定，其水溶液在 pH=4～10 范围内 100℃加热 24h 无变化，与氨基酸溶液共存无褐变，不能被微生物所利用。甜菊糖苷的甜度一般为蔗糖的 150～300倍，味感与蔗糖相似，但后味长，在低温和溶液浓度低时，相应于蔗糖的甜味倍数较高，浓度高时微带苦味。它在人体内不被吸收，产生的热量仅为蔗糖的千分之一，因此最适宜作保健、美容食品的添加剂。

由于甜菊糖苷具有高甜度、低热量、在人体内不代谢、无毒、安全可靠等优点，许多国家都积极用它代替蔗糖，目前，已被公认为是新型天然糖源。人体摄取过多高热量的蔗糖会产生许多不良后果，诸如引起肥胖症、冠心病、高血压、糖尿病等，为此，各国都在寻找安全、低热的甜味料以代替蔗糖。特别是近年来禁用某些人工甜味剂，糖精的安全性受到怀疑，使高甜度的天然甜味剂甜菊糖苷得到广泛应用。

采用的加工工艺为：甜叶菊干叶→预处理→浸出→沉淀→过滤→吸附、解析→脱色精制→回收乙醇→浓缩→干燥。

此工艺流程技术要点如下所述。

(1) 原料 应尽可能采用含苷量高的干叶，要建立固定的原料基地，进行品种优育、科学栽培，以保证甜叶菊的质量和稳产、高产。

(2) 提取 甜叶菊干叶中的糖苷先用该单元操作，使可溶性糖苷及杂质（主要为各类色素、水溶性蛋白质、单宁、果胶、糖类、有机酸、无机物等）与不溶性固形物分离。影响浸出速度的因素主要有如下几点。

① 可浸出物质的含量：含量高，浸出的推动力大，浸出速率也快。

② 原料的形状和大小：一般以片状浸出效果为好。甜叶菊干叶本身为片状，只要扩散过程好就可以达到良好的效果，而不必把干叶再粉碎，粉碎既增加设备又不利于后处理。

③ 温度：浸出温度通常由实验确定，根据实验资料，干叶的浸出温度以 30～80℃为宜。往水中添加某些盐类，调到适当的酸度，有利于甜菊糖苷的溶解，且溶出的色素较少，并且有利于沉淀除杂。

④ 溶剂：应采用纯度较高的水。

浸出操作分单级间歇式、多级接触式和连续三种。

浸出设备有单级间歇式浸出器、多级逆流接触浸出器、浸泡式连续浸出器以及渗透式连续浸出器等。根据生产规模，甜叶菊干叶宜采用多级逆流接触浸出器，浸出操作要进行计算，以确定浸出所需要的时间、浸出器的大小、溶剂的需要量、浸出器的级数等。

浸出时间取决于浸出速度，以及固体中的残留溶质量（一般为 2%～5%），由于浸出机理的复杂性，浸出时间由实际经验决定。

浸出器的大小通常也凭经验确定，浸出器的总容积等于原料混合物和溶液所占容积及附属设备（如搅拌器、蛇管等）容积之和。此外，尚需留有 30%的自由容积。溶剂的需用量可根据浸出过程中物料开始和终了情况，由物料衡算式求取，也可以从有关实践资料中选取。根据有关工厂的经验，一般用水量为干叶重量的 20 倍为宜。在多级逆流浸出中，浸出器的数目（级数）是重要的计算项目，其计算是建立在理论级数的基础上，浸出的理想级数是浸出过程的浓度变化达到平衡状态的浸出单位，而实际需要的级数比理想级数大，理想级数与实际级数之比称为级效率。

(3) 沉淀过滤 当提取水量为干叶重量的 20 倍，水溶性物质约为干叶重量的 35%，其中甜菊糖苷约占 23%，其余皆为杂质，因此需要采用沉淀过滤工序除去大部分杂质。

在甜菊糖苷的提取液中加入一些絮凝剂，可使溶液中的胶体物质、色素等杂质絮凝沉淀下来。提取上部清液后，下部的沉淀液采用板框压滤机进行过滤，可得透明的棕色或淡黄色的粗苷溶液。常用的絮凝剂有硫酸亚铁、明矾、硫酸铝、石灰、碱式氯化铝等。目前国内甜菊糖苷生产中多采用明矾、硫酸亚胺、碱式氯化铝等，这些絮凝剂在自来水厂广泛用作净化剂，来源广，价格便宜。用硫酸亚铁作絮凝剂，用量较大，但价格便宜，使用方便。硫酸亚铁加入后，溶液的 pH 值为 5～6，再加入石灰乳把 pH 值调到 8～12，边加入边搅拌，所产生沉淀物颗粒较大，易过滤，滤液透明，呈棕红色，滤泥可成块。

在提取液温度较低的情况下，把 pH 值调到 11～12，可产生良好的絮凝沉淀，过滤和脱色效果好，由于滤液温度较低，不必担心甜菊糖苷的分解破坏。也可把提取液加温到 60℃以内，再慢慢均匀加入石灰乳，pH 值调至 9，然后加入硫酸亚铁溶液（硫酸亚铁约占干叶重的 30%），边加边搅拌，溶液的 pH 值始终保持在 9～10，然后经板框压滤机过滤，可得良好的滤液。

（4）超滤　水提取液经过絮凝沉淀，过滤去掉了 30%～60% 的杂质，但仍有大量杂质，其分子量大多在 1 万以上，甜菊糖苷的分子量为 805，因此，通过超滤可使大分子杂质去掉，一般除杂率约 40%，脱色率为 60%～90%，这对后边工序的加工和获得良好的产品质量具有重要的意义。

超滤器的类型分管式和板式两种。管式超滤器的堵塞系数小，清洗方便，但膜面积小，生产率偏低，换膜方便。这两种形式的超滤器均可选用，在用于甜菊糖苷正式生产之前，必须反复试验，以确定超滤器使用工艺条件及有关技术参数，其中包括以下几点。

① 膜品种的选择。用不同膜材料制作的膜与甜菊糖苷相互作用的差异较大，膜表面的浓度极化现象也不相同。膜的材料以非极性为好，并且有抗杂质及细菌污染能力。

② 膜截流分子量的确定。一般来说，膜截流的分子量愈大，膜孔径也愈大，水通量会随之升高。在国外膜孔大小已能采用阶梯形，截流分子量从数万到数千，分几个级次对料液逐次分离精制。我国膜生产技术尚难达到这种水平，因此需采用膜分离与树脂法相结合的工艺，超滤膜截流分子量以 1 万～2 万为宜。

③ 压力。超滤器透过量随压力的增大而增大，但过高的压力会使膜压密，同时加剧了膜表面的浓度极化现象，反而使透过量衰减。

④ 温度。随着温度升高，料液黏度降低，透过量增大，但要考虑耐热情况。

⑤ 流动状态。为了有效控制膜表面的浓度极化现象，管式膜的料液要在管内处于稳定的湍流状态，其雷诺数由实验确定。对板式膜采用窄沟道流动。

⑥ 膜的清洗。一般膜运转一个班次需用自来水清洗，较长时间运转后，透过量会明显下降，可采用酸、碱配合适量次氯酸钠的溶液清洗。清洗液浓度、清洗时间可通过实验确定。甜菊糖苷加工是否采用超滤工序取决于超滤器的成本、超滤器工作的可靠性及其维护技术。

（5）吸附与解析　含甜菊糖苷的溶液需用吸附剂把甜菊糖苷吸附出来。对吸附树脂的要求是：在适当孔径下具有较大的比表面积、适宜的极性、高选择性、大的吸附量、一定的强度、较高的物理及化学稳定性、耐酸（碱和有机溶剂）、容易再生、被吸附的分子容易解析以及价格适宜。

目前国内外均已成功地利用大孔吸附树脂生产甜菊糖苷，可用的树脂有 M-35、A 型、R-A 型、1300 型、AB-8、LD601、HP-10、HP-20、D101、DA201，具体选用需由试验确定。一般来说，树脂对吸附质的吸附，其孔径要求 3～6 倍于吸附质分子直径。树脂的孔径和比表面积对吸附效果影响很大。如某试验比较了 LD601、AB-8、1300-A 三种吸附树脂，LD601 型平均孔径为 238Å（1Å=0.1nm），AB-8 型为 130～140Å、1300-A 型为 60Å，测得结果是：树脂选择性，LD601 比 1300-A 高得多，而吸附量 LD601 又为 1300-A 的 1/2 左右，AB-8 的吸附量与 1300-A 差不多，但选择性优于 1300-A。

甜菊糖苷的吸附宜采用渗滤法，所用设备为固定填充床吸附柱。吸附剂在柱中形成固定床层，溶液在重力或加压作用下流过床层。吸附柱的高径比、料液的温度、浓度、pH 值、流速等对吸附效果影响很大。

① 碱性吸附：把溶液的 pH 值调到 11～12，吸附树脂对糖苷的选择吸附性最好，而绝大部分杂质、色素不吸附，并随废液流出，通液容易，流速快。

② 碱性洗涤：吸附完后，通入一定 pH 的烧碱溶液或饱和石灰水或氨水溶液，可使一部分

的色素、杂质先行解析下来。

③ 用水洗涤：可除去树脂表面及孔内黏附的杂质，降低产品的灰分含量。

④ 把解析液分成浓、稀糖醇液两部分，采用逆流原理，用稀糖醇液解析下一个吸附柱。吸附树脂的再生处理可用5%～8%的烧碱及4%～5%的盐酸溶液或95%的乙醇溶液。特别严重时，可用含5%烧碱的乙醇溶液进行再生处理。

当溶液通过吸附柱后，甜菊糖苷分子被完全吸附（还有少量色素及杂质同被吸附）而与其他杂质分离，然后通入浓度70%左右、三倍量于树脂量的乙醇溶液进行提纯，甜菊糖苷分子及少量杂质得到解析而进入乙醇溶液，这种混合液称为糖醇液，其中甜菊糖苷浓度约3%（在吸附前溶液中约为5‰），得到了浓缩。

(6) 脱色精制　目前国内外广泛采用的甜菊糖苷的脱色精制方法是阴、阳离子交换树脂法。

在溶液中进行吸附不但可以吸附中性分子，还可以吸附离子，被吸附的离子如果与吸附剂中可交换的离子进行交换，就发生离子交换反应，离子交换过程可视作特殊的吸附过程。甜菊糖苷脱色精制所用的树脂型号有711、709、GA204、G208、D354、TS-890等阴离子交换树脂以及732、682等阳离子交换树脂。其中TS-890脱色率及糖苷收率较高。由于甜菊糖苷加工一般属中、小规模，离子交换宜采用固定床离子交换柱。交换柱高径比以（5～6）∶1为宜。对树脂柱的布水器力求做到水流均匀，避免短路和提前泄漏，流速一般在BV（树脂床中的树脂体积）=1～2为宜。

树脂的再生：交换柱内树脂失效后需要再生，再生之前必须进行短时间的强烈反洗。反洗的目的是：①松动压紧的树脂床层，以利树脂再生；②清除截留在树脂层内的悬浮物及有机杂质以提高滤速，降低压损，冲走极小的树脂碎粉，以免影响水流畅通。

脱色精制的糖苷损失率为10%～15%，因此应设法回收被离子交换树脂吸附的糖苷。采用何种离子交换树脂仍需根据上述原则进行试验，摸索具体的脱色精制操作工艺、参数及操作方法。

(7) 回收乙醇　回收乙醇一般在脱色精制后进行，这种工艺比较简单合理，糖苷损失少，能耗也较少，缺点是乙醇损失较多。回收乙醇采用普通的蒸馏釜，也采用真空回收乙醇的方法，控制沸腾温度在70℃以下。

(8) 浓缩　国内甜菊糖苷浓缩采用的设备有：中央盘管式蒸发器、升膜或降膜蒸发器、反渗透膜等。目前反渗透膜由于费用贵，操作维护要求高，膜的质量问题，加上反渗透浓缩随着溶液浓度的提高，反渗透压力大大增加，使浓缩的浓度难以达到要求，中、小规模的工厂宜采用蒸发器浓缩，最好用降膜或升膜真空蒸发器对糖苷溶液浓缩、干燥。

(9) 干燥　食品添加剂用甜菊糖苷粉即可满足要求，因此不必采用真空干燥加甲醇析出结晶的工艺。加工粉末状甜菊糖苷，可用喷雾干燥或真空干燥。真空干燥属于间歇操作，干燥后还需粉碎。真空干燥虽然干燥的温度较低，但干燥的时间较长，对糖苷质量亦有影响。喷雾干燥器可连续生产，糖苷液受热时间短，因此宜采用喷雾干燥器进行干燥。

采用喷雾干燥仍需探索甜菊糖苷的正确干燥工艺，如喷雾压力、进出口风温等，以保证得到质量好的甜菊糖苷。喷雾干燥器的进口风温宜在270℃左右，出口风温宜在80℃左右。另外，还要注意从干燥废气中回收甜菊糖苷。

上述加工方法，其中采用了先进的超滤操作，可制得质量较高的甜菊糖苷粉剂。总的来说，在整个工艺流程中，不使用任何有毒的辅助原料，以保障操作工人的健康，无环境污染，而且甜菊糖苷食用安全。

第12章
植物色素的性质、提取与分离

12.1　植物色素概述

　　食品很讲究"色、香、味"，色字当头，可见其重要性。随着人类社会的高速发展，形形色色的食品首先必须考虑悦目的色泽，再配以优雅的香味，才能引起人们的食欲和吸引众多的顾客。食品诱人的色泽，不能光靠食品自身的颜色，必须人为地进行必要的修饰、强化，这就需要有能供食用的各种色素。19 世纪 50 年代以来，人们不断将合成色素应用到食品中。近代一部分合成色素已被证实对人类健康有明显的不良影响而被禁用，特别是近年发现结构中含偶氮型的色素，有可能代谢为致癌物质，引起了人们高度警惕。因此，目前各国对使用合成色素都极为慎重，为此人们又将眼光从合成色素转向了天然色素。

　　目前，我国食品工业已经使用的天然色素主要有辣椒红、红曲红、栀子黄、栀子蓝、姜黄、叶绿素、β-胡萝卜素、甜菜红、高粱红、叶黄素、紫草红、萝卜红、紫甘蓝、紫甘薯、紫苏、红花黄等等。例如，饼干表面喷涂用辣椒红；打粉用食品方便面、蛋卷、蛋黄饼用栀子黄、姜黄；饼干夹心油溶复配各种颜色色素；火腿肠、肉制品用红曲红、高粱红；饲料用辣椒红、叶黄素；果酱复配各种颜色的色素；饮料用 β-胡萝卜素；泡菜用辣椒红；果冻用各种颜色的水溶及油溶色素；其他还有用量较少的红酒、八宝粥、番茄酱、酱油等，大多为复配色素。

　　色素在工业领域的应用也十分广泛，如染料工业、涂料工业、印染工业等。

12.2　植物色素的分类

　　植物色素的分类方法有很多，最普通的分类方法是根据色素的亲脂性与亲水性，将之分为脂溶性色素（如叶绿素、类胡萝卜素等）和水溶性色素（如花青素类和甜菜拉因类等）两大类。本节根据色素的化学结构，将之分为四大类。

12.2.1　四吡咯衍生物类

　　这是一类卟啉化合物，其基本结构是四个吡咯环连接而成，不同的物质有不同侧链。这类化合物的典型例子是叶绿素。叶绿素，在卟啉核中央结合的是 Mg；血红素，在卟啉核中央结合的是 Fe；B 族维生素，在卟啉核中央结合的是 Co；虾、蟹黄素（血液），结合的是 Cu。

　　叶绿素含 Mg 呈绿色，去 Mg 呈褐色。叶绿素不溶于水，可溶于有机溶剂，无毒，对肝炎、胃溃疡有一定疗效，可入药、食品、牙膏、化妆品。

12.2.2 苯并吡喃衍生物类

这类色素主要有花青素类、花黄素类等。花青素类是黄烷醇的衍生物，如飞燕草苷、白矢车菊苷、儿茶素等（图12-1），多以糖苷的形式储存在细胞溶液中，遇酸呈红色，遇碱呈蓝色，与金属离子形成各种颜色的配位化合物，把自然界装扮得万紫千红、绚丽多彩。紫葡萄色素、朱槿色素、玫瑰茄色素、笃斯越橘红色素属于该类色素。花黄素主要是黄酮类化合物，如槲皮素、山奈酚、红花黄色素等，广泛存在于植物界。

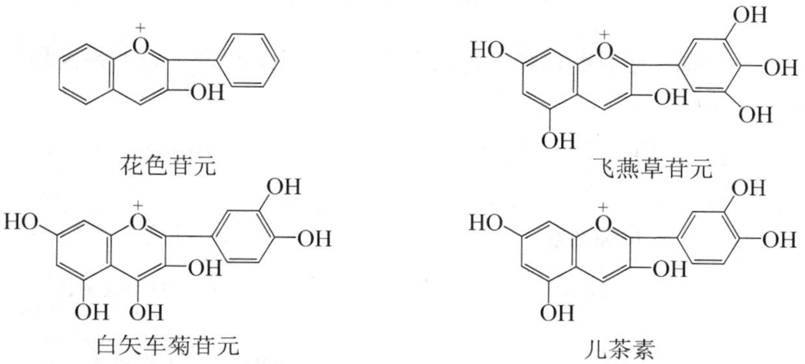

图 12-1　几个苯并吡喃衍生物类色素的分子结构

12.2.3 四萜类及其衍生物

这是一类由 8 个异戊二烯聚合而成的化合物，分子中有多个连续的共轭双键，在自然界广泛分布，已搞清楚结构的就达 300 多种，大多呈晶体状，外观美丽，但对光、热、氧、酸、碱等因素表现不稳定，为脂溶性类色素。

类胡萝卜素为橙色、红色或黄色晶体，不溶于水，微溶于石油醚、醚、醇等，易溶于水、CS_2、$CHCl_3$ 等溶剂中，在浓 H_2SO_4 作用下，类胡萝卜素呈蓝色。

类胡萝卜素类色素种类多，详见表12-1。

表 12-1　类胡萝卜素类色素种类及分布

色素名称	分布	色素名称	分布
番茄红素	番茄、西瓜、柿子等果实	环氧玉米黄素	玉米种子
α-胡萝卜素		辣椒红素	辣椒红色果实
β-胡萝卜素	胡萝卜、南瓜根及果实	辣椒黄素	辣椒红色果实
γ-胡萝卜素		新黄素	辣椒红色果实
叶黄素	毛茛、蒲公英等花瓣及干叶	橙黄素	橙皮
玉米黄素	玉米种子、柿子、番茄果实	胭脂素	红木假种皮
隐黄素	南瓜花瓣、玉米、木瓜果实	番红花酸	番红花雌蕊
董菜黄素	三色堇花瓣		

① 胡萝卜素：胡萝卜素为红色板状结晶，广泛存在于胡萝卜根、南瓜果肉、柑橘果皮及其他植物中，通常 α、β、γ 三种异构体共存，以 β 异构体最多。胡萝卜素类结构，有三个基本结

构单位，如图 12-2（a）～（c）所示。三种胡萝卜素结构如图 12-2（d）～（f）所示。

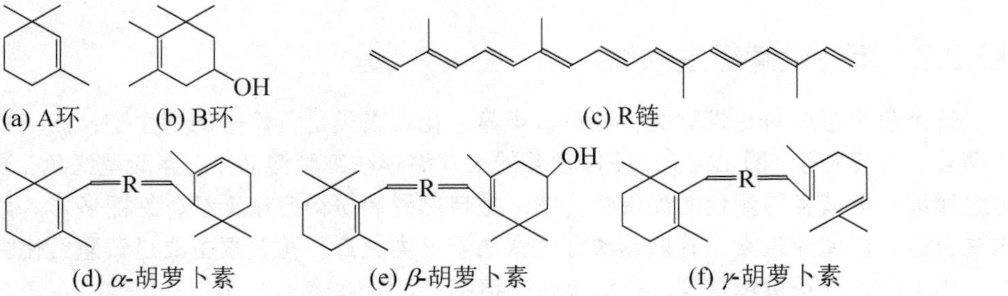

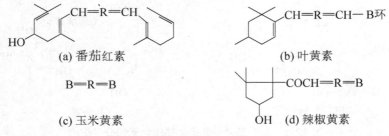

（a）A环   （b）B环   （c）R链

（d）α-胡萝卜素   （e）β-胡萝卜素   （f）γ-胡萝卜素

图 12-2   类胡萝卜素三个基本结构单位和三种胡萝卜素的分子结构

② 番茄红素：为褐红色针状晶体，存在于番茄、西瓜、柿子、杏的果肉和胡萝卜根中，其分子结构见图 12-3（a）。

（a）番茄红素   （b）叶黄素

B═R═B

（c）玉米黄素   （d）辣椒黄素

图 12-3   几个类胡萝卜素类色素的分子结构

③ 叶黄素：为黄色柱状结晶，广泛存在于植物叶中，也存在于毛茛、蒲公英等花冠中，分子结构见图 12-3（b）。

④ 玉米黄素：为橙红色结晶，存在于玉米种子、辣椒果皮、柿果肉、酸橙果皮和果汁中，分子结构见图 12-3（c）。

⑤ 辣椒黄素：为红色针状结晶，存在于辣椒和卷丹花粉中，其分子结构见图 12-3（d）。

⑥ 番红花酸：为红色板状结晶，番红花苷与胡萝卜素、番茄红素同含于番红花雌蕊中，栀子黄亦属此类，其分子结构如图 12-4 所示。

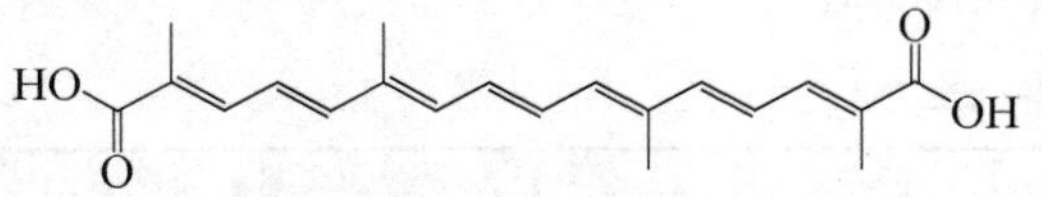

图 12-4   番红花酸的分子结构

⑦ 胭脂素：为红紫色板状结晶，存在于红木的果实中，其分子结构为 HOOC—CH═R═CH—COOH。

12.2.4   甜菜色素类

这是一类含有氮原子的红色和黄色色素，它与糖结合形成糖苷，称为甜菜拉因。连接不同的糖和变换不同的氨基酸残基，都会引起其颜色的变化。

甜菜拉因分子由一个甜菜醛氨酸连接不同的氨基酸残基及糖而形成。主要分布在紫茉莉科、商陆科、藜科、苋科、马齿苋科、仙人掌科、番杏科及落葵科植物中。常见的甜菜拉因色素见表 12-2。

表 12-2 植物中常见的甜菜拉因色素

色素名称	结构	存在植物
甜菜苷		甜菜根，火龙果
甜菜素	R=β-D 葡糖基 R'=H	甜菜根、商陆果肉及叶
千日红素	R=H R'=β-D 葡糖残基	千日红花
苋红素	R=2'-O-（β-D-葡糖醛酸-β-D 葡糖基）R'=H	苋菜叶基
叶子花素-γ-1	R=β-槐糖基 R'=H	叶子花属
飞燕草色素 1	R=β-纤维二糖基 R'=H	橄榄械属
飞燕草色素 2	R=2-葡糖基芸香糖基 R'=H	叶子花属
甜菜黄质	R=	藜科、苋科、仙人掌科
梨果仙人掌黄质	R=	梨果仙人掌银毛球果实
马齿苋黄质	R=	大马齿苋花
普通黄质（Ⅰ、Ⅱ）	R=	甜菜根 Ⅰ R'=NH Ⅱ R'=HA
紫茉莉黄质	R=	紫茉莉花
多巴黄质	R=	GloriphyMm lorgwm 花

12.2.5 其他类型色素

（1）属于醌类化合物的色素 属于醌类化合物的色素以蒽醌最多，如大黄素等，其次为萘醌、苯醌等。它们多以对位醌和糖苷的形式存在，并常有二聚体、三聚体及四聚体。在植物中醌类色素已有 200 余种，多存在于蓼科、茜草科、胡桃科、柿树科植物中，其色泽有黄、蓝、黑等。

（2）属于环烯醚萜类的色素 玄参、水晶兰等在干燥后呈黑色。江南民间用乌饭树叶汁煮"乌饭"，据说食之有清热作用。这是由于其中含有环烯醚萜类化合物的缘故。环烯醚萜类可分为环烯醚萜［图 12-5（a）］和裂环烯醚萜［图 12-5（b）］，它们多以糖苷的形式存在，属水溶性。玄参根中含有哈帕苷，水解后生成黑色物质。应该指出，黑色素及黑色食品的开发研究，是近年的热点之一，值得注意。

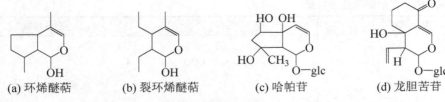

(a) 环烯醚萜　　(b) 裂环烯醚萜　　(c) 哈帕苷　　(d) 龙胆苦苷

图 12-5　环烯醚萜及两个衍生物的分子结构

12.3　主要天然色素的性质与检测

12.3.1　理化性质

12.3.1.1　叶绿素

（1）物理性质　叶绿素 a 和脱镁叶绿素 a 既溶于醇，又溶于苯、醚和丙酮。纯净的叶绿素 a 和脱镁叶绿素 a 仅略溶于石油醚，不溶于水。叶绿素 b 和脱镁叶绿素 b 溶于醇、丙酮、醚和苯。纯净时，它们几乎不溶于石油醚，也不溶于水。与叶绿素和脱镁叶绿素对应的脱植醇叶绿素和脱镁脱植醇叶绿素因缺少植醇侧链，故不溶于油而溶于水。

（2）化学性质　叶绿素可通过很多途径发生化学变化，但在加工过程中，最常见的变化是叶绿素脱镁化，即分子中心的镁被氢取代，并因此形成绿褐色的脱镁叶绿素。其颜色由绿色变为绿褐色。

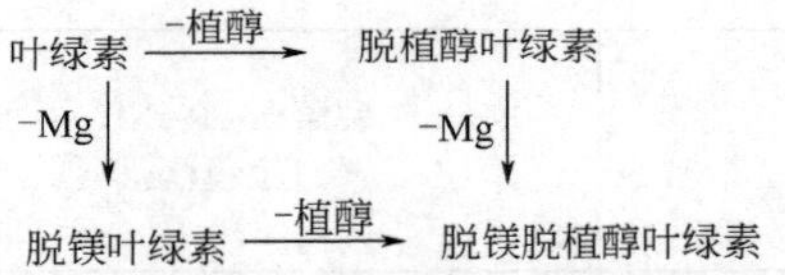

叶绿素 脱去植醇生成脱植醇叶绿素，它仍然是绿色素，其光谱性质与叶绿素基本相同，只是比叶绿素更溶于水。若脱植醇叶绿素中的镁被脱去即生成相应的脱镁脱植醇叶绿素，其颜色与光谱性质与脱镁叶绿素相同。其变化如图 12-6 所示。

图 12-6　叶绿素的脱镁及脱植醇过程

由于叶绿素支链上的官能团等（它可氧化形成加氧叶绿素）及四吡咯环断裂生成无色最终产物，所以可能发生很多其他反应。在加工过程中，尽管这些反应在某种程度上确实存在，但与脱镁作用相比就微不足道了。

12.3.1.2　花色苷类色素

（1）物理性质　花色苷类色素易溶于水，其颜色由介质的 pH 值所决定。不溶于脂和油类。

（2）化学性质　pH 对花色苷类影响极为显著。在酸性条件下呈红色，且 pH 越低，红色越深；在中性条件下显浅蓝色；而在碱性条件下显无色。故花色苷类化合物还可以作为指示剂，花色苷的分子构型变化与显色反应如图 12-7 所示。

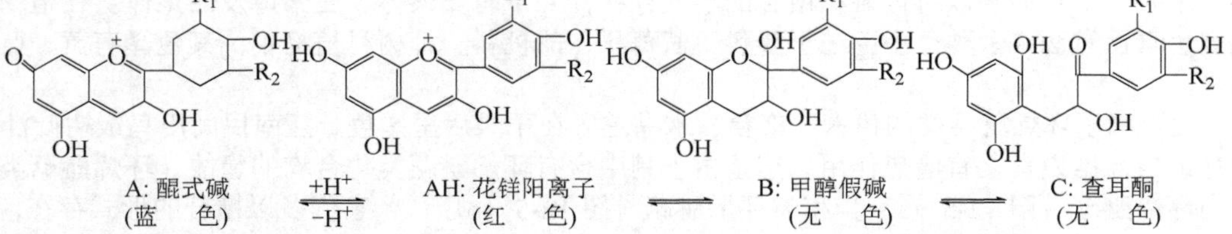

A: 醌式碱　　　　　　　AH: 花锌阳离子　　　　B: 甲醇假碱　　　　C: 查耳酮
　（蓝 色）　　　　　　　　（红 色）　　　　　　（无 色）　　　　　（无 色）

图 12-7　不同 pH 条件下花色苷类化合物的结构变化示意

图 12-7 中四种结构反应，自左至右均为吸热反应，随着温度的升高和加热时间的延长，平衡反应向右移动，无色查耳酮不断增加，从而使色素水溶液褪色。花色苷溶液和空气接触往往会产生氧化作用。氧化速度取决于溶液的 pH 和温度以及花色苷的浓度。花色苷的光稳定性较强。

12.3.1.3 黄酮类色素

（1）物理性质　黄酮类化合物在中性至碱性水溶液中有一定的溶解度，易溶于甲醇、乙醇中。

（2）化学性质　黄酮类化合物多有涩味，与铁离子络合易形成难看的深色斑点（多发生在罐头食品中），而与锡络合则产生理想的黄色。

黄酮类化合物具有很强的抗氧化作用。许多黄酮类化合物及其衍生物在油-水和油-食品体系中有显著的抗氧化能力（表 12-3），在用于奶制品、猪油、奶油的实验中有效，若与柠檬酸、维生素 C 或磷酸配合使用效果更佳。黄酮类化合物悬浮在油-水体系的水相中，对油脂氧化有明显的保护作用。但也有一些化合物在水相中的表现不如在油相中，如黄酮醇在油相中悬浮具有很强的抗氧化作用。黄酮类化合物还具有较强的生理活性，如银杏黄酮、葛根异黄酮等对于预防和治疗心脑毛细血管硬化、改善血液循环有良好作用。

表 12-3　部分黄酮类化合物的抗氧化特性

中文名称		化学名	过氧化值达 50[①]所需时间/h	哈变引发期[②]/h
栎精		3，5，7，3，4-五羟基黄酮	475	7.1
漆树黄酮		3，7，3'，4-四羟基黄酮	480	8.5
洋地黄酮		5，7，3'，4'-四羟基黄酮	—	4.3
杨梅酮		3，5，7，3，4，5-六羟基黄酮	952	—
刺槐亭		3，7，3'，4'，5-五羟基黄酮	750	—
鼠李亭		3，5，3，4-四羟基-7-甲氧基黄酮	75	—
栎皮苷		栎精-3-鼠李糖苷	475	—
芸香苷		栎精-3-鼠李葡萄糖苷	195	—
对照	脱色玉米油		5	—
	猪油		—	1.4

① 在脱色玉米油中浓度为 5×10^{-4}mol/L。

② 在猪油中浓度为 2.3×10^{-4}mol/L。

12.3.1.4　类胡萝卜素

迄今已弄清结构的天然和人造类胡萝卜素类有 200 余种，其物理化学性质列于表 12-4。

表 12-4　三种类胡萝卜素的物理化学性质

性质		β-胡萝卜素	阿朴胡萝卜素醛	二酮胡萝卜素
晶体色泽		红	紫到黑	褐
油溶液色泽		淡黄到橙	淡橙到番茄红	赤橙到红
水分散系		黄到橙	橙到番茄红	橙到红
溶解度/（g/100m，20℃）	油脂	0.05～1.0	0.07～1.5	0.05～0.08
	水	不溶	不溶	不溶
	生物活性，维生素 A 值	1667IU/mg	1200IU/mg	无维生素 A 活性

12.3.2 天然色素在应用中的特性

无毒、易溶解，在各环境因素下稳定、着色性能好，这是鉴别天然色素优劣的重要标准。主要天然色素的应用性质见表 12-5。

表 12-5 主要天然色素的应用性质

色素名称	色 调	溶解性			耐光性	耐热性	耐盐性	耐微生物性	耐金属性	液化态变色	着色性
		水	乙醇	油							
天然橙	黄-橙	△	○	○	△	△	△	○	○	○	◎
栀子黄	黄	◎	○	×	△	○	○	○	○	○	◎
辣椒色素	橙-赤	×	△	◎	△	○	○	○	○	○	×
β-胡萝卜素	黄-橙黄	×	△	◎	△	○	○	○	○	○	×
胭脂素	橙-赤紫	◎	×	×	◎	◎	◎	○	×	×	○
甜菜红	红	◎	○	×	△	△	—	○	△	△	○
姜黄素	黄	×	◎	○	×	△	—	○	△	△	○
高粱红	赤-赤褐	◎	○	×	○	○	—	○	△	△	○
紫胶	橙-赤紫	△	◎	◎	○	◎	◎	○	×	×	○
紫草根素	赤-紫	△	◎	—	◎	◎	○	○	×	×	△
红卷心菜	紫赤-赤紫	◎	○	×	○	○	○	○	×	×	△
葡萄皮	紫赤-赤紫	△	◎	○	○	○	○	○	×	×	×
葡萄果汁	紫赤-赤紫	△	◎	○	○	○	○	○	×	×	×
玉米红	赤-赤紫	△	◎	○	○	○	○	○	×	×	×
浆果类色素	赤-赤紫	◎	○	×	○	○	○	○	×	×	△
红花黄	黄	◎	○	×	○	△	○	○	△	○	△
可可色素	褐	◎	○	×	◎	○	○	○	○	○	◎
叶绿素铜钠盐	绿	◎	○	×	○	○	—	○	○	○	◎
郁金香	黄	△	◎	○	△	△	△	○	○	○	◎
红曲色素	赤	○	◎	○	△	◎	○	○	○	○	◎
焦糖	褐	×	◎	△	×	◎	◎	◎	○	○	○

注: ◎—优; ○—良; △—差; ×—极差。

12.3.3 色素的检测及鉴定

12.3.3.1 胡萝卜素类色素

取少许样品用乙醚溶解，点样于硅胶-CMC 板上，用氯仿-无水乙醇（19:1）为展开剂，所得斑点与标准品比较，或将斑点用薄层扫描仪直接测其最大吸收值，即可确定各斑点的色素种类。

① 硅胶 CMC 板：展开剂用氯仿-无水乙醇（19:1 或 7:3），可根据色素不同选用其他展开剂，所得斑点一般不需喷显色剂，可直接观察。

② 吸光度的测定：可将上述展开后的斑点用 CS-930 型薄层扫描仪直接扫描，测定各斑点在不同波长处的吸收度。胡萝卜素为 451nm，叶黄素为 446nm，紫黄质素为 442nm，新黄质素为 437nm。

③ 呈色反应：胡萝卜素类遇浓硫酸呈现蓝紫色。

④ 色素浓度测定，可用下式进行计算：

$$C = \frac{E}{Kd}$$

式中，C 为色素浓度，g/L；E 为被测物质的吸光度；K 为各色素在最大吸收波长处的吸光系数；d 为比色杯厚度，cm。β-胡萝卜素的石油醚溶液 $K_{451}=251$；叶黄素与花药黄质素的乙醚溶液 $K_{446}=260$；紫黄质素的乙醚溶液 $K_{442}=255$；新黄质素的乙醚溶液 $K_{437}=227$。

12.3.3.2 花青素类色素的检测

（1）显色反应

① 用显色反应鉴定，在酸性条件下显红色，对热稳定；在碱性条件下显绿色乃至黑绿色，对热不稳定。一般褪色为黄色或棕黄色。

② 将样品的酸性乙醇液，加入 1%Pb（Ac）$_2$ 水溶液，生成青紫色沉淀；再于沉淀中加入冰醋酸后，沉淀溶解，得红色溶液；再加入乙醚后，又得青紫色沉淀。这一系列显色反应说明该类色素存在。

（2）色谱鉴定　可用纸色谱或聚酰胺薄层色谱进行鉴定，如用纸色谱时可用各种含酸的展开剂进行展开，常见的各种花青素的 R_f 值见表 12-6。

聚酰胺薄层色谱，展开剂：甲醇-丁酮（体积比）=10:2。

表 12-6　花青素类纸色谱

花色素类 R_f 展开剂	正丁醇-2mol/L HCl=1:2	正丁醇-醋酸 水=1:2	HAc-36%HCl- 水=5:15	丙酮-10% HCl=1:1	异丙醇 -10%HCl=1:1
花葵素	0.80		0.59	0.60	0.70
翠菊色素苷	0.52	0.47	0.61	0.58	0.53
花葵苷	0.20				
花青素苷	0.69		0.34	0.48	0.46
紫苑苷	0.27	0.45	0.50	0.49	0.38
越橘色苷		0.41	0.48	0.47	0.35
甜樱色素苷	0.28	0.44	0.65	0.64	0.54
花青苷	0.08	0.25	0.61	0.45	0.31
芍药色素	0.72		0.53	0.51	0.53
芍药色素苷	0.10	0.46			
花翠素	0.35		0.23	0.37	0.25
花翠素-3-葡萄糖苷			0.40	0.42	0.27
风信子色素苷		0.15			
花翠苷	0.06	0.14			
锦葵色素	0.53				
锦葵色素苷	0.07	0.41	0.48		
锦葵色素-3-葡萄糖苷	0.23				

（3）酸碱下的呈色反应　不同 pH 条件下，颜色变化为：pH=1～3 深红色，pH=4～6 棕红

色，pH=7～8 污绿色，pH=9～13 黑绿色。另外，花青素类的最大吸收波长为 515～540nm。

（4）花青素类色素的含量测定

① 比色法。

方法 1：称取一定量的果实样品，用酸性水浸提完全、过滤，定容于 100mL 容量瓶中，从中取出 1mL，稀释至 10mL（根据色素浓度决定稀释倍数），用 721 型分光光度计于波长 520nm 处进行比色测定，以溶剂为空白，测得吸光度值，按下式计算色素含量：

色素（mg/100g）=$OD \times DV \times 100 / SV \times TEV / W \times 1/98.2$

式中：OD 为最大吸收波长下的吸光度值；DV 为直测样品的稀释体积，mL；SV 为稀释时提取样品的体积，mL；TEV 为提取液总体积；W 为样品重。

方法 2：以苋菜红为标准品（用乙醇溶解 1mg/1mL），取不同浓度在波长 520nm 处测定其吸光度值，绘制标准曲线。

样品溶液的制备：取一定量样品用 pH=2 的酸性乙醇浸提，定容至一定体积，必要时加以稀释，在同样条件下测定吸光度值，从标准曲线上查得相应含量，再换算成样品的百分含量即可。

② 色价法。根据联合国粮食及农业组织（FAO）正式批准的色价法进行色素测定。

精密称取一定量样品，用 1%HCl 水溶液浸提完全，并定容为 100mL，在该色素最大吸收波长下（一般可取 520nm），用 1cm 比色皿测定吸光度值，按下式计算色价。

$$色价 = \frac{A \times 10}{W}$$

式中，A 为样品溶于 100mL 浸提液中在一定波长下，用 1cm 比色皿测得的吸光度值；W 为样品重，g。

12.3.3.3　黄酮类化合物的鉴定

除参照黄酮类化合物有关章节外，也可采用纸色谱进行鉴定，展开剂用 BAW（正丁醇：醋酸：水=4:1:5），或 15%HAc，或用饱和的酚水溶液。展开后的斑点，可用紫外光灯检查各斑点，一般黄酮类化合物多具荧光，计算 R 值，与文献对照，如无荧光或荧光较弱时，可喷显色剂显色。常用的显色剂有以下两类。

① 黄酮和黄酮醇类：可用醋酸铅的甲醇饱和溶液或 1%AlCl₃-甲醇液显色（显黄色斑点）。

② 二氢黄酮类可用 1% Na₂CO₃ 水溶液或 NaBH₄ 溶液显色。

12.3.3.4　苯并吡喃类色素的检测

这类色素的鉴定与黄酮类化合物的鉴定相同。最简便的方法是显色反应：可用盐酸-镁粉反应及 1%三氯化铝甲醇液显色鉴别，若是红色表明该类色素存在。

12.4　色素的提取与分离工艺学

12.4.1　脂溶性色素的提取与分离

（1）原理　在乙醚提取的可溶性色素中加入 KOH 的甲醇溶液进行皂化处理，叶绿素及其他酯类被皂化，用水洗涤除去这些皂化物，将乙醚中残留的色素用吸附柱色谱法进行分离。

（2）方法　将样品（0.1～1g，相当于类胡萝卜素约 130μg）和水或中性-微碱性缓冲液一起研磨，把研磨的样品溶液与 4 倍体积的丙酮混合，经 G₄ 垂熔玻璃漏斗过滤，并用无水丙酮冲洗。

将滤液收集于 100mL 分液漏斗中，加入乙醚和少量水，充分振摇，将含水丙酮层移入另外的分液漏斗中，加乙醚，如此反复萃取至醚层不再有颜色为止。合并乙醚层，用水洗 5 次，用无水硫酸钠脱水、过滤，再用乙醚冲洗（此时样品溶液可作叶绿素测定）。

将乙醚萃取液放入 100mL 抽气瓶内，在 N_2 气流中于 30℃水浴上使乙醚蒸发，加入 35%KOH 甲醇液，将此溶液转移至分液漏斗中，加等体积水，将乙醚萃取的乙醚液合并，并用水洗 7 次以上，用无水硫酸钠脱水、过滤，在滤液中加 5～10mL 的石油醚，在 N_2 气流中于 30℃水浴上蒸发，残渣用 2mL 石油醚溶解。

取色谱柱（1.7cm×20cm）一支，底部垫上脱脂棉或玻璃纤维，加入石油醚 10mL，将吸附剂——蔗糖（经 40℃下干燥 12h，并用乳体研细）加入柱内，然后将上述用石油醚溶解的样品溶液加在柱上。用石油醚进行洗脱，待类胡萝卜素全部流出柱外为止。再用含 1.3%丙酮的石油醚溶液 60mL 洗脱，推出色谱柱，割取各色素部位，用 10～25mL 乙醚洗脱，即可得到各种色素（图 12-8）。

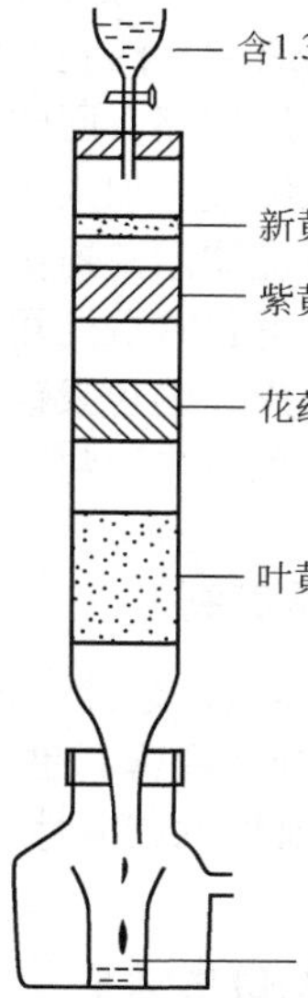

图 12-8　利用蔗糖柱分离叶中的类胡萝卜素类装置

含1.3%丙酮的石油醚溶液

新黄质
紫黄质
花药黄质
叶黄质
胡萝卜素

12.4.2　花青素化合物的提取与分离

12.4.2.1　提取分离方法

样品用 1%～2%盐酸-甲醇（乙醇）进行提取，将提取液加入约 3 倍量乙醚沉淀，放置后，分去乙醚层，将沉淀溶于 1%盐酸甲醇中，进行柱色谱分离。

常用的吸附剂有阳离子交换树脂（H 型）、硅胶、纤维素粉、D$_{201}$ 大孔吸附树脂等。样品上柱后，首先用水冲洗，洗去糖类杂质，再用溶剂洗脱。阳离子交换树脂及 D$_{201}$ 大孔吸附树脂柱用 1%盐酸甲醇洗脱；硅胶与纤维素粉粒用盐酸饱和的正丁醇洗脱。将洗脱液进行减压浓缩，即得粉末状花青素类。

提取花青素类红色素的流程如下：

原料→去劣去杂→破碎→浸提→过滤→减压浓缩→柱色谱去杂质→减压浓缩→沉淀→离心分离→干燥→粉碎→成品。

12.4.2.2　工艺条件

① 原料：适时采收成熟度好的新鲜果实。

② 去劣去杂：除去杂物、果柄及霉烂的果实以及不熟的青果等。

③ 破碎：工业生产可用破碎机进行破碎；实验室可用研磨法研碎。

④ 浸提：2～3 倍原料的浸提液（以浸提原料为标准）浸泡原料 4～6h，并间歇搅拌。浸提液常用 pH=2 的甲醇或乙醇溶液。

⑤ 过滤：可先用纱布粗滤除去大部分残渣，粗滤液再用板框压滤机进行精滤，必要时残渣可再进行浸提一次，过滤后，两滤液合并。

⑥ 浓缩：于 50℃下进行减压浓缩，甲醇或乙醇回收可再利用。

⑦ 柱色谱除杂：用洗脱液，即酸性乙醇浸泡大孔吸附树脂（D$_{201}$ 型），使树脂充分膨胀后，装于色谱柱中，再用蒸馏水冲洗一次，将色素浓缩液加至柱顶，进行洗脱，洗脱顺序如下所述。

a. 蒸馏水冲洗：首先用蒸馏水冲洗，洗至洗脱液由 pH=2 变为 pH=6～7 时，弃去洗脱液。水洗目的主要是除去水溶性杂质，如糖类、果胶、有机酸、无机盐、鞣质、氨基酸等杂质。

　　b. 50%乙醇水溶液洗脱：洗至洗脱液出现微红色为止，弃去洗脱液（回收可再利用），此洗脱液呈黄色，主要目的是除去黄酮苷类成分。

　　c. 盐酸乙醇（pH=2）洗脱：红色花青素类被洗脱下来，收集洗脱液。

　　⑧ 浓缩：可减压浓缩，回收乙醇。

　　⑨ 沉淀：在浓缩液中加入 1/2 体积的浓盐酸使色素沉淀。

　　⑩ 离心：将沉淀物用高速离心机（3000r/min）分离，弃去上清液。

　　⑪ 干燥：将所得色素沉淀用真空干燥箱减压干燥，或常温风干。

　　⑫ 粉碎：将干燥后的色素研细即得成品。

　　⑬ 包装：置棕色瓶内密封。

12.4.2.3　浓缩浸膏的制备

　　将新采收的果实压榨取汁，进行精滤（必要时可加硅藻土助滤），减压浓缩，即可得到浓缩液，可根据需要制成浸膏，也可将浓缩液进行喷雾干燥，得粉末状色素。压榨后的残渣，如果色素很浓，可用酸性水或酸性乙醇再浸提一次，浓缩后制成浸膏。

12.5　色素提取实例

12.5.1　栀子黄色素的提取

　　栀子，又名山栀子、黄栀子等，系茜草科栀子属常绿灌木，花期 6～8 月。果期 9～11 月，果实长圆形，深黄色，含黄色色素。果实与根均可入药。我国栀子资源丰富，主产于湖南、江西、福建、浙江等地，有野生，也有大面积栽培。日本从 20 世纪 70 年代就从我国进口原料生产黄色素，用于食品工业。我国很久以前民间习惯用栀子果实为食品染色。

12.5.1.1　工艺流程

　　以栀子干果为原料，制备黄色素的工艺流程为：栀子干果→预处理→破碎→浸提→过滤→滤液（真空浓缩）→精制→精滤→蒸馏→含 50%固形物（成品Ⅰ）→喷雾干燥→包装→粉剂（成品Ⅱ）。

12.5.1.2　工艺条件的选择

　　① 原料：干燥的栀子果实。

　　② 预处理；原料加工前用冷水冲洗，并剔除夹杂物与霉烂的果实。

　　③ 破碎：将预处理好的果实置破碎机内破碎，使果皮和果肉碎成小块。

　　④ 浸提：本工艺为冷水浸提法，即用处理好的冷水浸泡破碎的原料。

　　⑤ 过滤：将浸泡好的原料用压滤机压滤，使果皮、果肉、种子与浸提液分离。

　　⑥ 浓缩：一般天然色素具有热敏性高、遇热易分解的特性，采用真空薄膜蒸发浓缩。

　　⑦ 蒸馏：将浓缩物加食用酒精稀释，除去酒精不溶物，用减压浓缩形式回收酒精，得 50%以上的固形物，即流膏状产品（成品Ⅰ）。

⑧ 干燥：将成品Ⅰ置喷雾干燥机内干燥，得含7%水分的粉末装产品（成品Ⅱ）。

为使色素不受污染，在果实采收、运输、贮存以及加工、包装过程中避免与铁、铜等金属接触，可采用不锈钢、环氧树脂玻璃钢、搪瓷及聚乙烯塑料等材料制作的容器和设备，生产过程中要注意环境和操作条件的清洁卫生，以防微生物污染。

12.5.1.3 栀子黄色素的主要理化性质

① 分子结构　根据文献报道，栀子黄色素属类胡萝卜素类的藏花素和藏花酸，其结构式如图12-9所示，分子式为$C_{20}H_{24}O_4$，分子量为328.35。

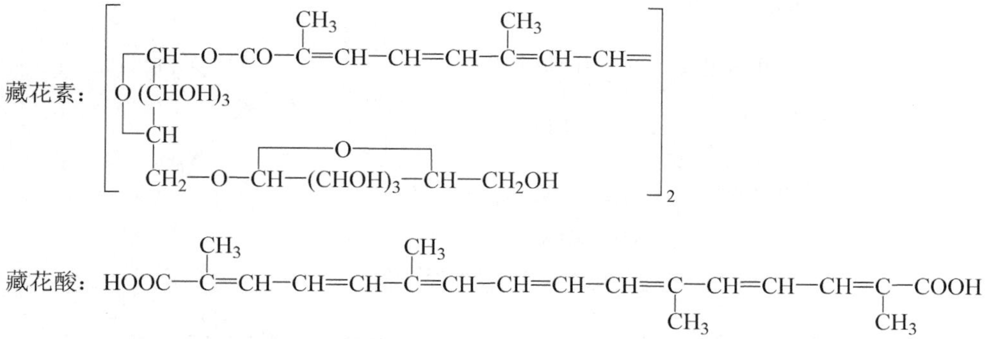

图 12-9　藏花素和藏花酸的分子结构

② 光谱特征　对栀子黄进行紫外吸收光谱分析时，称取一定量制品，分别用水和乙醇作溶剂，用紫外可见分光光度计 UR-30 进行扫描，其结果在水溶液中最大吸收峰为440nm，在乙醇溶液中最大吸收峰为433nm。

③ 色谱特征　对栀子黄进行薄层色谱分析时，采用固定相为微晶纤维素，移动相为异戊醇、丙酮和水，有两个黄色斑点，R_f值为0.6的是藏花素，R_f值为0.9的是藏花酸。

④ 溶解性　栀子黄易溶于水，微溶于乙醇，呈黄色，不溶于油脂中。

⑤ pH 响应性　调节色素水溶液的 pH 值，pH 值在1～14范围内，色素溶液均为黄色，色调几乎无变化；乙醇溶液中的色泽比水溶液中鲜艳。

⑥ 金属离子响应性　栀子黄几乎不受铅、铝、锡、钙、锰、铜、锌等金属离子影响。当溶液中有大量的铁离子存在时，其色调有变黑的倾向。

12.5.2　辣椒红色素的提取

红辣椒是我国各地的丰产作物，现在的辣椒红产品有异臭，显著影响使用效果，而且生产工艺比较落后。

将辣椒果实的干粉用溶剂（例如己烷）抽提出含油树脂，然后水蒸气蒸馏，碱处理，最后用溶剂抽提出红色素，溶剂用减压蒸馏回收。

为了不用水蒸气蒸馏，有的文献采用饱和食盐水洗涤，例如红辣椒含油树脂首先用碱水溶液处理，所得处理物用饱和食盐水洗涤多次，然后用钙（或镁）的水溶性盐处理，再用溶剂抽提回收红色素。如不充分洗涤，则固体物中所含的苛性碱可与 $CaCl_2$ 生成 $Ca(OH)_2$，加热时能与皂化物反应生成不溶性的钙盐，使以后的操作困难。

提取红色素的原料"红辣椒含油树脂"的制法：红辣椒干粉500g在脂肪抽提器中抽提，工艺过程如图12-10所示。

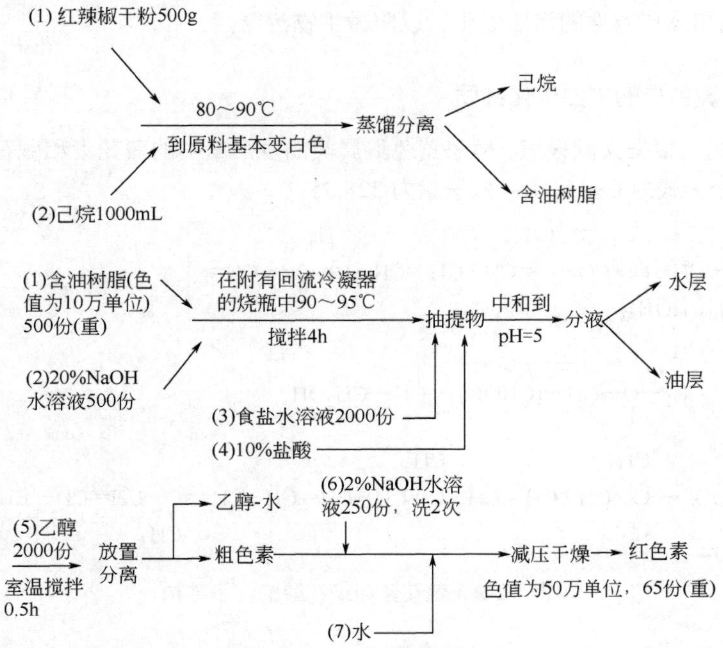

图 12-10 辣椒红色素的提取工艺流程

第 **13** 章
皂苷的性质、提取与分离

13.1　概述

　　皂苷（Saponins）是一类比较复杂的化合物，它的水溶液振摇时能产生大量持久的蜂窝状泡沫，与肥皂相似，故名皂苷。皂苷有降低液体表面张力的作用，可以乳化油脂，用作去垢剂。皂苷广泛存在于植物中，单子叶植物和双子叶植物中均有分布，尤以蔷薇科、石竹科分布较多。无患子科、薯蓣科、远志科、天南星科、百合科、玄参科和豆科等某些属植物中含量较多。许多中草药如薯蓣、知母、人参、甘草、商陆、柴胡、远志、桔梗等都含有皂苷。曾有人对 104个科的 1730 种植物进行分析，发现其中含皂苷的有 79 个科的 860 种植物。

　　皂苷是由皂苷元和糖、糖醛酸或其他有机酸所组成。组成皂苷的糖常见的有葡萄糖、半乳糖、鼠李糖、阿拉伯糖、木糖以及其他戊糖类。常见的糖醛酸有葡萄糖醛酸、半乳糖醛酸等。存在于中草药中的皂苷多数是由多分子糖或糖醛酸与皂苷元所组成，这些糖或糖醛酸先结合成糖链的形式再与皂苷元缩合。由一串糖与皂苷元分子中一个羟基缩合成的皂苷，称为单糖链皂苷，由两串糖分别与一个皂苷元上两个不同的羟基同时缩合成的苷则称为双糖链皂苷。有的皂苷分子中的羟基和其他有机酸缩合成酯，这种带有酯键的皂苷称为酯皂苷。与皂苷共存于植物体内的酶，能够使皂苷酶解生成次苷，可以促使单糖链皂苷的糖链缩短，也可以使双糖链皂苷水解成单糖链皂苷，特别是由羧基与糖结合的苷键易酶解断键。酸性水解甚至碱性水解也可能使皂苷转变为次级苷，这些次级苷一般称为次皂苷。不少中草药中含有的皂苷的结构式和生理活性还不太清楚，有待于进一步研究。根据已知皂苷元结构式，可以将皂苷分为两大类，一类为甾体皂苷，另一类为三萜皂苷。三萜皂苷又分为四环三萜和五环三萜两类，且以五环三萜为多见。

　　人参为五加科植物，能大补元气，生津止渴。人参根含总皂苷量约 4%，其须根（即人参细尾）含皂苷量较主根为高。总皂苷中有人参皂苷 Ro、Ra、Rb$_1$、Rb$_2$、Rc、Rd、Re、Rf、Rg$_1$、Rg$_2$、Rg$_3$ 及 Rh 等。其中以人参皂苷 Rb 群和 Rg 群的含量较多，Ra、Rf 和 Rh 的含量都很少。根据皂苷元的结构式不同，可将人参皂苷分为三种类型。A 型、B 型皂苷元属于四环三萜，C型皂苷则是五环三萜的衍生物。其结构示于图 13-1 中。

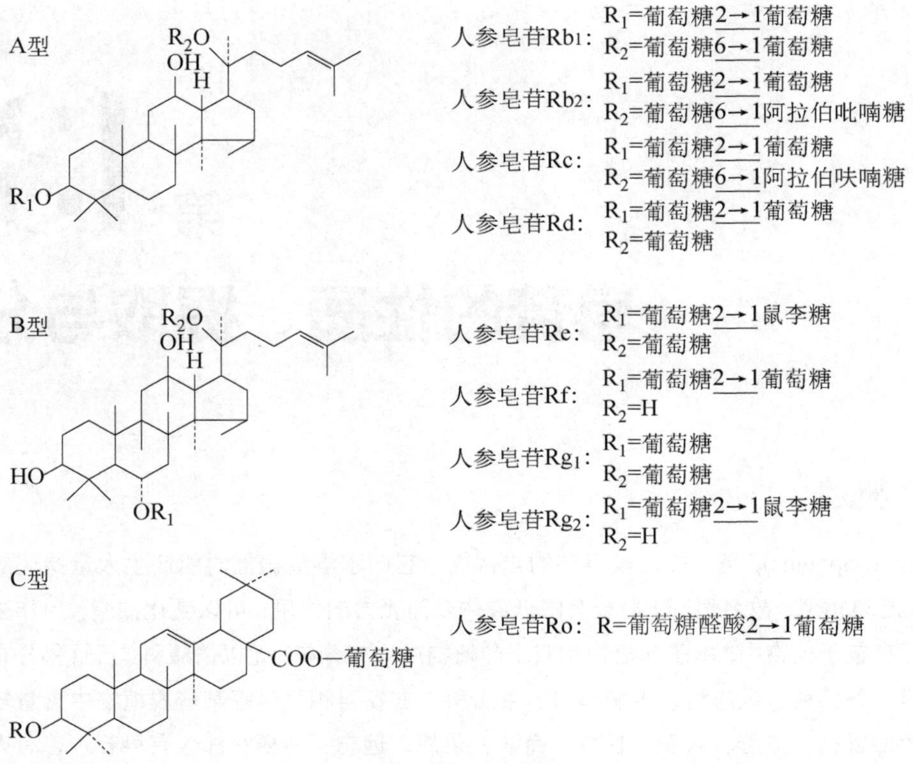

A型

人参皂苷Rb1: R_1=葡萄糖2→1葡萄糖
R_2=葡萄糖6→1葡萄糖

人参皂苷Rb2: R_1=葡萄糖2→1葡萄糖
R_2=葡萄糖6→1阿拉伯吡喃糖

人参皂苷Rc: R_1=葡萄糖2→1葡萄糖
R_2=葡萄糖6→1阿拉伯呋喃糖

人参皂苷Rd: R_1=葡萄糖2→1葡萄糖
R_2=葡萄糖

B型

人参皂苷Re: R_1=葡萄糖2→1鼠李糖
R_2=葡萄糖

人参皂苷Rf: R_1=葡萄糖2→1葡萄糖
R_2=H

人参皂苷Rg1: R_1=葡萄糖
R_2=葡萄糖

人参皂苷Rg2: R_1=葡萄糖2→1鼠李糖
R_2=H

C型

人参皂苷Ro: R=葡萄糖醛酸2→1葡萄糖

图 13-1　A、B、C 型皂苷元的分子结构

人参中四环三萜皂苷元属达玛烷（Dammarane）型，是达玛烯二醇Ⅲ的衍生物，结构的特点为 C_8 上有一个甲基，C_{13} 是 β-H，C_{20} 的构型为 S，A 型皂苷元称为 20（S）-原人参二醇 [20（S）-protopanaxadiol]，存在于人参皂苷 Rb1、Rb2、Rc 中。B 型皂苷元称为 20（S）-原人参三醇 [20（S）-protopanaxatriol]，存在于人参皂苷 Rg1 中。其结构如图 13-2 所示。

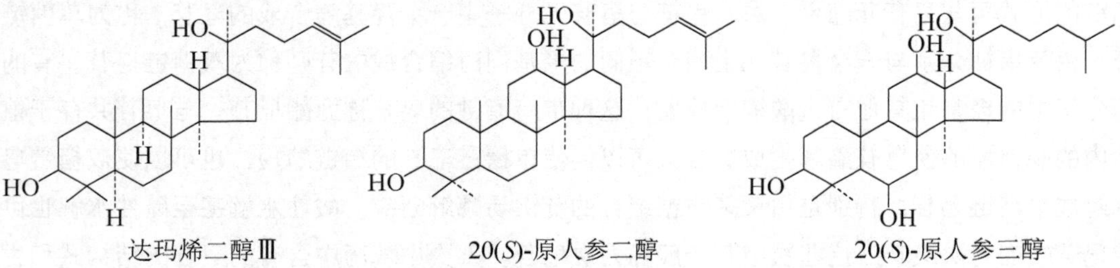

达玛烯二醇Ⅲ　　　　20(S)-原人参二醇　　　　20(S)-原人参三醇

图 13-2　几种四环三萜皂苷元衍生物的分子结构

这些皂苷元性质都不太稳定，用酸水解时，C_{20} 的构型容易转为 R，受热则侧链能环合，所以当 A 型和 B 型皂苷类混酸加热水解，生成的皂苷元经异构化分别转为人参二醇及人参三醇。

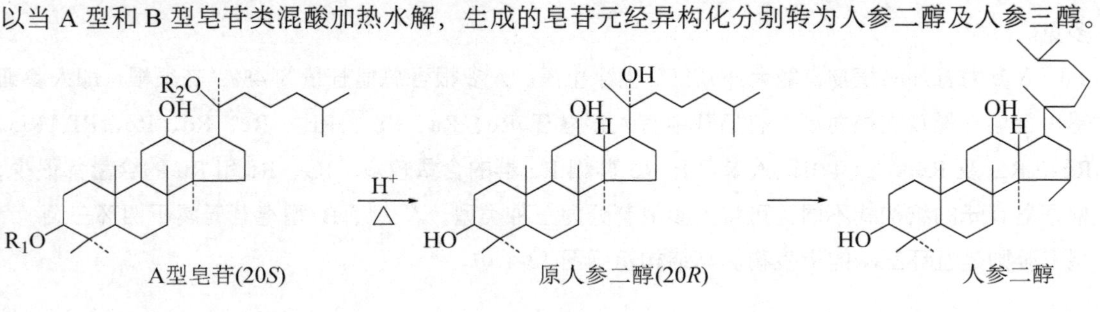

A型皂苷(20S) $\xrightarrow[\triangle]{H^+}$ 原人参二醇(20R) → 人参二醇

这些皂苷多数是无色结晶体，少数呈粉末状态如人参皂苷 R_f，能溶于水，属双糖链皂苷。在缓和条件下被水解，例如 5% 稀醋酸于 70℃ 加热 4h，C_{20} 位键能断裂生成难溶于水的次级苷（指 A 型及 B 型皂苷）。

人参皂苷具有显著的生物活性和药理作用，例如能兴奋大脑皮层、血管运动中枢和呼吸中枢；能调节糖代谢，有调节血糖水平的作用；可刺激肾上腺皮质机能以及对性腺的刺激作用等。A 型皂苷和 B 型皂苷的性质有显著差异，如 B 型皂苷能溶血，而 A 型皂苷则有对抗溶血的作用。C 型皂苷也能溶血，不过在人参中含量很少，所以人参的皂苷没有溶血的现象。

近年来由人参中分离出所谓"人参活素"，药理试验证明有明显的促进核糖核酸、去氧核糖核酸、蛋白质、脂质和糖等的生物合成作用，并能提高机体的免疫能力。临床曾用以治疗癌症，对消化系统的癌症特别是对胃癌有效。人参活素不是单一成分，而是混合物，其中含有多种皂苷，尤以 A 型和 B 型皂苷为主，以及较多量糖类和其他成分。

中药商陆能泄下、逐水。西北产的野萝卜根就是商陆，据称治疗慢性气管炎效果良好，祛痰作用明显。商陆含有多种皂苷，但皂苷化学结构不详。其同属植物，例如美商陆根中也含有多种皂苷，其主要成分称为美商陆皂苷，$C_{55}H_{90}O_{22} \cdot 2H_2O$，熔点 212℃，$[\alpha]_D^{25} = +46^o$（$C_2H_5OH$），结构式未定。但经酸性水解能生成葡萄糖和木糖及美商陆皂苷元（phytolaccagenin），熔点 317～318℃（分解）。1976 年由生长在韩国的美商陆根中曾分离出一种皂苷，称为商陆皂苷 B（phytlaccoside B），其分子结构如图 13-3 所示，该皂苷熔点 215～218℃，$[\alpha]_D^{25} = +75.8$（CH_3OH），水解后能生成美商陆皂苷元和 1 分子葡萄糖。

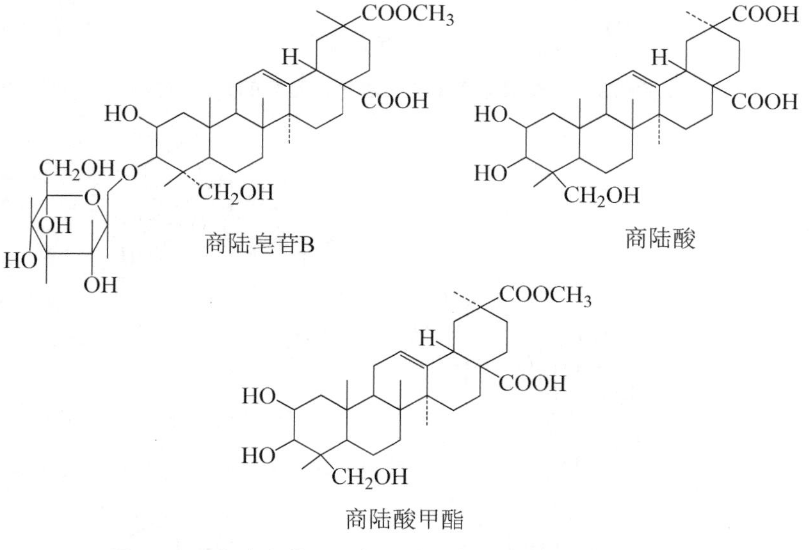

图 13-3　商陆皂苷 B、商陆酸及商陆酸甲酯的分子结构

商陆的成分与美商陆根很相似，其主要成分是皂苷，但皂苷经动物实验证明没有祛痰作用。将粗皂苷经 5% H_2SO_4 加热水解，分离出皂苷元，就具有明显的祛痰作用。混合皂苷元经过硅胶柱层析，苯和甲醇混液为溶剂，分离出两种单一成分。其一是白色结晶体，熔点 322～324℃，含量较少，称为商陆酸；另一含量多的成分是微黄色粉末，熔点 319～320℃，为商陆酸甲酯。分别测定它们的结构（图 13-3），证明商陆酸甲酯与美商陆皂苷元是同一化合物。商陆酸和商陆酸甲酯经药理试验，证明均有明显的祛痰作用。

柴胡及同属他种植物的干燥根是常用中药，具有疏肝解郁、止痛的功效。柴胡中含有多种三萜皂苷，是柴胡有效成分之一。由柴胡的根中分离出柴胡皂苷和皂苷元，并确定了柴胡皂苷a、b和c的结构。柴胡皂苷a和b具有明显的抗炎作用，而柴胡皂苷c则无活性。

柴胡皂苷a（saikosaponin a），熔点225～232℃，$[\alpha]_D^{25}=+46°$（乙醇），其分子结构示于图13-4，水解后生成一分子柴胡皂苷元F、一分子D-葡萄糖及一分子D-半乳糖（图13-5）。

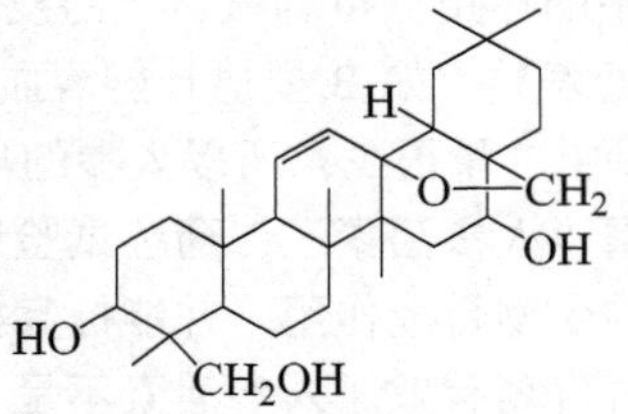

柴胡皂苷元F

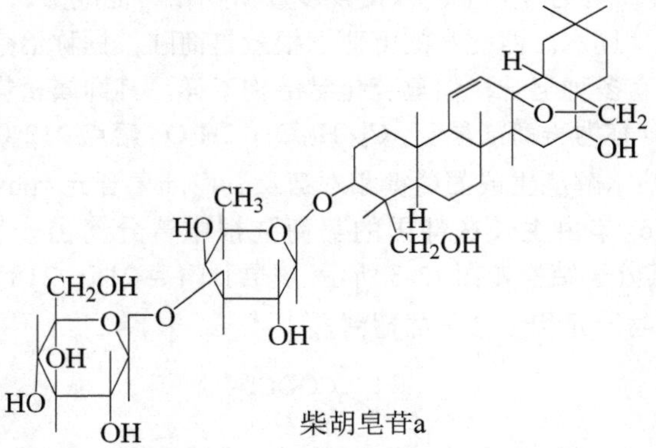

柴胡皂苷a

图13-4　柴胡皂苷a及柴胡皂苷元F的分子结构

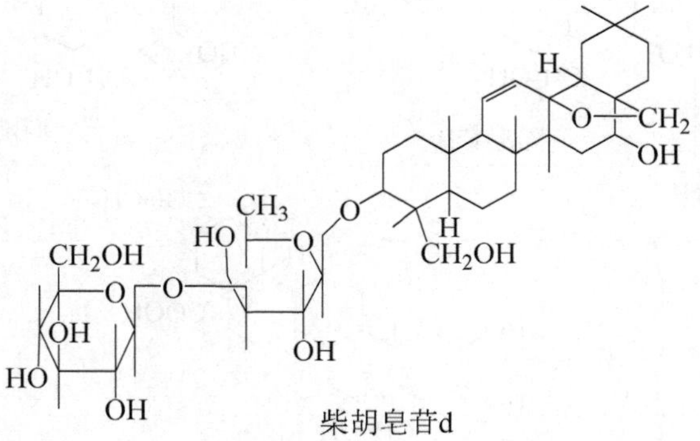

柴胡皂苷d

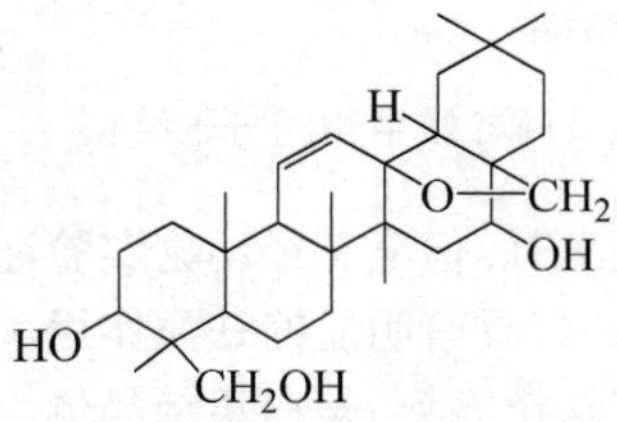

柴胡皂苷元G
熔点238～245℃ $[\alpha]_D^{20}=+83°$

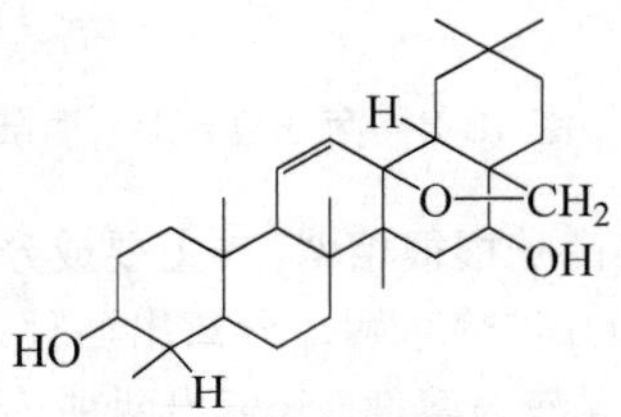

柴胡皂苷元E
熔点298℃(分解)，$[\alpha]_D^{20}=+112°$(CHCl₃)

图13-5　柴胡皂苷d、柴胡皂苷元G和E的分子结构

柴胡皂苷d（saikosaponin d），熔点212～8℃，$[\alpha]_D^{25}=+37°$（乙醇），经酸性水解生成一分

子柴胡皂苷元 G 和一分子 D-呋喃糖。

柴胡皂苷 c（saikosaponin c），熔点 202～210℃，$[\alpha]_D^{25}$=+4.3°（乙醇），水解后生成一分子柴胡皂苷元 E、二分子 D-葡萄糖和一分子 L-鼠李糖。

柴胡皂苷 b_1、b_2、b_3、b_4 都是在提取过程中形成的。

此外，甘草皂苷、远志皂苷、桔梗皂苷和常春藤皂苷等皂苷元，均属于 B-香树脂醇型化合物。

13.2　皂苷的性质

① 皂苷分子大，不易结晶，大多为白色或乳白色无定形粉末，仅少数为结晶体，如常春藤皂苷为针状结晶。皂苷元大多有完好的结晶。近年来由于分离技术发展较快，纯度高的皂苷也有呈晶形的。如过去认为是单一成分的无定形洋地黄皂苷，现已证明为复杂混合物，并从其中分离出五种单一结晶形皂苷。

② 皂苷多数具有苦辛辣味，其粉末对人体各部位的黏膜均有强烈的刺激性，尤其鼻内黏膜最灵敏，吸入鼻内能引起喷嚏，但有的皂苷没有这样的性质，例如甘草皂苷有显著而强烈的甜味，对黏膜的刺激性也弱。皂苷还多具有吸湿性。

③ 皂苷有降低水溶液表面张力的作用，它的水溶液经强烈振摇能产生持久性泡沫，不因加热而消失。皂苷有乳化剂的性质，当混油和水共同研磨时能产生乳剂，所以皂苷可以代替肥皂作为清洁剂。皂苷之所以具有表面活性，能产生泡沫和作为乳化剂，是由于其分子中亲水性强的多糖部分和亲脂性苷元以及酯键等能达到平衡状态。达到平衡就能表现出表面活性，否则，分子内部失去了平衡，表面活性作用就不易表现出来。所以有不少皂苷没有或微有产生泡沫的性质，如甘草酸的起泡性很弱，薯蓣皂苷、纤细薯蓣皂苷等难溶于水或不溶于水，混水振摇时自然不易产生泡沫。

泡沫试验：取植物粉末 1g，加水 10mL，煮沸 10min 后过滤，将滤液于试管内强烈振摇，产生持久性泡沫（15min 以上），即为阳性反应。含蛋白质和黏液质的水溶液虽也能产生泡沫，但不能持久，很快即消失。

皂苷水溶液振摇后产生的持久性泡沫与 pH 有关，可利用此性质区别甾体皂苷和三萜皂苷。取两支试管，一支加入 0.1mol/L HCl 溶液 5mL，另一支加入 0.1mol/L NaOH 溶液 5mL，再各加入植物水溶液，使酸管 pH 为 1，碱管 pH 为 13，强烈振摇，如两管所形成泡沫高度相同，则植物含三萜皂苷，如碱管的泡沫较酸管的泡沫高数倍则植物中含甾体皂苷。这是因为中性皂苷的水溶液在碱性条件下能形成较稳定的泡沫。有的皂苷不能产生泡沫，鉴别时应注意。

④ 皂苷一般可溶于水，易溶于热水、含水稀醇、热甲醇和热乙醇中，几乎不溶或难溶于乙醚、苯等极性小的有机溶剂。皂苷在含水丁醇中溶解度较好，又能与水分成两相，可利用此性质从水溶液中用丁醇或戊醇提取，以与亲水性大的糖、蛋白质等分离。

皂苷水解成次级皂苷后，水中溶解度就降低，易溶于中等极性的醇、丙酮、乙酸乙酯中，皂苷完全水解成苷元后不溶于水而溶于石油醚、苯、乙醚、氯仿等低极性溶剂中。

⑤ 皂苷的熔点都很高，常在融熔前就分解，因此大多无明显熔点，一般测得的都是分解温度，多在 200～350℃之间。甾体皂苷元的熔点随着羟基数目增加而升高，单羟物都在 208℃以下，三羟物都在 242℃以上，多数双羟或单羟酮类介于二者之间。三萜皂苷元除羟基、酮基外，有羧基的，熔点很高，如齐墩果酸、商陆酸等。

测定旋光度对判断皂苷的结构有重要意义，如甾体皂苷及其苷元的旋光度几乎都是左旋。且旋光度和双键之间有密切关系，未饱和的皂苷元或乙酰化合物较相应的饱和的化合物为负。

⑥ 皂苷的水溶液大多数能破坏红细胞而有溶血作用，故若将皂苷水溶液注射入静脉中，毒性极大，通常称皂苷为皂毒类（sapotoxins），就是指皂苷类成分有溶血作用。因此含皂苷的药物一般不能用于静脉注射，皂苷水溶液肌肉注射也易引起组织坏死，故一般不做成注射剂。口服则无溶血作用，可能因其在肠胃道不被吸收。各类皂苷的溶血作用强弱不同，可用溶血指数来表示，溶血指数是指在一定条件下能使血液中红细胞完全溶解的最低溶血浓度，例如薯蓣皂苷的溶血指数为 1:400000，甘草皂苷的溶血指数为 1:4000。从某一药材浸液及其纯皂苷的溶血指数可以推算出样品中所含皂苷的粗略含量，例如中草药浸出液测得的溶血指数为 1:40，则中草药中皂苷的含量约为 1%。此法测得的含量虽不够精确，但也有参考价值。

并不是所有皂苷都能破坏红细胞而产生溶血现象，例如人参总皂苷就没有溶血作用，但是经分离后，B 型和 C 型人参皂苷具有显著的溶血作用，而 A 型人参皂苷则有抗溶血作用。某些双糖链皂苷包括甾体皂苷和三萜皂苷没有溶血作用，可是经过酶解转为单糖链皂苷就具有溶血作用了。还有一些酯皂苷具有溶血作用。若 E 环上酯键被水解，生成物虽仍是皂苷，但却失去了溶血作用。

溶血试验：取一片滤纸，滴加 1%皂苷水溶液 1 滴，干燥后，喷细胞试液（取羊或兔血一份，用玻璃棒搅拌，除去凝集的血蛋白，按质量比 1:7 加 pH=7.4 磷酸盐缓冲液稀释所得），数分钟后，能观察到红色的背底中出现白色或淡黄色斑点（皂苷原点处）。说明皂苷破坏了红细胞而失去了红色。

在植物的粗提液中有一些其他成分也有溶血作用，如某些萜类、胺类、酸败油类等。要判断是否由皂苷引起溶血，除进一步提纯检查外，还可以结合胆甾醇沉淀法，沉淀后的滤液再试验溶血作用，如不再有溶血现象，而沉淀分解后仍有溶血活性，表示确有皂苷存在。

⑦ 有的皂苷呈中性，称为中性皂苷。大多数甾体皂苷属于中性皂苷，因为甾体皂苷中尚未发现带有羧基的。糖醛酸与甾体皂苷元结合体还未见到。与强心苷共存于中草药中的皂苷几乎都是甾体的中性皂苷。某些三萜皂苷也呈中性，例如人参皂苷、柴胡皂苷等。

有的皂苷呈酸性，称为酸性皂苷。多数三萜皂苷属于酸性皂苷。酸性皂苷分子带有的羧酸基可以来自皂苷元部分，也可以是糖醛酸部分中的羧基，在植物中常与无机金属离子如钾、钙、镁等结合成盐而存在。

⑧ 皂苷的水溶液可以和一些金属盐类如铅盐、钡盐、铜盐等产生沉淀。酸性皂苷的水溶液加入硫酸铵、醋酸铅或其他中性盐类可生成沉淀。中性皂苷的水溶液则需加碱式醋酸铅等碱性盐或氢氧化钡等才能生成沉淀。利用这一性质可以进行皂苷的提取和分离。

⑨ 甾体皂苷的乙醇溶液可被胆甾醇沉淀，生成的分子复合物用乙醚回流提取，胆甾醇可溶于醚，而皂苷不溶，从而达到分离目的。

⑩ 显色反应。

a. 醋酐-硫酸反应：取少量皂苷样品溶解于酸酐中，加浓硫酸-醋酐试剂，能产生颜色变化，一般由黄色转为红色、紫色、蓝色或绿色。如果是甾体皂苷，颜色变化中最后显绿色。而三萜皂苷只能转变为红、紫或蓝，不出现绿色。

b. 三氯醋酸反应：甾体皂苷滴在纸上，滴三氯醋酸试剂，加热至 60℃，生成红色，渐变紫色。在同样情况下，三萜皂苷必须加热到 100℃才能显色，也出现红色转紫色。

c. 氯仿-浓硫酸反应：样品溶于氯仿，加入浓硫酸后，在氯仿层呈现红或蓝色，硫酸层有绿色荧光出现。

d. 冰醋酸-乙酰氯反应：样品溶于冰醋酸中，加入乙酰氯数滴及氯化锌结晶数粒，稍加热，则呈现淡红色或紫红色。

e. 五氯化锑反应：与五氯化锑的氯仿溶液呈紫蓝色。

由上述反应可以看出，皂苷所用的显色试剂和用在强心苷和甾醇上的显色试剂一样，都是一些酸类，如硫酸、盐酸、磷酸、三氯醋酸，也包括一些广义的 Lewis 酸类，如三氯化锑、二氯化锌等。这些酸的作用原理还不太清楚，主要包括水解成苷元、羟基脱水成双键、双键移位、分子间缩合等，使脂环上产生共轭双键系统与浓硫酸形成显色反应而呈现多种不同的色调，或在紫外光下呈现荧光。显色反应的快慢主要取决于脂环上双键、羟基的数量，脂环上原有共轭双烯的呈色很快，环上只有孤立双键的呈色慢，完全饱和、羟基少的不呈色。甾体皂苷显色反应又较三萜皂苷为易，因三萜脂环上的碳原子甲基取代多，变化稍慢。

⑪ 薄层色谱和纸色谱。

薄层色谱：皂苷极性较大，用分配薄层效果较好。亲水性强的皂苷一般要求硅胶的吸附活性较弱一些，展开剂的极性要大些，才能得到较好的效果。常用的溶剂系统（体积比）有：氯仿-甲醇-水（65∶35∶10）（下层），水饱和的正丁醇，丁醇-乙酸乙酯-水（4∶1∶5），乙酸乙酯-吡啶-水（3∶1∶3），乙酸乙酯-醋酸-水（8∶2∶1），氯仿-甲醇（7∶3）。

亲脂性皂苷和皂苷元的极性较小，用吸附薄层或分配薄层均可。以硅胶为吸附剂，展开剂的亲脂性要求强些，才能适应皂苷元等的强亲脂性。常用的溶剂系统有：环己烷-乙酸乙酯（1∶1），乙酸乙酯-丙酮（1∶1）；苯-丙酮（1∶1），氯仿-乙酸乙酯（1∶1）；氯仿-丙酮（95∶5）。

纸色谱：用纸色谱鉴定皂苷元和亲脂性皂苷，一般多用甲酰胺加到纸上作为固定相，氯仿或苯或它们的混合溶液预先被甲酰胺饱和作为移动相。

皂苷的亲脂性如果比较弱，则需要相应地减弱移动相的亲脂性，例如氯仿-四氢呋喃-吡啶（10∶10∶2）（下层）（预先被甲酰胺饱和）或氯仿-二氧六环-吡啶（10∶10∶3）（下层）（预先被甲酰胺饱和）。

对于亲水性强的皂苷可用固定相的纸色谱法，但要求溶剂系统的亲水性也大，例如：乙酸乙酯-吡啶-水（3∶1∶3）；丁醇-乙醇-25%氨水（10∶2∶5）；丁醇-乙醇-15%氨水（9∶2∶2）。

后两种溶剂系统适用于酸性皂苷的色谱。这种以水为固定相的纸色谱法不易得到集中的色点，因此对亲水性强的皂苷，硅胶薄层色谱法较纸色谱法的效果好。

皂苷属于甾、萜类衍生物，能用五氯化锑试剂、三氯化锑试剂、三氯醋酸试剂或25%磷钼酸-乙醇液等作为薄层色谱或纸色谱的显色剂。在硅胶 G 薄层上还可用 10%浓硫酸-氯仿溶液显色。

13.3　皂苷提取工艺特性

13.3.1　皂苷的浸提工艺特性

浸出总皂苷可根据原料的性质和皂苷的成分和结构，选择不同的浸出溶剂。在工业生产上常用的浸出溶剂有水、稀乙醇和乙醇三种。

（1）以水或稀碱水为溶剂的浸出法　对极性较大的、可溶于水、几乎不溶于乙醇的皂苷，可用水浸出。同时，对含淀粉少且所含皂苷的表面张力较小的原料，用水或碱性水溶液作浸出溶剂较好。中性皂苷用水作浸出溶剂、酸性皂苷以稀碱水作浸出溶剂较为合适。对某些难溶于冷水、易溶于碱性水溶液的酸性皂苷，则可采用碱性水溶液浸出皂苷。浸出后可再向水浸出液中加酸酸化，可使皂苷又沉淀析出，在工业上提取甘草酸就采用这种方法。用水作浸出溶剂要特别控制出液系数，因为水浸出液的体积太大会提高生产成本，降低提取产品的收率。

（2）稀乙醇浸出法　稀乙醇的浓度一般在 20%～70%，可根据原料的性质、皂苷的成分和结构进行选择。一般常用 60%稀乙醇。这种浸出溶剂较适合含淀粉高的原料，特别适用于难溶于水的中性皂苷的浸出。这种浸出溶剂可防止皂苷起泡，还可减少水溶性杂质的浸出，防止脂溶性杂质的浸出。

（3）以乙醇为浸出溶剂的浸出方法　对极性较小又难溶于水或很难以稀乙醇浸出的皂苷可用乙醇作溶剂浸出。对极性较大的皂苷用水浸出或稀乙醇浸出，杂质太多时也可用乙醇浸出，本法的优点是浸出液中水溶性杂质较少。缺点是浸出液中的脂溶性杂质较多，但是这些脂溶性杂质可在回收乙醇，注水加热将皂苷溶解于水后析出，并被除去。

（4）先脱脂后以乙醇为浸出溶剂的浸出方法　对某些含脂溶性物质较多的药材，为了简化精制、分离总皂苷的步骤，可采用先以轻汽油、苯或氯仿浸出脂溶性杂质，再用乙醇浸出皂苷。乙醇浸出液浓缩、回收乙醇到小体积，冷却后可析出总皂苷的沉淀物。这个方法的优点是浸出物中皂苷的含量高、杂质少和精制较简单。

13.3.2　总皂苷的分离和精制

从植物的浸出液中分离或精制总皂苷的方法有萃取法、调节溶剂极性沉淀法、重金属盐沉淀法、透析法、氧化镁吸附法和胆固醇沉淀法等。

（1）透析法或电透析法　用水或稀乙醇浸出所得的浸出液含有大量无机盐时，在适当浓缩或回收乙醇后，用透析法或电透析法可除去无机盐，使浸出液净化。

（2）丁醇萃取法　用水浸出的皂苷水溶液中含有大量杂质，为了将水溶液中的皂苷从水溶液中分离出来，先将水浸出液浓缩到小体积，然后加正丁醇，用逆流萃取法把水溶液中的皂苷萃取出来。将萃取液输入减压蒸馏罐，回收丁醇得粗总皂苷。

（3）调节皂苷溶液的极性沉淀法　这个方法对水浸出液或稀乙醇浸出液和乙醇浸出液有不同的处理方法，现分别介绍如下。

① 水浸出液的处理方法：将含皂苷的原料水浸出液输入到减压浓缩罐中，蒸发浓缩到较小的体积，加乙醇使乙醇的浓度达 60%～70%，使水溶性杂质析出沉淀，过滤除去沉淀。将滤液输入减压浓缩罐中回收乙醇，水溶液蒸发、喷雾干燥得粗总皂苷。将粗总皂苷再溶于热乙醇达近饱和状态，冷却，从乙醇溶液析出部分总皂苷，过滤得部分皂苷。向乙醇过滤液中加入苯或轻汽油调节皂苷乙醇溶液的极性，又可析出部分总皂苷。

② 稀乙醇浸出液的处理方法：将稀乙醇浸出液输入减压蒸馏罐中回收乙醇，回收乙醇后将皂苷的水溶液减压浓缩、喷雾干燥得粗总皂苷。将粗总皂苷溶于热乙醇并使达到近饱和浓度，冷却析出部分总皂苷，过滤得部分总皂苷。收集乙醇滤液向其中分次加入一定数量的苯或轻汽油，调节溶液的极性使皂苷析出，过滤又得到部分总皂苷。合并各次所得皂苷，干燥得总皂苷。

③ 乙醇浸出液处理法：先将乙醇浸出液输入减压蒸馏罐中，回收乙醇浓缩到小体积，分次加入一定数量的苯或轻汽油等低极性有机溶剂，调节乙醇溶液的极性，析出皂苷的沉淀物，过滤、干燥得总皂苷。

（4）铅盐沉淀法　利用此法可以分离酸性皂苷和中性皂苷。将粗皂苷溶于少量乙醇中，加入过量 20%～30%中性醋酸铅溶液，搅拌使酸性皂苷沉淀完全。加入醋酸铅时，一般加入过量，使醇液中含有过量铅离子（检查铅离子的方法：取滤液少许，滴加铬酸钾试液有黄色沉淀产生）。滤取沉淀，于滤液中加入过量 20%～30%碱性醋酸铅溶液，中性皂苷又能沉淀析出，滤取沉淀。

然后将所得沉淀分别溶于水或稀乙醇中进行脱铅处理，脱铅后将滤液减压浓缩，残渣溶于乙醇中，加入轻汽油或苯析出皂苷的沉淀物，即得酸性和中性皂苷两个组成部分。

(5) 氧化镁吸附法　粗皂苷中往往含有糖、鞣质、色素等杂质，这些杂质可被氧化镁吸附。可于粗皂苷的水溶液或稀乙醇溶液中加入新鲜的氧化镁粉末，搅拌均匀、蒸发、干燥，再以乙醇进行洗脱。皂苷可被洗脱下来，而杂质则被留在氧化镁中。洗脱液回收乙醇浓缩到较小体积，冷却后析出皂苷，过滤得部分皂苷，再向过滤后的乙醇溶液中分次加入一定数量的轻汽油或苯等有机溶剂，调节溶液的极性可析出皂苷，过滤、合并各部分皂苷，干燥得总皂苷。被吸附的杂质和氧化镁可煅烧后回收氧化镁，设法重复使用氧化镁，以降低生产成本。

(6) 胆固醇沉淀法　由于甾体皂苷可与胆固醇生成难溶的分子复合物，利用此性质可使甾体皂苷与其他水溶性成分分离，达到精制的目的。可先将粗皂苷溶于少量乙醇中，再加入胆固醇的饱和乙醇溶液，至不再析出沉淀为止（混合后需要稍加热），滤取沉淀，用水、醇、苯或轻汽油顺次洗涤以除去糖类、色素、油脂和游离的胆固醇等，残留物即为较纯的皂苷。

不仅胆固醇，凡是 C_3—OH 为 β-的甾醇，如 β-谷甾醇、豆甾醇和麦角甾醇等均可与很多皂苷结合，生成难溶的分子复合物。甾醇的结构与皂苷形成的复合物有下列规律：

① 凡甾醇有 3β-OH 者，或 3β-OH 经酯化或成苷者，就不能与皂苷形成难溶性的分子复合物。

② 凡甾醇有 3β-OH 者，有 A/B 环反式稠合或 Δ^5 平展结构的甾醇，与皂苷形成分子复合物的溶解度最小。

③ 三萜皂苷与甾醇形成的分子复合物不如甾体皂苷与甾醇间形成的复合物稳定。

上述性质可以应用于皂苷的精制或分离。原料中某些皂苷与甾醇形成复合物，不能被稀醇或醇所浸出，这在提取皂苷时应该注意。

(7) 吉拉尔腙法　分离含有羰基的甾体皂苷元，常用季铵盐型氨基乙酰肼类试剂如吉拉尔T（GirardT）或吉拉尔 P（GirardP）两种试剂。这类试剂在一定条件下与含羰基的甾体皂苷生成腙，而与不含羰基的皂苷元分离。形成腙的皂苷元又可在适宜的条件下，恢复到原来的皂苷元形式，方适用混合皂苷元的分离。通常将样品溶于乙醇中，加醋酸使达 10% 的浓度，室温放置或水浴上加热即成。反应混合物以蒸馏水稀释后用醚轻轻振摇，除去非羰基的皂苷元。水液过滤后添加盐酸。稍稍加热则由酮基形成的酰腙分解，可以回收原物。

(8) 乙酰化精制法　皂苷的亲水性多数较强，极性大，夹带杂质亦多。若将水溶性大的粗皂苷制成乙酰化衍生物后，增大其亲脂性，可以溶于低极性溶剂，无论是脱色、色谱、重结晶都比较容易，待纯化后再水解去除乙酰基恢复皂苷形式。一般是将粗皂苷干粉末经醋酐等试剂酰化，制备成乙酰化皂苷，溶于乙醚，用水洗去极性大的杂质，乙醚浓缩后再溶于乙醇，加活性炭脱色，或经氧化铝、硅胶等柱色谱得乙酰化皂苷的单体。单体经碱液水解[常用 Ba（OH)$_2$，过量钡，通 CO_2 除去]而获得纯皂苷。

(9) 色谱法　采用以上几种方法，除一些比较简单的皂苷可得到单体外，一般都只能得到较纯的总皂苷。若需进一步分离，一般采用色谱法。目前广泛采用湿法柱色谱，多用中性氧化铝或硅胶为吸附剂，洗脱时多用混合溶剂，例如分离混合甾体皂苷元的方法是先将样品溶于含 2%氯仿的苯中，上柱后用此溶剂洗出单羟基皂苷元，再用含 2%氯仿的苯洗出单羟基具酮基的皂苷元，再用含 10%甲醇的苯洗出双羟基皂苷元。另外用于柱色谱或制备薄层色谱分离混合皂苷元，亦能收到分离效果。但由于皂苷的极性较大，采用分配柱色谱法分离皂苷元效果要比吸附柱色谱法好。多用低活性的氧化铝或硅胶作吸附剂，以不同比例的氯仿-甲醇或其他极性较大的有机溶剂洗脱。如由人参总皂苷分离几种含量较多的人参皂苷的色谱法。又如由美远志根中分离四种单一的皂苷远志皂苷 A、B、C 和 D，就应用了硅胶分配柱色谱法，用 3%草酸水溶液为固定相，氯仿-甲醇-水（26∶14∶3）为移动相，达到了较好的分离效果。分离出的四种远志皂苷，其中以皂苷 B 和 C 含量最高，皂苷 D 次之，皂苷 A 最低。在进入分配柱色谱分离前，需先用胆甾醇沉淀法精制总皂苷。

（10）液滴逆流色谱法（DCCC）　液滴逆流色谱法分离效能高，有时可将结构极其近似的成分分离。例如柴胡皂苷 a 和 d 结构基本一致，只是 C_{16}-OH 的构型不同（皂苷 a 是 β-OH，皂苷 d 是 α-OH），用一般柱色谱法难以分离，采用 DCCC 法则可将皂苷 a 和 d 分离，效果良好，并能测定其含量。分离方法：柴胡根细粉用含有 2% 吡啶的甲醇回流提取 3 次，提取液浓缩，悬浮在水中，用水饱和的丁醇提取 5 次。丁醇层用水洗，浓缩，溶于少量甲醇，倾入乙醚中，析出粗皂苷。将粗皂苷用 DCCC 分离，溶剂系统为氯仿-苯-乙酸乙酯-甲醇-水（45∶2∶3∶60∶40）。溶剂系统的下层作为固定相，充满整个 DCCC 管中，而上层作为流动相。洗脱液用收集器分成 320 份，每份 3g。35~48 组分得柴胡皂苷 C，155~195 组分得柴胡皂苷 a，235~300 组分得柴胡皂苷 d。分离出的皂苷在硅胶 GF_{245} 上与柴胡皂苷标准品比较进行鉴别，合并同一组分[展开剂为乙酸乙酯-乙醇-水（8∶2∶1）]。

柴胡皂苷 a、c 和 d 的定量测定，可根据标准曲线和皂苷的吸光度来计算。

13.4　皂苷提取实例：人参皂苷的提取工艺

现以人参茎叶和人参根提取两种不同皂苷的提取方法为例，介绍如下。

（1）从人参茎叶提取粗人参总皂苷的方法　取干燥人参茎叶，以粉碎机粉碎成 20 目粗粉。将人参茎叶粗粉装入逆流浸出罐组中，先以沸水浸并使酶灭活，进行逆流罐组浸出，浸出液的出液系数控制在 5 以下。逆流浸出液输入薄膜蒸发罐中，减压浓缩到浓缩液的体积与原料重量之比为 1∶1。如有沉淀应过滤除去。

上述浓缩液在不断搅拌下慢慢加入乙醇，使乙醇在浓缩液中达 70% 后，析出大量沉淀物，静置、过滤，将沉淀物以 70% 乙醇洗两次。滤液与洗液合并，减压回收乙醇并浓缩到原料量的 1/2（体积质量比），再以正丁醇用塔式逆流连续萃取器进行逆流萃取，逆流萃取液用水洗两次以除去水溶性杂质。再使正丁醇萃取液通过活性炭柱（活性炭的量约为丁醇的 0.5%），再使正丁醇通过氧化铝柱（柱中中性氧化铝为正丁醇重量的 3%~6%），两柱串联通过。通过两个柱后的丁醇输入减压浓缩罐中，减压回收丁醇浓缩到小体积，在不断搅拌下加入苯或轻汽油，析出皂苷，过滤、真空干燥得人参茎叶总皂苷。用这种提取方法所得的人参茎叶总皂苷的纯度可达 70%。

（2）从人参根提取总皂苷的方法　人参根以粉碎机粉碎成 20 目的粗粉，将人参根粗粉装入逆流渗漉浸出器中。以乙醇进行逆流渗漉浸出，浸出液的出液系数控制在 5 以下。乙醇浸出液输入减压蒸馏罐中，减压浓缩到小体积，加水、加热、减压回收完乙醇，将乙醇浸出物转溶于水，冷却，以氯仿或苯进行逆流萃取，除去脂溶性物质。被萃取脱脂的人参皂苷水溶液再以正丁醇逆流萃取人参皂苷。丁醇萃取液输入减压蒸馏罐中，减压回收丁醇到小体积，加入轻汽油或苯调节丁醇的极性使皂苷析出，过滤、真空干燥，得人参总皂苷。

第 **14** 章
香豆素类化合物的性质、提取与分离

14.1 香豆素类化合物的结构

香豆素（coumarin）是顺邻羟基桂皮酸的内酯，具有芳香甜味。广泛分布在植物界中，如豆科的紫花苜蓿、补骨脂，伞形科中的白芷、羌活、独活，木犀科的花曲柳、水曲柳以及茄科等多种植物中，1982 年统计达 800 多种，部分是以游离状态存在，部分是以苷的形式存在，如木犀科梣属植物大多数含有七叶内酯（又称秦皮乙素，即 6，7-二羟基香豆素）、七叶苷（又称秦皮甲素）、白蜡树内酯、白蜡树苷等。香豆素类的基本结构为苯并 α-吡喃酮，如图 14-1 所示。

图 14-1　香豆素类化合物的基本结构

香豆素的分子中苯核或 α-吡喃酮环上常常具有不同的取代基，如羟基、烷氧基、苯基、异戊烯基等。其中异戊烯基的活泼双键有机会与邻位羟基环合成呋喃环的结构。通常分成五大类，即简单香豆素类、呋喃香豆素类、吡喃香豆素类、异香豆素类和其他香豆素类。

14.1.1 简单香豆素类

简单香豆素类是指苯核上具有取代基的香豆素类，这类香豆素在 7 位上有含氧基团存在。如伞形花内酯即 7-羟基香豆素，几乎可以认为是天然香豆素类的母体，其他在 5，6，8 位都有含氧基团存在的可能。常见的含氧基团除羟基外，还有甲氧基、亚甲二氧基和异戊烯氧基等。异戊烯基除接在氧上外，还有接在苯环 6 或 8 位上，如图 14-2 所示。

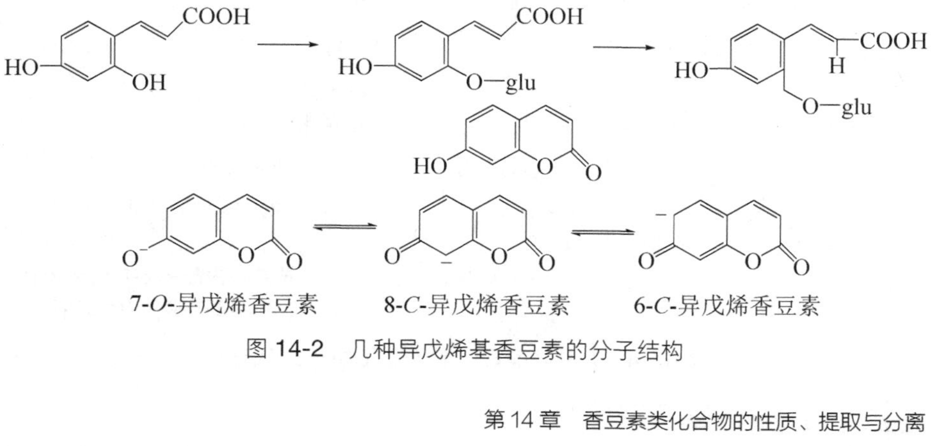

7-*O*-异戊烯香豆素　　8-*C*-异戊烯香豆素　　6-*C*-异戊烯香豆素

图 14-2　几种异戊烯基香豆素的分子结构

从香豆素类的生源途径来看，不难看出 C-异戊烯基化常发生在 C_6 或 C_8 上的原因。常见的简单香豆素类有伞形花内酯、7-甲氧基香豆素、橙皮油素、欧芹酚 7-甲醚和当归内酯以及秦皮甲素、秦皮乙素、水曲柳素等。其结构如图 14-3 所示。

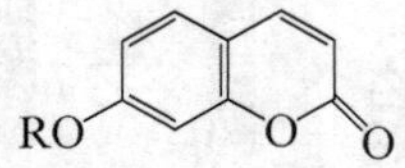

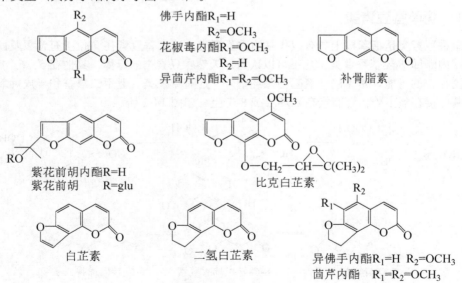

伞形花内酯R=H
7-甲氧基香豆素R=CH₃

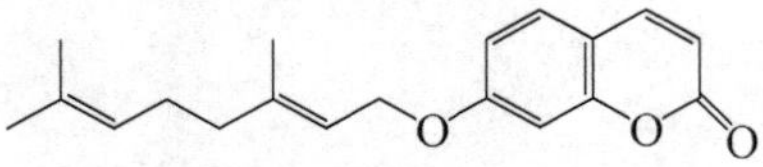

橙皮油素

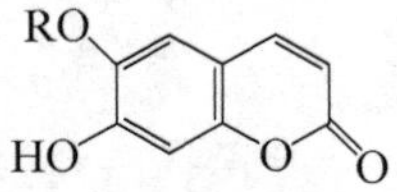

秦皮甲素R=glu
秦皮乙素R=H

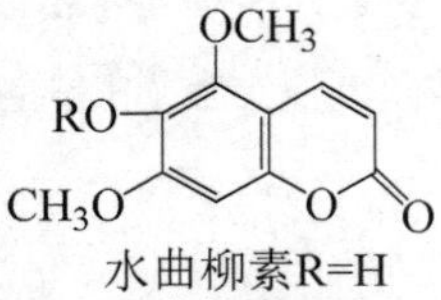

水曲柳素R=H
水曲柳苷R=glu

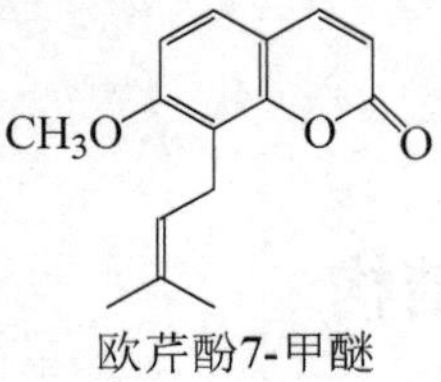

欧芹酚7-甲醚

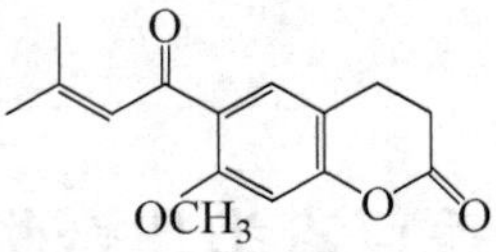

当归内酯

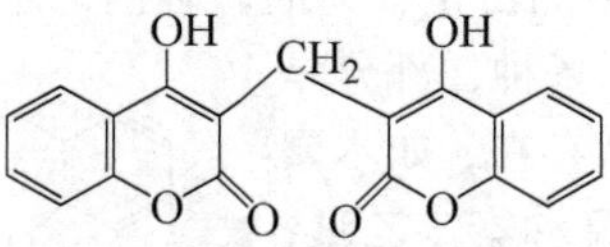

紫苜蓿酚（双羟基香豆素甲烷）

图 14-3　几种简单香豆素的分子结构

14.1.2　呋喃香豆素类

呋喃香豆素类由香豆素母核上异戊烯基与邻位酚—OH 环合而成。呋喃香豆素又分直型和角型两个类型（其分子结构示于图 14-4）。

佛手内酯R₁=H
　　　　　R₂=OCH₃
花椒毒内酯R₁=OCH₃
　　　　　R₂=H
异茴芹内酯R₁=R₂=OCH₃

补骨脂素

紫花前胡内酯R=H
紫花前胡　　R=glu

比克白芷素

白芷素

二氢白芷素

异佛手内酯R₁=H　R₂=OCH₃
茴芹内酯　R₁=R₂=OCH₃

图 14-4　几种呋喃香豆素类化合物的分子结构

① 直型呋喃香豆素类：又称补骨脂素型和二氢补骨脂素型，如佛手内酯、花椒毒内酯、异茴芹内酯（又称异虎耳草素）、紫花前胡内酯及其苷、比克白芷素等。

② 角型呋喃香豆素类：又称白芷素型和二氢白芷素型，代表物有白芷内酯即异补骨脂内酯、异佛手内酯、茴芹内酯（即虎耳草素）等。

14.1.3 吡喃香豆素类

香豆素苯环上异戊烯基与邻位羟基形成 2, 2'-二甲基 α 吡喃环后，成吡喃香豆素类（其分子结构如图 14-5 所示）。也分直型和角型两种，但这类香豆素在自然界并不多。

① 直型吡喃香豆素类：有花椒内酯、美花椒内酯等。

② 角型吡喃香豆素类：有邪蒿内酯、凯尔内酯、别美花椒内酯三种类型。

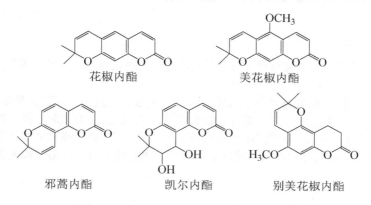

花椒内酯　　　　　　美花椒内酯

邪蒿内酯　　　凯尔内酯　　别美花椒内酯

图 14-5　几种吡喃香豆素类化合物的分子结构

14.1.4 异香豆素类

这类香豆素为数不多，如虎耳草科 *Bergenia crassifolia* 根中的别尔耕林（bergenin）和绣球花中的甘茶叶素（phyllodulcin）以及八仙花酚等（其结构如图 14-6 所示）。

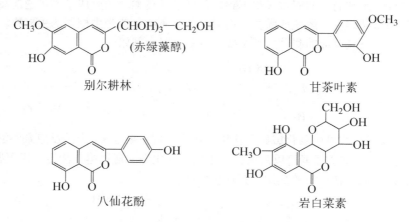

别尔耕林　　　　　　甘茶叶素

八仙花酚　　　　　　岩白菜素

图 14-6　几种异香豆素类化合物的分子结构

14.1.5　其他香豆素类

在自然界中存在为数不多，如黄檀内酯、沙葛内酯等，其分子结构示于图 14-7。

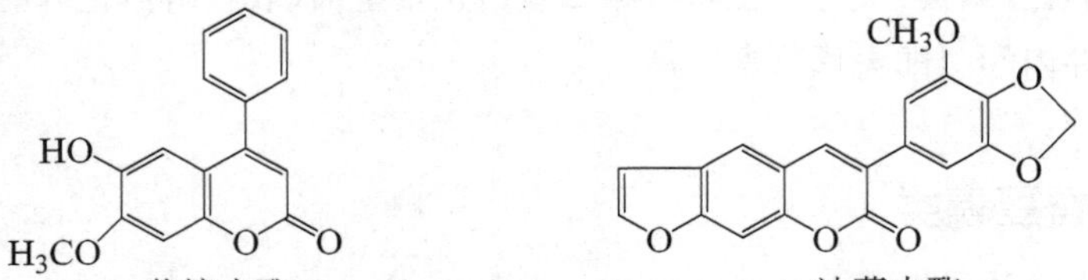

图 14-7　黄檀内酯及沙葛内酯的分子结构

14.2　香豆素类化合物的性质及鉴定

14.2.1　物理性质

① 晶形：游离的香豆素类具有完好的结晶形状，有一定熔点，多具芳香气。可随水蒸气蒸馏，还有升华性。

② 溶解度：游离香豆素类可溶于乙醇、氯仿、苯和石油醚中，而苷类易溶于水或乙醇中。

③ 荧光性质：在紫外线照射下能显示蓝色荧光。如果 C_7 上有含氧基团，在日光下即显荧光。多数化合物在碱性下荧光转变为绿色，可使荧光显著加强，呋喃香豆素类多具黄绿色荧光。香豆素苯环上取代基和位置的不同，能显著影响荧光的颜色，可表现出不同的荧光谱。

14.2.2　化学性质

① 与碱作用：香豆素类具有 α, β 不饱和的 δ 内酯结构。在稀碱溶液的作用下，可以使内酯水解，开环生成黄色溶液，即生成顺羟基桂皮酸盐，在醇溶液中比在水溶液中水解更易进行。$7\text{-}OCH_3$ 香豆素比香豆素易水解，而 $7\text{-}OH$ 香豆素在碱性溶液中立即形成带有负电荷的酚性盐离子，反而难以水解，C_4 或 $C_3\text{-}OH$ 香豆素都没有这种效应。

水解后生成的顺邻羟基桂皮酸盐很不稳定，遇酸后立即环合产生香豆素类沉淀。

在碱性条件下水解时，时间过长得不到顺邻羟基桂皮酸，而生成了不可逆的反邻羟基桂皮酸。香豆素类与碱共熔，分解生成酚类。用混合浓碱煮沸也能产生相同的生成物，不过香豆素的分子如果带有易与碱反应的侧链，则生成物可能不同。例如：

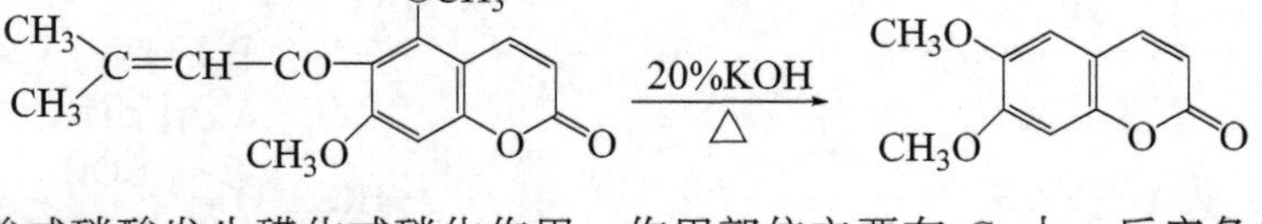

② 可与硫酸或硝酸发生磺化或硝化作用。作用部位主要在 C_6 上，反应条件剧烈也可发生在 C_2 上；含有酚羟基的香豆素可以乙酰化，生成乙酰化物，通过熔点测定，用于鉴定。

③ 可与氧化剂如 $KMnO_4$ 等作用，开环生成酸类。

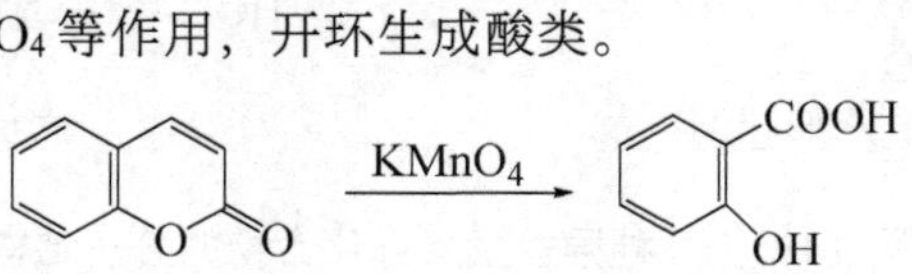

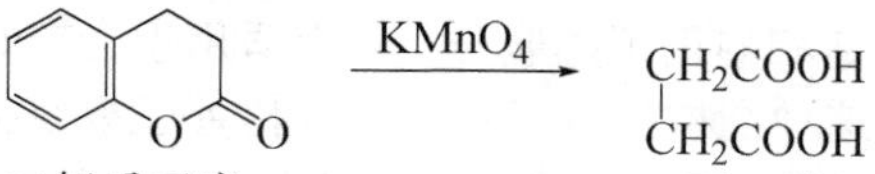

二氢香豆素 → 丁二酸

（KMnO₄）

14.2.3 香豆素类的鉴定方法

14.2.3.1 呈色反应

① 盐酸羟胺反应：在碱性条件下香豆素类开环生成顺邻羟基桂皮酸与盐酸羟胺缩合成异羟肟酸铁络盐而显红色。具体方法如下：取分离提纯的结晶少许，用乙醇溶解，加入新配制的 1mol/L 盐酸羟胺甲醇液 1mL，再加入 1mL 1mol/L 的 KOH 甲醇液，置水浴上加热数分钟，再加 $FeCl_2$ 试剂 2 滴，则显红色。

② 三氯化铁反应：羟基香豆素类与 $FeCl_3$ 作用可生成红棕乃至蓝色络合物（检测酚羟基）。

③ 对二酚类反应：C_6 含有羟基的香豆素类，在碱性条件下，可生成对二酚类化合物，遇间苯三酚可显橙红色（或放置后生成橙红色）。

④ Gibbs 反应：取香豆素类样品，溶于乙醇中，加入等量 pH=9.4 的缓冲液，混合均匀，再加入新配制的 2,6-二溴苯醌氯亚胺的醇溶液或水混悬液数滴，如果酚羟基对位无取代基时，可产生蓝色。

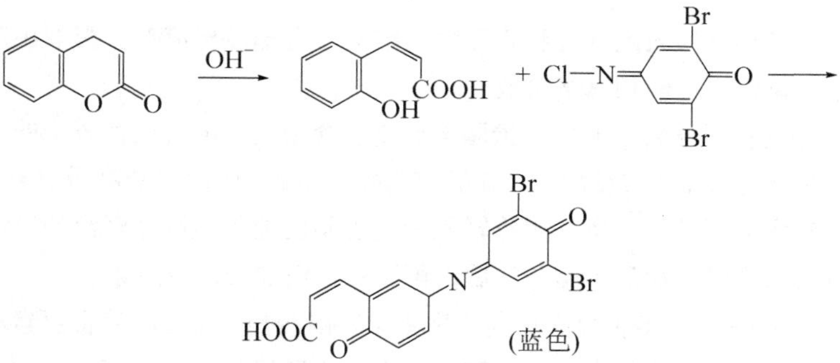

⑤ Emerson 反应：将样品溶解于碱性溶剂中，加入 2% 4-氨基安替比林溶液数滴及 8% 铁氰化钾溶液 2～3 滴，如果羟基的对位无取代基时，则显红色。上述反应与本反应主要检查 C_6 位有无取代基。

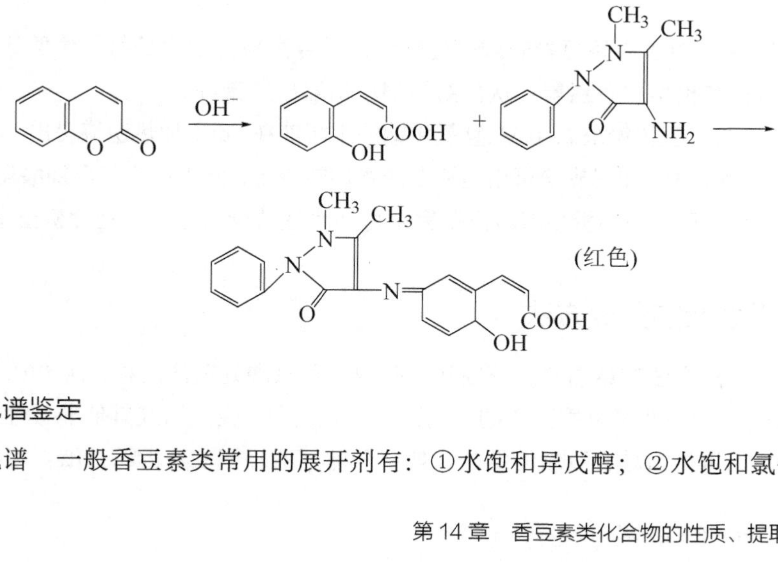

14.2.3.2 色谱鉴定

（1）纸色谱　一般香豆素类常用的展开剂有：①水饱和异戊醇；②水饱和氯仿；③0.5%硼

砂浸过的滤纸。以 0.5%硼砂饱和的正丁醇展开，后者适用于含有邻二酚羟基结构者，可生成硼酸络合物，使 R_f 值低于没有这种结构的香豆素类。呋喃香豆素亲脂性较强，如果结合成苷时可先用酸水解后再色谱分离，所以展开剂也应增大亲脂性。

（2）薄层色谱　用得最多的吸附剂是硅胶，其次是纤维素和氧化铝。

当香豆素母核含极性基团不多时（不含羟基；或仅含 1～2 个羟基；或羟基甲基化后变为甲氧基），在吸附薄层上吸附性一般不大，通常采用中等极性的混合溶剂作展开剂。一般情况下，母核上羟基越多，则 R_f 值越小；羟基变为甲氧基，R_f 值相应增大。与苷元相比，苷的 R_f 值小于苷元。分配薄层往往会得到满意的结果，特别是含有苷和苷元的混合物分离鉴定。薄层展开后，通常在紫外线下观察荧光或喷显色剂，常用的显色剂有：

① 重氮化试剂，如重氮化氨基苯磺酸（简称 DSA）、重氮化对硝基苯胺（简称 DNAA）。

② 碘-碘化钾试剂。

③ 5%KOH 甲醇溶液，喷后观察荧光。

④ Emerson 试剂（4-氨基安替匹林-铁氰化钾试剂）喷后再用氨熏，显深红或橙红色。

14.3　香豆素类化合物的提取工艺特性

14.3.1　总香豆素的浸出方法

浸出总香豆素要根据原料的成分和香豆素的结构，选择浸出溶剂。提取生产上可选用的溶剂有轻汽油、苯、氯仿、乙醇和碱水溶液。

① 轻汽油浸出法：对原料中非香豆素脂溶性物质含量较少的且极性较小的香豆素可用轻汽油加热浸出。如可用轻汽油从白花前胡、白芷、蛇床子和独活中浸出呋喃香豆素、吡喃香豆素。如果原料中含有较多的脂肪油，可先用冷轻汽油浸出脂肪油，再以热轻汽油进行逆流浸出香豆素，如补骨脂应先以冷轻汽油浸出脂肪油后，再以热轻汽油浸出香豆素。

② 混合溶剂浸出法：许多香豆素在实验室中以乙醚浸出，如含呋喃香豆素和吡喃香豆素的白芷、独活、藁本和蛇床子等。在工业提取生产中用乙醚浸出成本较高，且沸点太低、易燃、易爆，生产很不安全，所以最好不用乙醚。不用乙醚需要采用极性与乙醚相近的溶剂，如氯仿或低极性溶剂的混合溶剂。混合溶剂可用轻汽油、苯与乙醇的混合溶剂系统，比例可根据实验选择。

③ 乙醇浸出法：对含有香豆素苷或极性较大的香豆素成分的中药材，需要用乙醇作浸出溶剂。如从中药秦皮浸出秦皮香豆素、从落新妇根浸出岩白菜素等。

④ 碱水浸出法：植物粉末以 0.5%氢氧化钠的水溶液在 50℃加热逆流浸出，浸出液加酸调 pH=4 左右可析出香豆素。如秦皮粉可用饱和石灰水加热浸出，浸出液冷却后加酸调 pH 到弱酸性即可析出秦皮总香豆素。如不析出或析出不完全可加食盐盐析，盐析一定会析出秦皮总香豆素。

14.3.2　总香豆素的分离方法

总香豆素的分离方法有结晶法、蒸馏法、萃取法和碱酸处理法四种，现介绍如下。

① 结晶法：有一些游离总香豆素的分离方法比较简单。轻汽油或其他非极性有机溶剂浸出液，浓缩液冷却后可析出总香豆素的结晶。如白药前胡的轻汽油（即石油醚）浸出液经浓缩后

放置可析出黄色的结晶，此物质即为白花前胡的总吡喃香豆素。经混合溶剂浸出含香豆素的中药材的浸出液，浓缩后如出现结晶，可回收全部溶剂后，转溶于石油醚并除去不溶物，再析出总香豆素。

② 水蒸气蒸馏法：对于挥发性较强的香豆素类，可用水蒸气蒸馏法或压榨法从中药原料提取挥发油，然后以水蒸气蒸馏除去挥发油，再以有机溶剂结晶，可得总香豆素。如从鲜橘子榨取挥发油，再以减压水蒸气蒸馏 80%橘子油，再向残留物中加乙醇溶解，室温放置析出黄色针状结晶，此结晶为总香豆素。再以乙醇、乙醚、石油醚重结晶得白色柱晶，熔点 68℃，即为单一性成分橙皮油素。

③ 萃取法：中药材的轻汽油浸出液或其他非极性有机溶剂浸出液中，有时含有酸性物质，用稀碳酸氢钠水溶液萃取除去。如果被提取的香豆素含有羟基，可用稀氢氧化钠水溶液萃取，向萃取所得水溶液中加入酸调 pH 到弱酸性，可析出酚羟基香豆素。以碱性水溶液作浸出溶剂，所得香豆素碱水浸出液，可加酸调 pH 到酸性，析出香豆素，再以非极性有机溶剂萃取，浓缩有机溶剂萃取液，可得总香豆素。

④ 酸碱处理法：取不能析出总香豆素的有机溶剂浸出物，加稀氢氧化钠水溶液微热溶解，滤除水不溶物，向滤液加稀酸调 pH 到弱酸性，析出总香豆素。使用这种方法精制时，要防止对碱敏感的物质受到破坏。

14.4　香豆素类化合物提取实例

目前我国生产的总香豆素品种较少。但是某些以香豆素为主要有效成分的药材粗提物比较常见。

14.4.1　中药补骨脂粗提取物的生产

补骨脂的干燥果实为中医壮阳药，含呋喃香豆素类、黄酮类、挥发油和树脂类等化合物，成分比较复杂。单纯提取某一类化合物或某一种化合物都不能代表整个药材的总有效成分。目前一些药厂生产的补骨脂酊和补骨脂浸膏可以代表补骨脂整个药材的总有效成分。补骨脂内酯、白芷素、补骨脂甲素、补骨脂乙素等由补骨脂提取的单一成分或已作为药物生产的某一药物都不能代表补骨脂，这类药物只能经中医药学重新定义其主治功能才有可能作为一种新中药。补骨脂酊和补骨脂浸膏的生产方法介绍如下。

① 补骨脂酊的生产方法：取中药补骨脂粉碎过 40 目筛，取补骨脂粗粉装入逆流渗漉浸出罐中。以 70%乙醇浸渍并在室温条件下进行逆流渗漉浸出，控制出液系数为 3.33。浸出液合并、静置 24h、过滤，即得补骨脂酊。本品作光敏化剂治疗白癜风、鸡眼、寻常疣及青年扁平疣等均有明显疗效。

② 补骨脂浸膏的生产方法：取中药补骨脂粉碎过 40 目筛，将粉碎的补骨脂粗粉装入逆流渗漉浸出罐中，以 95%乙醇浸渍，并在室温条件下进行逆流渗漉浸出，浸出液输入减压浓缩罐中，减压浓缩成可流动黏稠状浸膏，即为补骨脂浸膏，每毫升相当于 1g 原生药。这种补骨脂浸膏做外用药。

③ 从补骨脂提取补骨脂内酯：补骨脂的成熟果实含多种呋喃香豆素，其中以补骨脂素为主（其分子结构示于图 14-8），除此之外还含有多种黄酮化合物。生产工艺如下所述。

取补骨脂果实粉碎成粗粉，装入具有搅拌装置的逆流罐组浸出器中，以 40%乙醇进行逆流浸出，在室温和不断搅拌下进行浸出。浸出液从最后一罐流出后输入减压浓缩罐中，减压蒸馏回收乙醇，回收完乙醇后继续浓缩到小体积、放出浓缩液、放置、冷却、析出沉淀物，此沉淀物即为粗呋喃香豆素，将此沉淀物在低温干燥。干燥后的沉淀粉碎成细粉，以 1:2 与氧化铝混合均匀，置于柱中，以苯进行洗脱。苯洗脱液蒸馏、浓缩到小体积，冷却放置析出结晶。将此结晶滤出，以小量乙醇洗涤、干燥得补骨脂内酯。

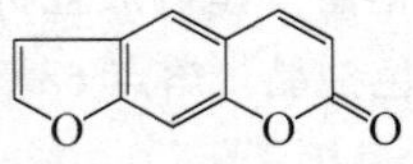

图 14-8　补骨脂素的分子结构

14.4.2　秦皮素和七叶内酯苷的提取方法

秦皮的主要有效成分秦皮素（又名七叶内酯、秦皮乙素、马栗树皮素）和七叶内酯苷，其分子结构示于图 14-9。主要用于治疗细菌性痢疾和急性肠炎。已应用于临床。

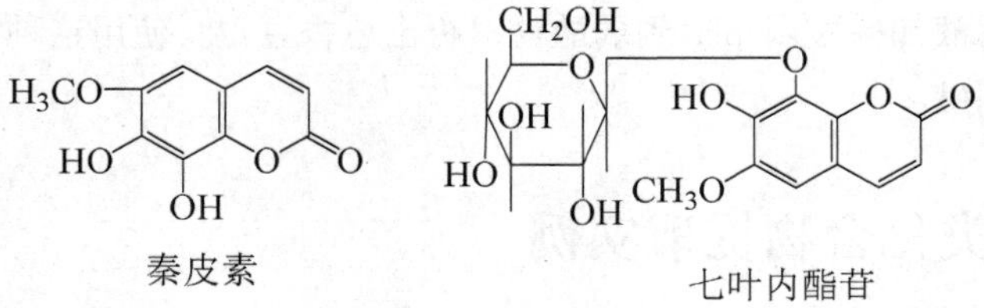

秦皮素　　　　　　　　七叶内酯苷

图 14-9　秦皮素及七叶内酯苷的分子结构

提取方法如下：将秦皮以粉碎机粉碎成粗粉，装入逆流浸出罐中，以 95%乙醇加热进行逆流渗漉浸出，浸出液的出液系数控制在 5 以下。浸出液输入减压蒸馏罐中，减压蒸馏回收乙醇，将要回收完乙醇时，按原料重量的 1/4 加温水溶解，水溶液冷却后输入逆流萃取塔中，以氯仿萃取脂溶性物质，再蒸馏除去水溶液中的氯仿。水溶液再以乙酸乙酯逆流萃取，收集乙酸乙酯萃取液，以无水硫酸钠脱水，回收乙酸乙酯，残留物溶于热甲醇进行结晶得黄色针状结晶，为七叶内酯，或称秦皮素，熔点 276℃。经乙酸乙酯萃取过的水溶液浓缩后静置得黄色结晶，以甲醇和水进行重结晶得白色粉末状七叶内酯苷，或称为葡萄糖秦皮素苷，熔点 206℃。

第15章
其他植物天然产物的性质、提取与分离

15.1 木脂素类化合物的提取与分离

15.1.1 木脂素类概述

木脂素类是一类由苯丙素双分子或三分子以不同形式聚合而成的天然成分，目前已知的超过 200 种，其结构可分为 15 种类型，但基本结构主要为下述两种类型。

Ⅰ型(8-8′)   Ⅱ型(8-8′，7-2′)

组成木脂素类的单体有四种：桂皮酸（偶有桂皮醛）、桂皮醇、丙烯苯、烯丙苯。

木脂素类可分为两类，一类由桂皮酸和桂皮醇组成，称木脂素；另一类由丙烯苯、烯丙苯组成，称新木脂素。混合组成的双聚体也有，但极罕见。前一类木脂素广泛存在于植物中，后一类只存在于少数科属中，如樟科、木兰科、蒺藜科等。这说明两类木脂素有其独立的合成途径。

15.1.2 木脂素的分类

（1）简单木脂素 （Ⅰ型碳架） 如去甲二氢愈伤木脂酸[图 15-1（a）]，它从蒺藜科植物的叶和茎中提取，其含量可达 12%，用作油脂和其他食品的抗氧化剂。

（2）单环氧木脂素 （Ⅰ型碳架） 单环氧木脂素的氧环，可分 7-O-7′、7-O-9′、9-O-9′三种四氢呋喃结构，例如橄榄脂素[图 15-1 （b）～（e）]。

（3）环木脂素类 （Ⅱ型碳架） 如索马榆酸，其分子结构见图 15-2 （a）。

（4）联苯并环辛烯 从五味子的果实中可获得一系列苯并环辛二烯结构的新木脂素化合物，如五味子素，分子结构见图 15-2 （b）。

（5）厚朴酚型 从厚朴树皮中可提取出厚朴酚，其含量达 5%；从日本厚朴树皮中提取的称和厚朴酚。这两者是同分异构体，分子结构见图 15-2（c），图 15-2（d）。

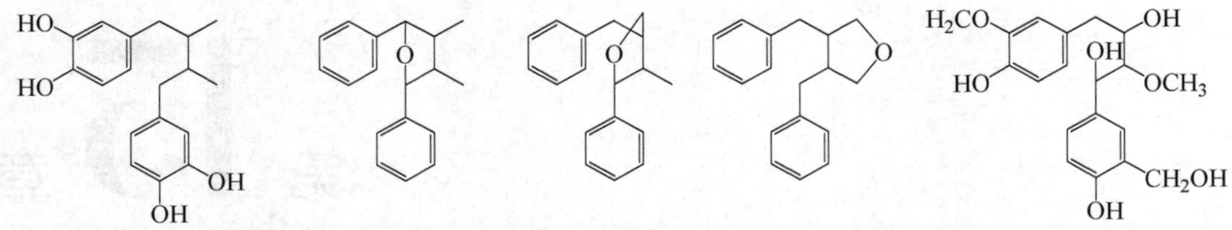

(a) 去甲二氢愈伤木脂酸　　(b) 7-O-7′ 结构　　(c) 7-O-9′ 结构　　(d) 9-O-9′ 结构　　(e) 橄榄脂素

图 15-1　几种简单木脂素和单环氧木脂素的分子结构

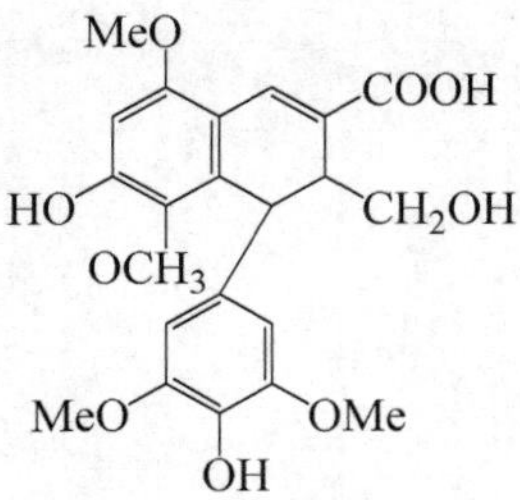

(a) 索马榆酸

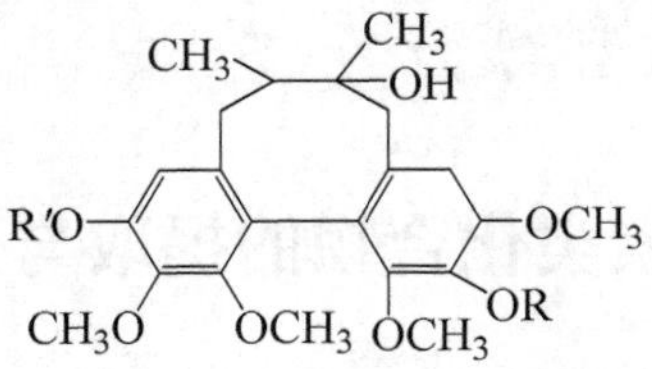

(b) 五味子醇R′=H
　　　　　R=H
五味子素R′=CH$_3$
　　　　　R=CH$_3$

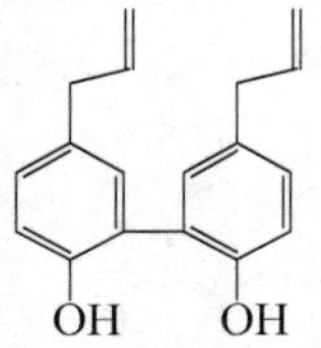

(c) 厚朴酚 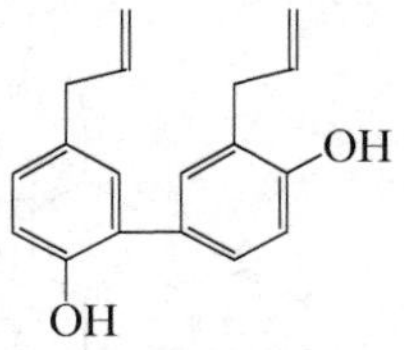　　　　　　　　　(d) 和厚朴酚

图 15-2　索马榆酸、五味子醇与五味子素、厚朴酚、和厚朴酚的分子结构

15.1.3　木脂素的理化性质

木脂素类往往存在于植物的树脂状物质中，一般呈游离状态或与糖结合成苷而存在。其分子上多具醇羟基、酚羟基、甲氧基或次二甲氧基、羟基、内酯基。

木脂素类为无色结晶，具光学活性，在酸、碱中易异构化。木脂素溶于乙醇，难溶于水，其结晶较难溶于乙醚、氯仿中，但提取时往往用乙醚、氯仿回流抽提分离。木脂素的苷可在醇及水中溶解。木脂素的生理活性常和构型有关，所以分离过程要注意酸、碱的使用。

木脂素在紫外光下呈暗斑，喷以 10% SbCl$_4$，氯仿液可显色，借以检测。

15.1.4　木脂素的生理活性及应用

木脂素的生理活性多种多样，已引起人们的广泛兴趣。例如抗肿瘤、抗病毒和抑制某些酶的作用等。近年发现在人类和某些灵长类动物尿中也存在木脂素，可能起激素作用。

（1）抗肿瘤和抗有丝分裂活性　小檗科鬼臼属的许多植物，如鬼臼（八角莲）等提取的药用树脂原用以致泻，后来发现其中所含的一群木脂素类如鬼臼毒素、去甲鬼臼毒素、去氧鬼臼毒素等及其苷类都有抑制癌细胞增殖的作用。不过，鬼臼毒素毒性大，在临床上无实用价值，但其衍生物已成为一类抗癌新药。新药的作用机制已不是鬼臼毒素抑制有丝分裂，而是 DNA 合成酶的抑制剂。

（2）保护肝脏作用　五味子果实中的某些木脂素可以改善毒物对肝脏的影响，促进肝脏功能的恢复，从而起保护肝脏的作用。

（3）对中枢神经系统（CNS）的作用　木脂素有对 CNS 的抑制和抗抑制作用。如许多五味子属的木脂素就有此活性，厚朴的镇静和肌肉松弛作用主要是其中的新木脂素厚朴酚与和厚朴酚所致。

此外，木脂素还有抑制磷酸二酯酶水解环磷酸腺苷、杀虫及毒鱼等作用，在此不再详述。

15.1.5　含有木脂素的常用中药

含有木脂素的常用中药见表 15-1。

表 15-1　含有木脂素的常用中药

药名	原植物及主要木脂素成分	
细辛	华细辛的全草，含细辛脂素、芝麻脂素，另含挥发油	芝麻脂素
连翘	连翘的果实，含连翘素、连翘苷、牛蒡子苷、牛蒡子苷元、罗汉脂素及其苷，另含三萜酸	连翘苷
刺五加	刺五加的根及根茎，含五加苷 E、D，另含刺五加苷 A（即 α-谷甾醇葡萄糖）、刺五加苷 B（即紫丁香苷）、刺五加苷 B₁（即 6，8-二甲氧基香豆素-7-葡萄糖苷）	五加苷 E
牛蒡子	牛蒡子的成熟果实，含牛蒡子苷、苷元、牛蒡酚 A、牛蒡酚 C、牛蒡酚 D、牛蒡酚 E、牛蒡酚 F、牛蒡酚 H（牛蒡酚存在于种子中），另含少量生物碱、B 族维生素、维生素 A 等物质	
五味子	五味子等成熟果实，含五味子素、去氧五味子素、五味子醇、γ-五味子素、五味子酯甲、五味子酯乙、五味子酯丙、五味子酯丁与五味子酯戊等	
厚朴	厚朴的树皮含厚朴酚、和厚朴酚，另含挥发油等	
石菖蒲	石菖蒲的根及根茎含二聚细辛醚，另含挥发油	二聚细辛醚

15.1.6　木脂素的提取分离工艺

15.1.6.1　游离木脂素的提取工艺

游离木脂素都是亲脂成分，一般均可溶于苯、氯仿、石油醚等非极性有机溶剂，因具亲脂性，有机溶剂可能不能透过某种细胞壁或膜，须先用乙醇或丙酮浸出，浸出液浓缩成浸膏后再用亲脂性溶剂处理，如用轻汽油或苯等，处理结果更好。

15.1.6.2　木脂素苷类的提取工艺

木脂素苷类的极性较大，可以用乙醇或稀乙醇和水进行浸出。在此举例说明从植物中提取木脂素苷的典型方法。

① 牛蒡子苷的提取：以粉碎机将牛蒡子粉碎成粗粉。将牛蒡子粗粉装入逆流渗漉浸出罐组中，以逆流浸出法用轻汽油作浸出溶剂进行逆流渗漉浸出，先浸出脂溶性物质。然后再以乙醇进行浸取，浸出牛蒡子木脂素苷，浸出液的出液系数控制在 5 以下。将浸出液输入减压浓缩罐中，减压回收乙醇。将浸出液回收乙醇到浸膏状后，以热水溶解，过滤出不溶物，并以热水洗涤不溶物，洗出夹杂在不溶物中残留的牛蒡子苷。合并滤液和洗液，加入醋酸铅溶液，滤除铅盐沉淀物，于滤液中通硫化氢，除去过量的铅离子。再过滤除去硫化铅沉淀。浓缩滤液至较小的体积，冷却后有牛蒡子苷的结晶析出，重结晶可得纯品。

② 连翘苷的提取：将连翘叶以粉碎机粉碎成粗粉，加入少量碳酸钙混合均匀。将连翘粉装入逆流浸出罐组中，在 100℃进行逆流浸出，浸出液的出液系数控制在 5 以下，将浸出液输入减压浓缩罐中，减压浓缩到浸膏状，然后再用乙醇在搅拌条件下，加热溶出乙醇可溶物。过滤出不溶物，并以乙醇洗出全部残留在不溶物中的乙醇可溶物。合并乙醇洗出液，输入减压浓缩罐中，减压浓缩到小体积成为浸膏状。加入热水中并趁热加入煅制氧化镁，搅拌均匀。放置一夜后过滤，滤取不溶物。再以乙醇从不溶物中洗脱乙醇可溶物，合并乙醇洗脱液，再输入减压浓缩罐中。减压回收乙醇并浓缩到较小体积，旋转后析出结晶，重结晶得纯品，产率约为原料的 0.14%。

15.2　强心苷的提取与分离

15.2.1　强心苷的性质

强心苷是甾体强心苷元和糖结合的一类苷，因为它有糖原，而且许多强心苷的糖链比较长，它们具有一定的极性。因此它们可溶于水、醇和丙酮等极性略大一些的溶剂。略溶于乙酸乙酯、含醇的氯仿；几乎不溶于醚、苯、石油醚等非极性有机溶剂。它的溶解性能随分子中糖分子多少及糖分子的结构而定。糖分子多的原生苷比部分水解的次生苷在极性溶剂中的溶解度大，苷元难溶于极性溶剂而易溶于非极性溶剂如氯仿、乙酸乙酯中。所以强心苷在极性溶剂中的溶解度，随其水解程度的增加而递减。但在非极性溶剂中的溶解度随水解程度的增加而递增。因为强心苷分子中糖分子越多，羟基数目越多，溶解性越强。而水解后的苷元分子中，羟基数目变少，故在极性溶剂中溶解度降低。当然，苷元上羟基的数量对溶解性也有影响，例如乌本苷（Ouabain）（乌本苷元-L-鼠李糖），虽是单糖苷，但整个分子却有八个羟基，水溶性大（1∶75），难溶于氯仿。洋地黄毒苷虽然是三糖苷，但三个分糖都是洋地黄毒糖，整个分子仅有五个羟基，故在水中的溶解度很小（1:100000），易溶于氯仿（1:40）。强心苷分子中的羟基数目相等时，溶解性也受分子中羟基的位置影响。如毛花洋地黄苷 B 和 C，它们都是四糖苷，整个分子有八个羟基，四个糖的种类相同，区别在于苷元上羟基位置不同，前者是 $C_{14, 16}$ 二羟基，其中 C_{16} 羟基能和 C_{17}-β 内酯环的羰基形成分子内氢键，而后者是 $C_{12, 14}$ 二羟基，不能形成分子内氢键。所以毛花洋地黄苷 B 几乎不溶于水，在氯仿中的溶解度较大（1:500）；而毛花洋地黄苷 C，可溶于水（1:18500），在氯仿中的溶解度（1:1750）小于毛花洋地黄苷 B。提取强心苷要根据这些特性选择浸出和分离溶剂。

强心苷的苷键可被酸、酶水解，分子中具有酯键结构的还可能被水所水解，所以在提取强心苷时要注意这些因素的影响。

强心苷的显色反应很多，根据显色反应发生在分子的不同部位可以分为以下数种。

（1）作用于甾体母核的反应　一般在无水条件下，经强酸（如硫酸、盐酸）、中等强度的酸（如磷酸、三氯醋酸或 Lewis 酸）的作用，甾体化合物经脱水形成双键、双键移位及分子间缩合形成共轭双键系统，并在浓酸溶液中形成多烯正碳离子的盐而呈现一系列的颜色变化。

① 乙酐浓硫酸反应（Liebermann-Burchard）。取样品溶于氯仿，加冰冷的浓硫酸-乙醇（2:3）混合液数滴，反应液呈黄→红→蓝→紫→绿变化，最后褪色。本反应的呈色变化过程因分子中双键的数目与位置不同而有所差异。有不饱和双键的作用很快，如海葱苷 A 呈深红色立刻转为蓝色然后呈蓝绿色。

② Tschugaev 反应。取样品溶于冰乙酸，加无水氯化锌及乙酰氯后煮沸，或取样品溶于氯仿或二氯甲烷，加冰乙酸、乙酰氯和氯化锌煮沸，反应液呈紫红→蓝→绿的变化。B 环有不饱和双键的作用更快。

③ 磷酸反应。取样品 0.1mg 置于瓷滴板上，滴加 85%的磷酸 1 滴，如有羟基洋地黄毒苷元存在，在可见光下呈黄色，紫外光下呈强蓝色荧光。

④ Salkowski 反应。将样品溶于氯仿，沿壁加入浓硫酸，静置，氯仿层呈血红色或青色，硫酸层有绿色荧光。

⑤ 三氯乙酸-氯胺 T（Chloramine T）反应。将样品醇溶液点在滤纸（或薄层板）上，喷三氯乙酸-氯胺 T 试剂（25%三氯乙酸乙醇溶液 4mL+3%氯胺 T 水溶液 1mL 混匀），待纸片干后，100℃加热数分钟，于紫外光下观察，洋地黄毒苷元衍生的苷类显黄色荧光；羟基洋地黄毒苷元衍生的苷类显亮蓝色荧光；异羟基洋地黄毒苷衍生的苷类显灰蓝色荧光。因此，可以利用这一试剂区别洋地黄类强心苷的各类苷元。后来也有用次氯酸盐、过氧化氢、过氧化苯甲酰代替氯胺 T，结果更好。

⑥ 三氯化锑反应。将强心苷的醇溶液点在滤纸或薄层板上，喷以 20%三氯化锑氯仿溶液（含乙醇和水），于 100℃加热 3～5min，即显示既能在可见光下又能在紫外光下观察得到的色点，各种强心苷显不同的颜色，反应灵敏度很高。例如洋地黄毒在纸上与该试剂反应后，呈红色渐转为蓝灰色，在紫外光下则显红色。羟基洋地黄毒苷在同样情况反应可显艳紫色渐褪为灰色，而在紫外光下观察则呈苹果绿色。一些乙型的海葱甾衍生的强心苷或苷元与该试剂反应，也同样显出颜色。

（2）作用于 α, β 不饱和内酯环的反应　甲型强心苷在碱性醇溶液中，双键由 20（22）转移到 20（21），生成 C_{22} 活性亚甲基，能与下列活性亚甲基试剂作用而显色。乙型强心苷在碱性醇溶液中不能产生活性亚甲基，故无此类反应。

① 亚硝酰铁氰化钠试剂（Legal 反应）。取样品 1～2mg，溶在 2～3 滴吡啶中，加 1 滴 3%亚硝酰铁氰化钠溶液和 1 滴 2mol/L 的氢氧化钠溶液，反应液呈深红色并渐渐褪去。

此反应机制可能是由于活性亚甲基与活性亚硝基缩合生成异亚硝酰衍生物的盐而呈色，凡分子中有活性亚甲基者均有此呈色反应。

$$[Fe(CN)_5NO]^{2-} + R-CH_2-R' + 2OH^- \longrightarrow [Fe(CN)_5ON \!=\! C\!\!<^R_{R'}]^{4-} + 2H_2O$$

Kedde 改良了本法，控制在 pH 为 11 的缓冲液中进行，呈色稳定，在 470nm 处有最大吸收。

② 间二硝基苯试剂（Raymond 反应）。取样品约 1mg，以少量的 50%乙醇溶解后加入 0.1mL 间二硝基苯的乙醇溶液，稍等后，加入 0.2mL 20%氢氧化钠溶液呈蓝紫色。

本法反应机制是通过间二硝基苯与活性亚甲基缩合，再与过量间二硝基苯氧化生成醌式结构而呈色，部分间二硝基苯自身还原为间硝基苯胺。

其他间二硝基化合物如 3,5-二硝基苯甲酸（Kedde 反应），苦味酸（Baljet 反应）等也有相同的反应机制。

③ 3,5-二硝基苯甲酸试剂（Kedde 反应）。取样品的甲醇或乙醇溶液于试管中，加入 3,5-二硝基苯甲酸试剂（A 液：2% 3,5-二硝基苯甲酸甲醇或乙醇溶液；B 液：2mL 氢氧化钾溶液，等量混合）3～4 滴，产生红或紫红色。

本试剂可用于强心苷纸色谱和薄层色谱显色剂，喷雾后显紫红色，几分钟后褪色。

④ 碱性苦味酸试剂（Baljet 反应）。取样品的甲醇或乙醇溶液于试管中，加入碱性苦味酸试剂（A 液：1%苦味酸乙醇溶液；B 液：5%氢氧化钠水溶液，用前等量混合）数滴，呈现橙或橙红色。此反应有时发生较慢，需放置 15min 以后才能显色。

（3）作用于 α-去氧糖的反应

① Keller-Kiliani（K.K）反应。取样品 1mg 溶于 5mL 冰醋酸中，加 1 滴 20%三氯化铁水溶液，倾斜试管，沿管壁缓慢加入 5mL 浓硫酸，观察界面和乙酸层的颜色变化。如有 α-去氧糖存在，乙酸层渐呈蓝色（界面的呈色），是由于浓硫酸对苷元所起的作用，渐渐向下层扩散，其色随苷元羟基、双键的位置和个数不同而异，如洋地黄属强心苷、洋地黄毒苷元呈草绿色，羟基洋地黄毒苷元呈洋红色，异羟基洋地黄毒苷元呈黄棕色。放置久后因碳化而转为暗色。

或用 Euw 和 Reichstein 改良法：

试剂 A 为 5%硫酸铁 1mL 加冰醋酸 99mL。

试剂 B 为 5%硫酸铁 1mL 加浓硫酸 99mL。

取内径约 5mm 的小试管，装入样品 0.05～0.1mg 后，以 0～1mL 试剂 A 溶解，再加 1～2 滴试剂 B，振摇后，如有 α-去氧糖存在，5min 内全液呈蓝色或蓝绿色（一层法）。或将样品溶于试剂 A，沿管壁缓慢注入试剂 B，分成两层，如有 α-去氧糖，上层（试剂 A 液层）呈蓝色或蓝绿色，下层（试剂 B 液层）根据苷元不同而显不同的颜色（二层法），特别是羟基洋地黄毒苷元显美丽的洋红色。这一反应是 α-去氧糖的特征反应，对游离的 α-去氧糖或 α-去氧糖与苷元连接的苷都能呈色，但 α-去氧糖与葡萄糖或其他羟基糖相连接的糖，此条件下不会水解。

② 过碘酸对硝基苯胺反应。取样品的醇溶液点在滤纸（或薄层板）上，先喷过碘酸钠水溶液（过碘酸钠的饱和水溶液 5mL，加蒸馏水 10mL 稀释），于室温放置 10min，再喷对硝基苯胺试液（1%对硝基苯胺的酒精溶液 4mL，加浓盐酸 1mL 混匀），迅速在灰黄色背底上出现深黄色斑点，将纸条置紫外光下观察，则为棕色背底上现黄色荧光斑点。如再喷以 5%氢氧化钠甲醇溶液，则色点转为绿色。本试剂对强心苷分子中的 α-去氧糖反应机理是：过碘酸能使强心苷分子中的 α-去氧糖氧化生成丙二醛，丙二醛与对硝基苯胺试剂反应呈深黄色。

③ 对硝基苯肼反应。取样品 0.1～0.2mg，加 5%三氯乙酸水溶液 0.5mL 和 0.25%对硝基苯肼的乙醇溶液（新配制）0.05mL 后，于 90～95℃加热 20min，冷却后用乙酸丁酯萃取，每次

1mL，萃取 2～3 次，以吸管取水层 0.3～0.4mL，转入试管中，再加入 2mol/L 氢氧化钠溶液 0.2mL，若反应为阳性，则呈红色或紫红色。本反应对于 K.K 反应（二层法）阴性的 α-去氧糖和葡萄糖结合者也呈阳性反应。

④ 对-二甲氨基苯甲醛反应。将样品的醇溶液点在滤纸上，喷以对-二甲氨基苯甲醛试剂（1% 对-二甲氨基苯甲醛的酒精溶液 4mL，加浓盐酸 1mL），并于 90℃加热 30s，分子中含 α-去氧糖的强心苷可显灰红色斑点。此反应可能由于 α-去氧糖经盐酸的催化影响，产生分子重排，再与对-二甲氨基苯甲醛缩合所导致的结果。

15.2.2　强心苷的提取

植物中的强心苷类成分比较复杂，原生苷易受酶的影响，而又有若干次生苷与原生苷共存；且强心苷的含量又很低，多数强心苷是多糖苷，又与皂苷、糖类、色素、鞣质等共存，这些都给强心苷的工业生产带来了许多困难。一般原生苷易溶于水难溶于亲脂性有机溶剂，次级苷则相反。生产原生苷时，首先注意抑制酶的活性，原料要新鲜，采集后要注意低温快速避光干燥，保存期间避潮，提取过程要避免酸、碱的作用。如果生产次生苷，要采用发酵的方法使原生苷水解为次生苷。

（1）原料的前处理　在工业生产上提取次生强心苷与提取原生苷的原料前处理不同。提取次生强心苷比较容易，提取原生苷较困难一些。

① 提取次生强心苷药材的前处理方法：在医学临床上常用的有一些强心苷药物是由次生性的强心苷制备的，如地高辛和铃兰毒苷等。一般次生苷与原生苷的药理作用相仿（如地高辛与西地兰相似、铃兰毒苷与铃兰苷相似）。次生苷的提取远较原生苷的提取简单，也无须顾虑原料贮存中的酶解破坏。通常先利用原料中酶自行水解后再进行提取。即将原料粉末加等量水拌匀湿润后，在 30～40℃保持 6～12h 以上，进行发酵酶解，然后再进行浸出和分离。也可先提取出原生苷再进行水解。即提取原生苷单体或总强心苷后，将原料中的酶（一般为原植物用水低温浸泡的浸出液）或其他来源性质相同的酶（如将酶解 β-D-葡萄糖苷的苦杏仁酶）加入以水润湿的原料中，在 30～40℃保持 6～12h 以上，酶解完成后用浸出溶剂浸出、分离可得相应的次生苷。

② 提取原生苷原料的前处理：提取原生强心苷要先将原料采集后，立刻低温快速干燥，或将新鲜原料加入硫酸铵，共同以打浆机粉碎混合均匀，抑制强心苷的酶解。或将新鲜原料以打浆机粉碎后立刻加乙醇进行浸出，并使乙醇的浓度达到 60% 以上，也可抑制酶的作用。还可以将新鲜原料先以沸水处理使酶变性失活。

（2）浸出溶剂的选择　由原料中浸出强心苷使用何种浸出溶剂，要根据被浸出的强心苷的结构和原料的性质来决定。浸出极性较强的强心苷，可以用水或稀乙醇作浸出溶剂。对极性较弱的强心苷可用乙醇浸出。对含水溶性物质较多的原料或含淀粉、黏液质较多的原料，最好不用水作浸出溶剂，因为用水浸出会对后面的生产工序造成困难。对含脂溶性物质较多的原料，如从羊角拗种子提取强心苷，必须先以轻汽油浸出脂溶性物质，然后才能再以适当的浸出溶剂浸出强心苷。为了生产次生苷，有时可以用极性溶剂与非极性溶剂的混合溶剂作浸出溶剂浸出强心苷，浸出液回收溶剂后转溶于热水，水溶液冷却后可析出或除去脂溶性物质，得到杂质较少的强心苷的水溶液，用这种浸出方法可以大大简化生产工艺。例如用 9：1 的苯-乙醇建立了铃兰毒苷的生产工艺。又用 95：5（体积比）的氯仿-乙醇混合溶剂建立过一个生产福寿草苷注射液的简易提取生产方法。

（3）铅盐沉淀除杂法　原料的强心苷浸出液中，常常存在皂苷、鞣质、蛋白质、黄酮和有机酸等杂质，需要用醋酸铅或碱性醋酸铅处理以除去这些杂质。以铅盐处理过滤所得的滤液，再加饱和硫酸钠水溶液、稀硫酸或通硫化氢除去过量的铅离子。

（4）液液萃取法　如果在用铅盐处理过的强心苷溶液中存在亲脂性物质，先用氯仿或四氯化碳等非极性有机溶剂萃取脱脂。然后再用适当的氯仿-乙醇混合溶剂萃取所要萃取出来的强心苷。这种萃取液回收溶剂后可得总强心苷。

（5）吸附、解析法　如果不采用液液萃取法，可用活性炭或新煅烧的氧化镁从强心苷的溶液中吸附强心苷，然后再以适当的溶剂解析或洗脱强心苷。例如铃兰强心苷的水溶液加入活性炭吸附强心苷后，再以苯-乙醇的混合溶液解析，解析所得的苯-乙醇混合溶液浓缩、回收苯和乙醇后，可得铃兰毒苷。

（6）强心苷的分离和纯化　由上述方法所得的总强心苷，再进行单一成分的分离时，如果其中的强心苷成分以某一种强心苷的含量较高，可根据该强心苷在各种溶剂中的溶解度进行结晶或重结晶，或进行反复多次重结晶，可得纯品。或以液液萃取法也可使强心苷成分逐步分离，再与重结晶法相结合也可得纯品。

15.2.3　强心苷的工业提取实例：黄花夹竹桃强心苷的提取与分离

黄花夹竹桃是夹竹桃科植物，产于我国南方各省，其果仁中总强心苷含量达 8% 左右。已分离出七种强心苷，其中黄夹苷甲、黄夹苷乙为原生苷，其余为次生苷，次生苷的强心作用以黄夹次苷乙最强，黄夹次苷甲次之，单乙酰黄夹次苷最弱。黄花夹竹桃强心苷的提取流程如图 15-3 所示。

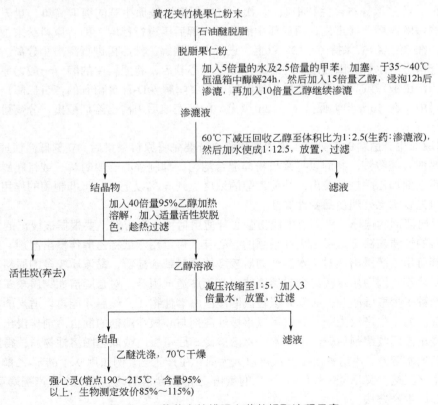

图 15-3　黄花夹竹桃强心苷的提取流程示意

（1）黄夹苷甲与黄夹苷乙的提取分离　黄花夹竹桃果仁粉经石油醚脱脂后，用冷甲醇提取4次，合并提取液，在60℃下减压浓缩至小体积，放置，析出沉淀，过滤得析出物。滤液经过Ⅲ级中性氧化铝过柱，用水洗涤，洗液于60℃下减压浓缩至小体积，放置，又析出沉淀。合并三次析出物并用85%异丙醇重结晶，得熔点为196～198℃的结晶性物质，此结晶用氯仿-乙醇（2∶1）混合液与水两种溶剂的逆流分溶法分离得黄夹苷甲（熔点190～192℃用水重结晶）和黄夹苷乙（熔点195～195℃用乙醇-石油醚混合液重结晶）。

（2）强心灵的生产工艺流程　强心灵主要为单乙酰黄夹次苷乙、黄夹次苷甲的混合物，是果仁中含有多糖苷经酶解后产生的次生苷，强心效价比原来的多糖苷提高5倍左右，强心灵为白色结晶，无臭，味极苦，有刺激黏膜作用。易溶于乙醇、甲醇、氯仿、丙酮，微溶于乙醚、水，不溶于苯及石油醚。

15.3　有机酸和酚类化合物的提取与分离

15.3.1　果实有机酸提取

果实中所含有机酸称为果酸，其中以苹果酸、柠檬酸、酒石酸为主。在酸味重的果实中含量丰富，如柠檬的含量达5%以上，李子是0.4%～3.5%，杏是0.2%～2.6%，葡萄是0.3%～2.1%。未成熟果实中含酸量也较多。因此，常用未成熟的落果及残次果作提取果酸的原料。在果品加工半成品中排出的汁液以及葡萄酒酿造过程中所产生的渣石，其中都有相当的含酸量，也可作为提取果酸的原料。所提取的果酸可供食品、医药及其他工业应用。

果实有机酸经过中和作用以钙盐析出，再酸解、浓缩、晶析，即可得果酸结晶。含酸量高的原料，一般腐蚀性较强，提取所用的工具及设备要用耐酸材料，简易的可用陶瓷、木桶等。

梅的含酸量（一般以苹果酸为主，也含柠檬酸）很高，对提取其中的果酸有一定价值。以梅加工的综合利用为例，提取其中果酸操作要点如下。

（1）澄清和过滤　梅的各种加工方法中，传统方法是先制成梅胚，梅胚的制造是用盐腌，在加工过程中，为了提高腌渍效率及节省用盐量，中间要吸出部分腌渍液。最终，在起用梅坯以后，还会余留下相当数量的腌渍液，两者集中起来的数量不少，一般称为梅胚，其含酸量达4%以上。不呈褐色，带黏性，其中含有不少果胶及杂质，搅拌时会冒出大量白色气泡，如果不经过澄清过滤，会影响以后提取过程中的果酸结晶。

将梅水静置澄清，常要数天之久，放置过程中可以加入适量单宁，加热，促进杂质的沉淀，以利于过滤。澄清后取上层清液，先用细布过滤，再用石英砂及细碎木炭过滤，也可以应用压滤机进行。滤液越清越有利于以后的果酸结晶。

（2）测酸　通过测定梅水的含酸量来确定碳酸钙（$CaCO_3$）的用量，其测定与推算的粗略方法是：取5mL过滤后的梅水，加入酚酞指示剂，以0.1mol/L的NaOH溶液进行滴定。如果0.1mol/L的NaOH溶液的用量为7.5～8mL，则估计50kg梅水约含0.5kg果酸。100kg果酸大约要75kg碳酸钙来中和。可以用这些数据来推算中和所需的碳酸钙数量。

（3）中和　可用碳酸钙或石灰中和，石灰的碱性较强，而且影响结晶及成品颜色。如果用石灰，最好也要加15%的碳酸钙混合，石灰的用量要比碳酸钙少些，不过两者是预先加水调成浆状再行使用。中和有两种方法，即加热法和沉淀法。

① 加热法。将梅水加热至75℃，加入碳酸钙乳浆，边加边搅拌，在1h内加完，再搅拌0.5h，初期温度控制在75℃左右，温度过高会使碳酸钙分解，最后可升高至100℃，在搅拌过程中，

溶液的表面会不断产生蓝黑色的泡沫，其中含有杂质，应彻底除掉，否则影响果酸的晶析。

通常可由液体的颜色来判断反应的程度，梅水初呈黄褐色，接着转成暗红色，最后，转为青绿色时，即表示中和反应接近完成。也可用石蕊试纸测定，酸碱值呈微酸性或中性即可。中和后静置 24h，即可吸出上层清液，下面的沉淀就是果酸钙，吸出的清液还有相当盐分，可作腌渍用，可制酱油。

② 沉淀法。此法除不加热外，基本上与上法相同，即将碳酸钙乳浆边加边搅拌，在 2h 内完成，然后静置 24h，沉淀下来的就是果酸钙。此法未除掉杂质，对果酸的晶析有影响。

(4) 冲洗除盐　前面得到的果酸钙仍含有盐分，可用清水进行冲洗。先加入清水，加热至 70～80℃，边升温边搅拌，然后滤去洗液，反复进行几次，直至盐分除净为止，也可用篮筐式离心机，以温水边冲边甩出洗液，最后晒干备用。

(5) 酸解　酸解用的浓硫酸要稀释至 30°Bé（把波美比重计浸入所测溶液中得到的度数），以普通 66°Bé 的浓硫酸 50kg 加水至 140～150kg 即成，每 50kg 上述的干果酸钙用 42.5～43kg 30°Bé 的硫酸进行酸解，加入的硫酸可稍微过量，上次余下的稀果酸液（即在酸解后，用来冲洗硫酸钙的滤液，其中一般还含有 3～5°Bé 的果酸），可以用来将果酸钙调成浆状。

将果酸钙液加热，当温度升至 60～70℃时开始加入 30°Bé 的硫酸，边加边搅拌，按计算的分量在 1h 内加完，煮沸再搅拌 0.5h，以文火保持沸腾，蒸发约 1.5h，前后约共进行 3h，则果酸钙的分解大致完成。接着静置沉淀，下层白色沉淀是硫酸钙，可作副产品回收，吸出上层清液，即为果酸的溶液，此清液的浓度为 10～12°Bé。

回收的硫酸钙沉淀尚含有相当的果酸，必须将其收集，可用沸水冲洗，过滤后收集，用细布缓慢地过滤，硫酸钙的粒子细小，滤液不易透过，因此，滤巾上的硫酸钙层不宜沉积过厚，要不断搅动帮助滤液滤出，一般要进行两次冲洗。

(6) 脱色　酸解所得的果酸溶液呈暗红色，加热至沸，再行冷却，当温度下降至 70℃时，加入 1%～2%的活性炭，搅拌 0.5h，静置过夜，过滤后可得无色清液。

(7) 浓缩和晶析　酸解和脱色后，果酸溶液的浓度约 9～11°Bé，加热浓缩至 20～22°Bé，在浓缩过程中，锅边和锅底都会产生结晶，这是残余的硫酸钙晶体，要除掉，浓度达 20～22°Bé 时，静置过夜，让其充分沉淀，以便除去杂质。

第二次浓缩是从 20°Bé 左右开始，浓缩至 25°Bé，以后要注意用文火（80℃以下）蒸发，浓缩至 26～28°Bé，再静置沉淀，清除杂质。

第三次浓缩是从 26°Bé 提高到 32°Bé 左右，第四次浓缩是从 32°Bé 提高到 40°Bé 左右，从第二次开始的各次静置沉淀除杂质的时间可比第一次短，如果杂质少，可以加快浓缩速度和减少浓缩次数。还可以用真空浓缩和离心以提高浓缩除杂质的效率。

浓缩至 40°Bé 时，移入洁净的结晶缸内静置，第二天即见缸底有果酸结晶析出，每天将其搅拌 0.5h，4～5 天即可完成晶析，如果果酸和杂质能除净，可浓缩至 45°Bé，但此时要注意控制浓缩温度，以免烧焦。

(8) 离心和干燥　前面得到的果酸结晶还含有一定的水分和杂质，最好应用篮筐式离心机进行清洗处理，在离心时每隔 5～10min 喷入一次热蒸汽，可以冲掉一部分残存的杂质，并甩干水分，便可得到比较干洁的果酸结晶，随后在 75℃以下的温度进行干燥，直到含水量达到 1%以下为止。成品率可由含酸量推算，约为计算的 60%，最后将成品过筛、分级、包装。成品贮存要注意防潮。

(9) 余液的利用　在中和工序之后吸出的余液中，仍含有相当高的盐分（5%～10%），可以用来腌制鲜果，腌渍后的余液仍具有一定的咸味，可将之浓缩，加色，即为酱油。

在柑橘等果胚加工中所排出的果汁，其中没有加盐分，如果用这些果汁液提取果酸，其余液仍具有相当糖分，可以供酿酒用。

15.3.2　有机酸提取实例：乙酰丙酸提取

15.3.2.1　乙酰丙酸的性质

乙酰丙酸是由葡萄糖、果糖类物质经酸性水解得到，故凡含葡萄糖原的物质均可作为生产原料，如纤维素、淀粉、甘蔗渣、葡萄糠、玉米、甘薯等熬制的糖等，都是生产乙酰丙酸的优质原料，每 3t 淀粉或 40%以上纯度的葡萄糖母液 8t 生产 1t 乙酰丙酸。

乙酰丙酸易溶于水和大多数极性溶剂，不溶于汽油、煤油、四氯化碳等极性小的有机溶剂。乙酰丙酸为无色透明液体或晶体。

乙酰丙酸分子结构如图 15-4 所示，乙酰丙酸分子结构中含有羰基和 α-氢，化学性质比较活泼，主要用于制造果酸钙、吲哚美辛、甲基吡啶烷酮、γ-戊内酯等，是重要的生物化工原料，具有广泛用途。

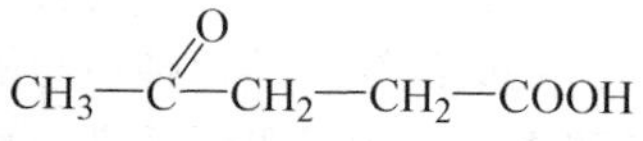

$$CH_3-\overset{\overset{\displaystyle O}{\|}}{C}-CH_2-CH_2-COOH$$

图 15-4　乙酰丙酸的分子结构

15.3.2.2　乙酰丙酸的提取工艺

（1）工艺流程　乙酰丙酸的提取流程为：

$$\left.\begin{array}{l}葡萄糖母液\\盐酸\end{array}\right\} \rightarrow 水蒸气加热水解 \rightarrow 蒸发浓缩 \rightarrow 中和 \rightarrow 蒸馏 \rightarrow 产品包装$$

（2）操作技术

① 配料：葡萄糖液的纯度不低于 40%，盐酸浓度要大于 32%，按水解容积的 75%加入母液与盐酸，其中盐酸的最终含量应达 4%左右。

② 水解：夹套压力应维持在 5 个大气压，使原料液很快升温，当料液温度升至 120℃以上时，应控制加热蒸汽压力，使釜内压力维持在 3 个大气压，温度在 135℃以下保持 4～5h。升高温度，提高压力有利于葡萄糖转化为乙酰丙酸，但温度和压力不可过高，否则得率会降低。

③ 蒸发浓缩：蒸发真空度保持在 40mmHg，以除去 H_2O 和 HCOOH。真空浓缩系统中的冷却器应耐盐酸腐蚀，浓缩至原体积的 25%。

④ 中和：中和时，维持 pH=2～3，若中和过度，会形成乙酰丙酸钠。将中和后的液体进行过滤，以除去液体中的固体杂质，延长蒸馏釜的使用寿命。

⑤ 真空蒸馏：真空蒸馏的最佳真空度应保持绝对压力 15mmHg 左右，馏程 140～155℃，馏出产品浓度控制在 95%含量以上。蒸馏结束后，及时加入沸水冲洗蒸馏釜，排出高沸釜液。产品用 25kg 聚乙烯塑料桶包装。

15.3.3　鞣质的提取

15.3.3.1　鞣质的通性

① 形态：鞣质大多数是无定形固体，少数是结晶形固体，分子量一般为 500～2000，最高可达 3000，易吸湿潮解。

② 溶解度：鞣质具有酚羟基，有强的极性，可溶于水或乙醇中而形成胶体溶液；还可溶于丙酮、乙酸乙酯、乙醚和乙醇的混合溶液；不溶于极性小的溶剂，如无水乙醚、氯仿、苯、石油醚、二硫化碳等，如果有机溶剂中含有微量水时，可大大增加鞣质的溶解度。鞣质具有酚羟基，所以对水的亲和力主要表现在氢键作用，其分子间也因氢键而缔合为胶体或半胶体粒子。

③ 鞣质可与蛋白质结合生成不溶于水的沉淀，可从蛋白质水溶液中把蛋白质沉淀出来。提取某些有用成分时，可在提取液中加入明胶水溶液，鞣质即可沉淀析出。口尝鞣质水溶液时，鞣质可与口腔中唾液的蛋白质和糖原等组分结合产生沉淀，而使唾液失去润滑性，并能引起舌的上皮组织收缩，而有干燥感觉，故有涩味。未成熟的果实含有大量的鞣质，因此有涩味，当果实成熟后，鞣质缩合为鞣红，失去鞣质的性质，因此涩味大大减少。

④ 鞣质水溶液遇高铁盐等可生成有色溶液或沉淀，可水解鞣质与$FeCl_3$作用产生蓝色或蓝黑色沉淀（邻苯三酚反应）。缩合鞣质产生绿色或绿黑沉淀（邻苯二酚反应）。

⑤ 鞣质水溶液可与重金属盐，如醋酸铅、醋酸铜、氯化亚锡或浓重铬酸钾溶液或石灰水溶液等作用生成沉淀。缩合鞣质与醋酸铅生成的沉淀可溶于稀醋酸，可水解鞣质生成的沉淀不溶于稀醋酸中，二者可以相区别。可水解鞣质与石灰水作用产生青灰色沉淀，缩合鞣质产生棕色或棕红色沉淀。

⑥ 鞣质水溶液显酸性，可以与生物碱或某些碱结合成不溶性或难溶性沉淀，故可作为生物碱的沉淀试剂和生物碱中毒的解毒剂。鞣质与无机碱结合的盐不溶于高浓度的乙醇中，可用来除去中药制剂中的鞣质。

⑦ 鞣质为强还原剂，能还原斐林试剂生成红色氧化亚铜沉淀，鞣质水溶液露置空气中能吸收氧，特别在碱性溶液中吸氧更快，氧化后转变为暗棕色或暗黑色。

⑧ 鞣质与铁氰化钾的氨溶液反应呈深红色，并很快变为棕色。

⑨ 鞣质与稀酸共煮，如生成暗红色沉淀，表示含有缩合鞣质。

⑩ 于鞣质水溶液中加入溴水，如产生橙红或黄色沉淀（芳环溴代物），表示含有缩合鞣质。可水解鞣质不产生沉淀（邻三酚羟基活化苯环弱于间酚羟基，且有酰基吸电子效应，而苯环钝化时产生空间位阻，故酚的芳香环难以溴代）。

⑪ 鞣质水溶液加甲醛和盐酸微热，可水解鞣质不产生沉淀，缩合鞣质则产生沉淀（间苯二酚与甲醛聚合反应）。

⑫ 以松木片浸渍于鞣质水溶液，干后加浓盐酸加热，缩合鞣质多呈红紫色（间苯二酚反应），而可水解鞣质无显色反应。

15.3.3.2 鞣质的提取与分离

（1）有机溶剂提取法　常用乙醚-乙醇混合液、含乙醇和水的乙醚、浓或稀乙醇、乙酸乙酯、甲醇、丙酮等为溶剂，如果原料中含有较多的色素和油脂时，可先用苯、氯仿和乙醚依次提取，除去大部分杂质后，再用乙醚-乙醇（4:1）混合液为溶剂，提取鞣质。合并提取液，置分液漏斗中加水振摇混合，则鞣质转溶于水中，放置分层后，分取水层，水层再用乙醚振摇脱脂数次，除去残存杂质，水层减压蒸干，即得粗鞣质。如用含有乙醇和水的乙醚提取，提取液放置分层，分取水层，减压干燥即得粗鞣质。

（2）水提取法　可水解鞣质分子中呈缩酚酸式结合的没食子酸，可被甲醇或乙醇长时间作用而解离，故最好以水为溶剂提取。依次采用长时间的低温和较高温度的提取，可能得到不同的鞣质提取物。一般以 $60\sim90℃$ 为提取的适宜温度，而地榆鞣质都采用 $95\sim100℃$ 短时间提取。

有的鞣质可采用盐水提取。但用水长时间煮提可提出过多的亲水性杂质，应加注意，水提取可用乙醚脱脂、乙醇沉淀除去多糖等杂质。

15.3.3.3 分离精制

（1）溶剂法　水提取液或粗制品鞣质溶于水中，加缓冲剂或 NaHCO₃ 调至中性，用乙酸乙酯提出鞣质，反复操作，除去水溶性杂质。或者先将水液调 pH 为 6.2 和 2.0，则依次用乙酸乙酯萃取出酚性鞣质和羧酸性鞣质。或者先用 NaCl 盐析法析出鞣质，将此鞣质溶于盐水中，再用乙酸乙酯萃取可得较纯鞣质。将粗品鞣质，溶于乙酸乙酯中，加入过量乙醚，沉淀鞣质。反复操作，可得纯品。

（2）沉淀法　用醋酸铅、碱性醋酸铅、氢氧化铅、碳酸铅、氢氧化铜、碳酸铜或氢氧化铝与鞣质结合生成不溶性沉淀，故可作为精制鞣质的沉淀剂。其中以碳酸铅和碳酸铜最好，因为它们在沉淀过程中很少使鞣质变性。通常沉淀试剂分次加入，弃去最初和最后沉淀（通常含有色物和外来物），取中部沉淀。水洗净后，悬浮于水中，通入 H₂S，以分解金属盐，滤除沉淀，必要时再加乙醚振摇，以溶出没食子酸等杂质，然后用乙酸乙酯萃取，萃取液脱水，减压干燥即得。

利用生物碱（如咖啡碱）或蛋白质（如明胶）与鞣质结合产生沉淀，再用有机溶剂（氯仿或丙酮）处理，使之解离，也是常用的精制方法。但要注意，有些鞣质不与咖啡碱作用生成沉淀。

（3）其他方法　如柱色谱法、离子交换法、反流分配法、纸上电泳法等，均可用于鞣质的分离纯化。

15.4　醌类化合物的提取与分离

15.4.1　醌类化合物的结构及性质

自然界中醌类化合物主要有苯醌、萘醌和蒽醌等类型。其中以蒽醌及其衍生物种类较多。苯醌类衍生物也是一类天然色素，萘醌衍生物大多是有色结晶，是一类天然色素，具有升华性，多显橙黄或橙红色结晶。维生素 K₁ 就属于萘醌类，其分子结构示于图 15-5。

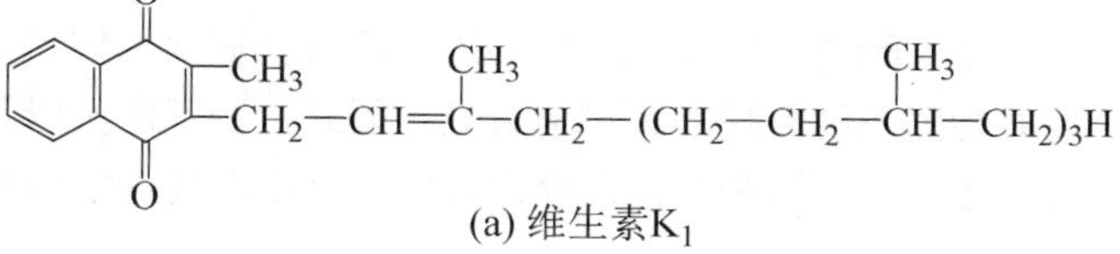

(a) 维生素K₁

(b) 菲醌

图 15-5　维生素 K₁ 及菲醌的分子结构

菲醌也是一类天然色素，包括邻醌及对醌两种类型（结构参考图 15-5）。蒽醌衍生物包括蒽醌及其不同程度的还原产物，如氧化蒽酚、蒽酚、蒽酮以及蒽酮的二聚物等。植物中存在蒽醌衍生物多为蒽醌的羟基、羟甲基、甲氧基和羧基衍生物，可以游离形式或和糖结合成苷的形式存在。大黄素型化合物羟基分布在两侧的苯环上，多呈黄色，具有 1，8-羟基的蒽酮基本结构。蒽酚或蒽酮的羟基衍生物（其分子结构示于图 15-6），一般存在于新鲜植物中，含有该成分的植物贮存两年以上就可以转变成蒽醌类成分。

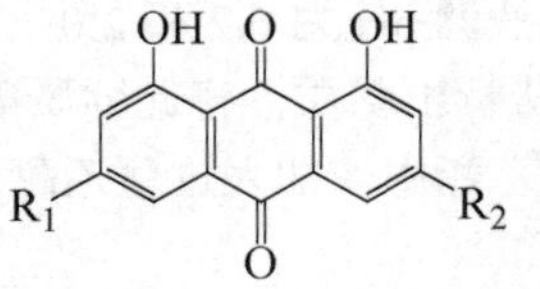

① R_1=CH$_3$	R_2=H	大黄酚
② R_1=CH$_3$	R_2=OH	大黄素
③ R_1=CH$_3$	R_2=OCH$_3$	大黄素甲醚
④ R_1=H	R_2=CH$_2$OH	芦荟大黄素
⑤ R_1=H	R_2=COOH	大黄酸

图 15-6　蒽酚及蒽酮羟基衍生物的分子结构

（1）性状　游离的蒽醌及其还原产物为黄色至橙色固体，多数具有完整的结晶形式，苷类则很难结晶。

（2）升华性　蒽醌衍生物具有升华性，常压下加热即能升华，利用此性质可以精制蒽醌类。

（3）溶解度　游离蒽醌类及其还原衍生物通常微溶于苯、乙醚、氯仿，可溶于丙酮、甲醇及乙醇中，几乎不溶于冷水。蒽苷类极性较弱，易溶于甲醇、乙醇中，也能溶于水，在热水中溶解度较大。

（4）酸性　蒽醌衍生物的酸性强弱，主要取决于分子中是否含有羟基及酚羟基的数目和位置，一般有如下规律。

① 带有羧基的蒽醌衍生物酸性强于不带羧基者。

② β-羟基蒽醌的酸性大于 α-羟基蒽醌衍生物。

③ 羟基数目多时，酸性也增强，但有邻二羟基时由于氢键缔合，而酸性小于含 1 个羟基的化合物，酸性强弱的次序如下：COOH>含有 2 个以上 β-OH>含有 1 个 β-OH>含有 2 个以上 α-OH>1 个 α-羟基，可利用 pH 梯度法分离这类成分。

（5）凡具有 α-酚羟基或具有邻二酚羟基结构者，均可与 Pb^{2+}、Mg^{2+} 等作用生成络合物，在一定 pH 下可沉淀析出，用于分离鉴定。

（6）Borntrager 反应　羟基蒽醌类化合物遇碱显红色或紫红色；该反应是检查植物中羟基蒽醌成分的常用方法之一。

方法：样品粉末约 0.1g 加 5mL 10%H$_2$SO$_4$，置水溶液上加热 2～10min，放冷后，加 2mL 乙醚振摇，醚层显黄色，分取醚层，加入 1% NaOH 水溶液，振摇，如有蒽醌存在应显红色。显然，呈色反应与形成共轭体系的酚羟基和羧基有关，因此，羟基蒽醌以及具有游离羟基的蒽醌苷均可呈色，而蒽酚、蒽酮、二蒽酮类化合物则需经过氧化形成蒽醌后才能显色。

15.4.2　苯醌、菲醌和萘醌类化合物的提取方法

这三类醌类衍生物有以下三种提取方法。

① 有机溶剂浸出法　将材料粉碎后，装入密封良好的逆流渗漉浸出罐中，以有机溶剂苯、氯仿、乙醇等进行逆流浸出；将浸出液浓缩、冷却后可析出醌类化合物结晶。例如信筒子醌的提取：先取白花酸藤果，粉碎后以乙醚浸出，乙醚浸出液浓缩冷却后析出结晶，滤集的结晶体用石油醚洗去黏附的杂质得粗制品，再以 95%乙醇反复重结晶，并经脱色精制得纯信筒子醌，

熔点142～143℃。

②　碱性水溶液浸出——酸沉淀法。因为许多醌类化合物都具有羟基，可溶于碱性水溶液中，加酸后又沉淀析出，故可用碱水浸出然后再以酸沉淀的方法，提取分离带有酚羟基的醌类成分。例如从紫草浸出提取紫草素：取紫草根以粉碎机粉碎成粗粉，装入逆流渗滤罐中，以95%乙醇进行逆流渗滤浸出，浸出液以减压浓缩法进行蒸馏浓缩。向浓缩液中加2%氢氧化钠使浓缩液由紫红色变为蓝色，过滤不溶物，收集滤液加浓盐酸产生红色沉淀，过滤滤取沉淀物，用蒸馏水洗沉淀物到中性。然后于60℃干燥得药用紫草素，这是紫草的总醌类色素，其中主要成分为紫色素。这种产品是生产治疗色素性紫癜和过敏性紫癜药物——紫草片的主要原料。这个方法是生产紫草素粗品的方法。

③　水蒸气蒸馏法。分子量较小的游离醌类衍生物具有挥发性，故可用水蒸气蒸馏法提取。如从七星剑根中提取兰雪醌：七星剑根用水浸泡使皮层组织吸水变软后，进行水蒸气蒸馏。收集蒸馏液，有少量黄色结晶从冷却的蒸馏液中析出。析出结晶后的蒸馏液以氯仿萃取，所得萃取液用无水硫酸钠脱水，回收氯仿得黄色针状结晶。此黄色结晶即为兰雪醌粗品。

15.4.3　蒽醌类衍生物的提取方法

从植物提取蒽醌类化合物，在工业生产上用乙醇为浸出溶剂较好。无论游离蒽醌或蒽醌苷类都可溶于乙醇。所得的总蒽醌衍生物可进一步纯化与分离。

①　蒽苷类和游离蒽醌衍生物的互相分离：苷元的极性很小，对极性较小的有机溶剂有一定的溶解度，难溶或不溶于水；而苷则能溶于水，难溶于上述有机溶剂。可利用苷和苷元的溶解性不同进行分离。方法是：将混合物用氯仿、苯进行液液萃取，使苷元或游离蒽醌转溶于有机溶剂中，而苷则留在水层中。也可将总提取物置于工业索氏浸出器中用有机溶剂浸出或洗脱，使游离总蒽醌被浸出或被洗脱，浸出液或洗脱液回收溶剂后得总游离蒽醌苷元。残留在工业索氏浸出器中的就是总蒽醌苷。

②　游离蒽醌衍生物的分离：植物游离蒽醌衍生物的分离可采用梯度pH萃取法。这种方法是将总蒽醌衍生物溶于适当有机溶剂中，用不同pH的碱性水溶液萃取。酸性强弱不同的蒽醌衍生物依次成盐转溶于水中，水层用酸酸化，使蒽醌衍生物游离析出，再转溶于有机溶剂中，以达到分离的目的。

③　蒽苷的精制与分离：蒽苷的水溶性较强，在工业生产上进行分离比较困难。常采用铅盐沉淀法和液液萃取法。在除去游离蒽醌衍生物的水溶液中加入醋酸铅溶液，使之与蒽苷生成沉淀。滤集沉淀，以水洗净后，再将沉淀悬浮于水中，通入硫化氢使沉淀分解，蒽苷释放于水中，滤去硫化铅沉淀，浓缩水溶液，放置后可析出苷类。另外一种方法是用极性极大的有机溶剂（如丁醇或戊醇），从水溶液中将蒽苷类萃取出来。萃取溶液以减压浓缩法可得总蒽醌苷。

15.4.4　醌类提取物生产实例：大黄总蒽醌化合物的提取

取大黄中药材以粉碎机粉碎成粗粉，装入逆流渗滤浸出器中，以95%乙醇渗滤浸出，浸出液的出液系数控制在5以下，浸出液输入减压蒸馏浓缩罐中，减压回收乙醇，真空干燥得大黄的乙醇总浸出物。此浸出物中含有总蒽醌化合物。总蒽醌化合物分离工艺流程如图15-7所示。

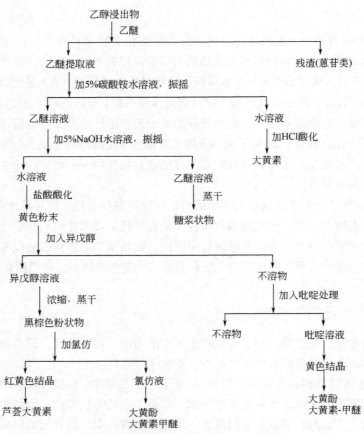

图 15-7 总蒽醌化合物分离工艺流程示意

参考文献

[1] 刘吉成，牛英才.抗肿瘤天然产物分子药理学. 北京：人民卫生出版社，2017.

[2] 王振宇，卢卫红.天然产物分离技术. 北京：中国轻工业出版社，2012.

[3] 吴毓林.天然产物全合成荟萃：抗生素及其他. 北京：科学出版社，2012.

[4] 庾石山.三萜化学. 北京：化学工业出版社，2012.

[5] 孔令义.复杂天然产物波谱解析. 北京：中国医药科技出版社，2012.

[6] 徐筱杰，康文艺.药用天然产物. 北京：化学工业出版社，2010.

[7] 刘湘，汪秋安.天然产物化学.2 版. 北京：化学工业出版社，2012.

[8] 张东明.酚酸化学. 北京：化学工业出版社，2009.

[9] 张培成.黄酮化学. 北京：化学工业出版社，2009.

[10] 谭仁祥.甾体化学. 北京：化学工业出版社，2009.

[11] 谢联辉，林奇英，吴祖建.天然产物：纯化、性质与功能. 北京：科学出版社，2009.

[12] 何子乐，吴毓林，等.天然产物全合成荟萃：生物碱. 北京：科学出版社，2009.

[13] 何兰，姜志宏.天然产物资源化学. 北京：科学出版社，2008.

[14] 林文翰.海洋天然产物. 北京：化学工业出版社，2006.

[15] 吴文君.从天然产物到新农药创制：原理·方法. 北京：化学工业出版社，2006.

[16] 于德泉，吴毓林.天然产物化学进展. 北京：化学工业出版社，2005.

[17] 张致平，姚天爵.抗生素与微生物产生的生物活性物质. 北京：化学工业出版社，2005.

[18] 徐任生.天然产物化学. 北京：科学出版社，2004.

[19] 李毅，洪华珠，陈振民，等.生物农药.2 版. 武汉：华中师大出版社，2017.

[20] 王镜岩石.生物化学.3 版. 北京：高等教育出版社，2002.

[21] 徐怀德.天然产物提取工艺学.2 版. 北京：中国轻工业出版社，2020.

[22] 徐东翔.植物资源化学. 长沙：湖南科学技术出版社，2004.

[23] 周爱儒.生物化学.6 版. 北京：人民卫生出版社，2011.

[24] 尤启东.药物化学.8 版. 北京：人民卫生出版社，2016.

[25] 褚志义.生物合成药物学. 北京：化学工业出版社，2000.

[26] 匡海学.中药化学.3 版. 北京：中国中医药出版社，2017.

[27] 张德昌.医学药理学. 北京：北京医科大学、中国协和医科大学联合出版社，1998.

[28] 高锦明.植物化学.3 版. 北京：科学出版社，2017.

[29] 姚新生.天然药物化学.3 版. 北京：人民卫生出版社，2001.

[30] 吴立军.天然药物化学.6 版. 北京：人民卫生出版社，2011.

[31] 巢建国，斐瑾.中药资源学.2 版. 北京：中国医学科技出版社，2018.

[32] 刘国诠.生物工程下游技术. 北京：化学工业出版社，1993.

[33] 刘朝奇.分子印迹技术. 北京：化学工业出版社，2006.

[34] 马如璋，蒋民华，徐祖雄.功能材料学概论. 北京：冶金工业出版社，1999.